21世纪应用型本科计算机专业实验系列教材

江苏省高等学校精品教材

# Java语言实验与课程设计指导

### 第二版

编　著　施　珺　纪兆辉
参　编　黄　霞　顾勋梅　王逢州
主　审　邵　斐

南京大学出版社

图书在版编目(CIP)数据

  JAVA语言实验与课程设计指导：第2版／施珺,纪兆辉编著. —南京：南京大学出版社,2014.7（2017.12重印）
   21世纪应用型本科计算机专业实验系列教材
   ISBN 978-7-305-13660-3

  Ⅰ. ①J… Ⅱ. ①施… ②纪… Ⅲ. ①JAVA语言—程序设计—高等学校—教学参考资料 Ⅳ. ①TP312

  中国版本图书馆CIP数据核字(2014)第169361号

| | |
|---|---|
| 出版发行 | 南京大学出版社 |
| 社　　址 | 南京市汉口路22号　　　邮　编　210093 |
| 出 版 人 | 金鑫荣 |
| 丛 书 名 | 21世纪应用型本科计算机专业实验系列教材 |
| 书　　名 | Java语言实验与课程设计指导（第二版） |
| 编　　著 | 施珺　纪兆辉 |
| 主　　审 | 邵斐 |
| 责任编辑 | 谢靖　蔡文彬　　　编辑热线　025-83686531 |
| 照　　排 | 南京南琳图文制作有限公司 |
| 印　　刷 | 南京人民印刷厂 |
| 开　　本 | 787×960　1/16　印张 19　字数 480千 |
| 版　　次 | 2014年7月第2版　2017年12月第2次印刷 |
| ISBN | 978-7-305-13660-3 |
| 定　　价 | 34.00元 |

网　　址：http://www.njupco.com
官方微博：http://weibo.com/njupco
官方微信号：njupress
销售咨询热线：(025) 83594756

＊版权所有，侵权必究
＊凡购买南大版图书，如有印装质量问题，请与所购
　图书销售部门联系调换

# 第二版前言

Java 语言是一种优秀的面向对象编程语言,现已成为网络时代最重要的编程语言之一,学习并掌握 Java 编程语言已经成为软件设计开发者的共识。

目前,本科学校计算机类专业都开设了 Java 面向对象程序设计之类的课程。如何设计循序渐进的实验和合理的课程设计环节,有效地提高 Java 编程实战能力,切实为将来从事 Java 项目开发打下坚实基础,真正做到学以致用,是很多应用型本科院校师生迫切需要解决的问题。本书就是为解决这个问题而编写的。

本书第一版自 2010 年 12 月出版以来,深受广大读者的欢迎,2011 年被评为"江苏省高等学校精品教材"。第二版在保持原版体系和特点的基础上,对内容进行了一些补充和修订。主要体现在:丰富了实验例题,对一些 UML 类图中的符号进行了修订,在附录中详细列出贯穿全书的"图书租阅管理系统"的程序目录结构及其所包含的核心类功能提示。本书共包含两个部分:Java 语言实验指导和课程设计指导。实验指导部分包含 4 个大实验:Java 程序设计基础、Java 面向对象编程初步、深入面向对象编程、基于图形用户界面的 JDBC 程序开发。每个实验都包括相关的知识要点总结回顾和实验例题,并对常见的错误和难点问题进行剖析。每个实验都给出了不同难度级别的实验例题和实验任务,包括基础题、提高题、综合题,例题覆盖面广,连贯性强,注释详细,循序渐进,有很好的参照性;实训提高部分则适合具有一定编程基础的学习者开展项目实训。课程设计指导部分选取了 3 个具有代表性且有较好实用性和趣味性的选题作为典型案例,向读者全面介绍了设计的过程和思路,以便使学生掌握 Java 面向对象的设计思想,为后续的毕业设计和项目开发积累经验。

本书的全部代码都在 JDK1.6 运行环境下调试通过,源代码可以从【凌风阁】网站上下载,网址为:http://sjweb.hhit.edu.cn/java。

本书的实验指导部分由施珺主编,课程设计部分由纪兆辉主编,黄霞编写了实验指导中的"知识要点回顾"和"实验任务",顾勋梅编写了"实验例题"的部分基础题,王逢州编写了实验指导中的"常见错误与难点分析",全书由施珺统稿、定稿。金陵科技学院邵斐老师主审。

由于编者水平有限,加上时间仓促,书中难免有疏漏和不足之处,恳请广大读者指正。

编 者
2014 年 7 月

# 目 录

## 第一部分  Java 语言实验指导

**第1章  实验1——Java 程序设计基础** ································· 1
 1.1  实验目的与要求 ······················································ 1
  1.1.1  熟悉 Java 开发工具 ········································· 1
  1.1.2  学会简单的 Java 程序设计 ································ 1
 1.2  实验指导 ······························································· 1
  1.2.1  常用 Java 开发工具简介 ···································· 1
  1.2.2  实验例题 ······················································ 6
  1.2.3  常见错误与难点分析 ······································· 21
 1.3  实验任务 ······························································· 23
 1.4  实训提高 ······························································· 24
  1.4.1  实训项目 ······················································ 24
  1.4.2  实训要求 ······················································ 24
  1.4.3  本阶段重点任务 ············································· 25
  1.4.4  实训例题 ······················································ 25

**第2章  实验2——Java 面向对象编程初步** ··························· 30
 2.1  实验目的与要求 ······················································ 30
  2.1.1  掌握类的定义和对象的创建方法 ························ 30
  2.1.2  掌握修饰符和访问控制符的使用 ························ 30
 2.2  实验指导 ······························································· 30
  2.2.1  实验例题 ······················································ 30
  2.2.2  常见错误与难点分析 ······································· 45
 2.3  实验任务 ······························································· 50
 2.4  实训提高 ······························································· 51

2.4.1　实训题目 …………………………………………………………… 51
　　2.4.2　实训要求 …………………………………………………………… 51
　　2.4.3　本阶段重点任务 ……………………………………………………… 51
　　2.4.4　实训例题 …………………………………………………………… 51

## 第3章　实验3——深入面向对象编程 …………………………………………… 63

3.1　实验目的与要求 ………………………………………………………………… 63
　　3.1.1　掌握Java面向对象深入编程的知识 ………………………………… 63
　　3.1.2　熟练掌握Java工具类的使用 ………………………………………… 63
3.2　实验指导 ………………………………………………………………………… 63
　　3.2.1　实验例题 …………………………………………………………… 63
　　3.2.2　常见错误与难点分析 ………………………………………………… 88
3.3　实验任务 ………………………………………………………………………… 93
3.4　实训提高 ………………………………………………………………………… 94
　　3.4.1　实训题目 …………………………………………………………… 94
　　3.4.2　实训要求 …………………………………………………………… 94
　　3.4.3　本阶段重点任务 ……………………………………………………… 94
　　3.4.4　实现例题 …………………………………………………………… 94

## 第4章　实验4——基于图形用户界面的JDBC程序开发 ……………………… 120

4.1　实验目的与要求 ………………………………………………………………… 120
　　4.1.1　掌握Java图形界面的设计方法 ……………………………………… 120
　　4.1.2　掌握JDBC编程技术 ………………………………………………… 120
4.2　实验指导 ………………………………………………………………………… 120
　　4.2.1　实验例题 …………………………………………………………… 120
　　4.2.2　常见错误与难点分析 ………………………………………………… 178
4.3　实验任务 ………………………………………………………………………… 186
4.4　实训提高 ………………………………………………………………………… 187
　　4.4.1　实训题目 …………………………………………………………… 187
　　4.4.2　实训要求 …………………………………………………………… 187
　　4.4.3　本阶段重点任务 ……………………………………………………… 187
　　4.4.4　实训例题 …………………………………………………………… 187

# 第二部分  Java 语言课程设计指导

## 第 5 章  案例 1——媒体播放器 ... 220
- 5.1  设计要求 ... 220
- 5.2  总体设计 ... 221
  - 5.2.1  类的职责划分 ... 221
  - 5.2.2  类间的关系 ... 222
- 5.3  详细设计 ... 222
  - 5.3.1  各个类的设计 ... 222
  - 5.3.2  所需素材文件 ... 233
- 5.4  代码调试 ... 234
- 5.5  程序发布 ... 234

## 第 6 章  案例 2——基于 C/S 的图书信息管理 ... 235
- 6.1  设计要求 ... 235
- 6.2  总体设计 ... 235
  - 6.2.1  类的职责划分 ... 236
  - 6.2.2  类间的关系 ... 237
- 6.3  详细设计 ... 238
  - 6.3.1  各个类的设计 ... 238
  - 6.3.2  数据库的设计 ... 257
  - 6.3.3  所需素材文件 ... 257
- 6.4  代码调试 ... 258
- 6.5  软件发布 ... 258

## 第 7 章  案例 3——日历记事本 ... 259
- 7.1  设计要求 ... 259
- 7.2  总体设计 ... 260
  - 7.2.1  类的职责划分 ... 260
  - 7.2.2  类间的关系 ... 260
- 7.3  详细设计 ... 261
  - 7.3.1  各个类的设计 ... 261

7.3.2 所需素材文件 ……………………………………………………………… 286
7.4 代码调试 …………………………………………………………………… 286
7.5 软件发布 …………………………………………………………………… 287

## 第 8 章 其他案例 …………………………………………………………………… 288

8.1 JDBC 技术的应用 …………………………………………………………… 288
8.2 文本编辑器的设计与实现 …………………………………………………… 289
8.3 计算器的设计与实现 ………………………………………………………… 289
8.4 图像浏览器的设计与实现 …………………………………………………… 289
8.5 局域网聊天程序的设计与实现 ……………………………………………… 290
8.6 益智类小游戏的设计与实现 ………………………………………………… 291
8.7 基于 Web 的应用 …………………………………………………………… 291

## 附录 …………………………………………………………………………………… 292

附录 1 例题索引 ……………………………………………………………… 292
附录 2 程序文件列表 ………………………………………………………… 295

## 参考网络资源与文献 ………………………………………………………………… 296

# 第一部分　Java 语言实验指导

# 第 1 章　实验 1——Java 程序设计基础

> **说明**
> 本实验为验证性实验，建议实验学时为 4，分两次完成。

## 1.1　实验目的与要求

### 1.1.1　熟悉 Java 开发工具

认识 J2SE 开发环境，对 TextPad、JCreator、NetBeans、Eclipse 等开发工具有初步的了解，能够利用以上的某一种开发工具编写调试简单的 Java Application 和 Applet 程序，了解 Java 程序的编辑、编译和运行过程。

### 1.1.2　学会简单的 Java 程序设计

掌握 Java 的数据类型、变量、数组、表达式、流程控制语句的使用，并能编写 Java Application 和 Applet，正确运用变量、表达式和流程控制语句，对字符、图形界面下的输入、输出有初步的体验。

## 1.2　实验指导

### 1.2.1　常用 Java 开发工具简介

**1. 简单的 Java 程序开发工具——TextPad**

TextPad 是一个功能较强的文本编辑工具，使用简单方便。TextPad 在使用前需要安装 JDK，可以在其中编辑 Java 源程序，且可以直接编译 Java、运行 Java Applet 和 Java Application。

建议大家在初学 Java 时使用 TextPad 作为编程工具，TextPad 运行环境如图 1-1 所示。

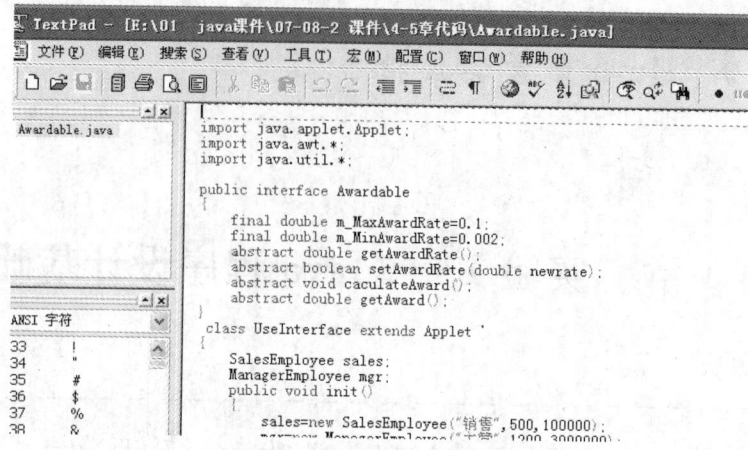

图 1-1 TextPad 运行环境

### 2. 集成的 Java 应用软件开发环境——NetBeans IDE

NetBeans 是 Sun 公司提供的开源软件开发集成环境，是一个可扩展的开发平台，可以用于 Java、C/C++、PHP 等语言的开发。使用前需要先下载并安装 JDK 和 NetBeans。NetBeans 的集成环境如图 1-2 所示。

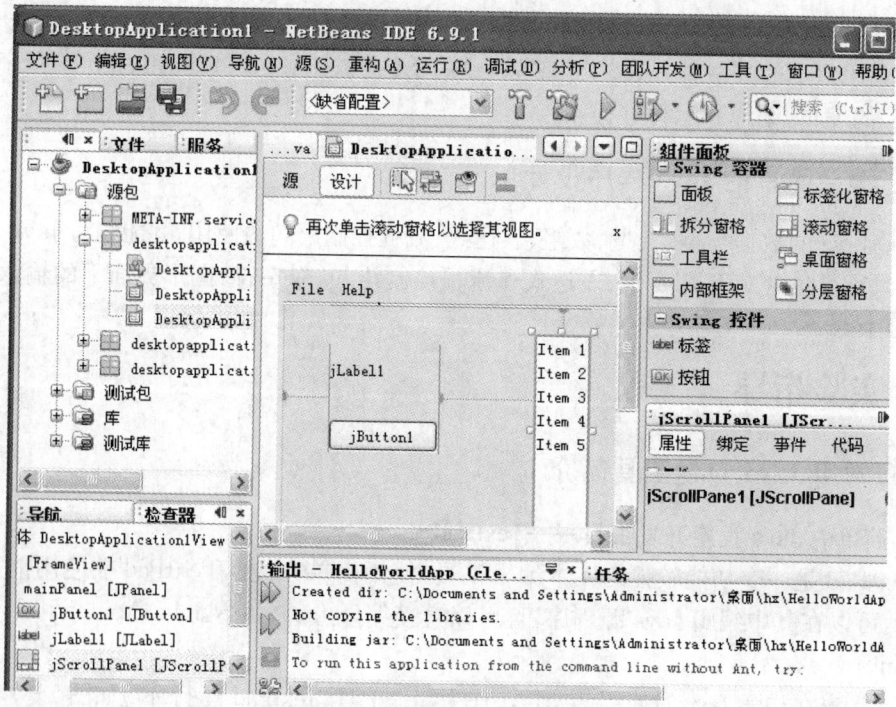

图 1-2 NetBeans 的集成环境

下面通过创建一个简单的"Hello World"Java应用程序,简要介绍NetBeans IDE工作流程。

(1) 第一步:新建项目

① 启动NetBeans IDE。

② 在IDE中,选择"文件"→"新建项目"(Ctrl+Shift+N),如图1-3所示。

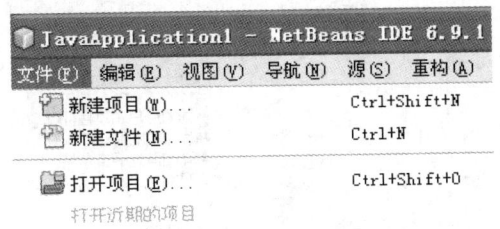

图1-3 新建项目菜单

③ 在"新建项目"向导中,展开"Java"类别,选择"Java应用程序",如图1-4所示。然后,单击"下一步"。

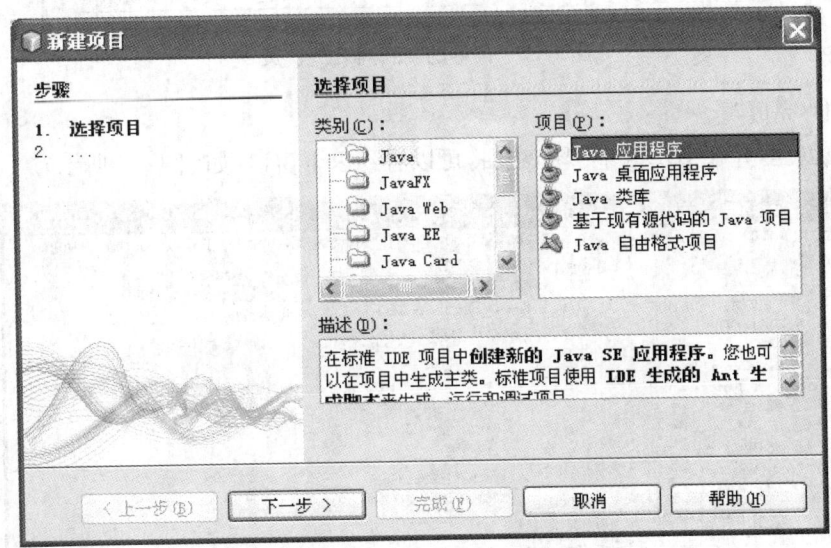

图1-4 新建项目向导

④ 在向导的"名称和位置"页中,执行以下操作,具体设置如图1-5所示。

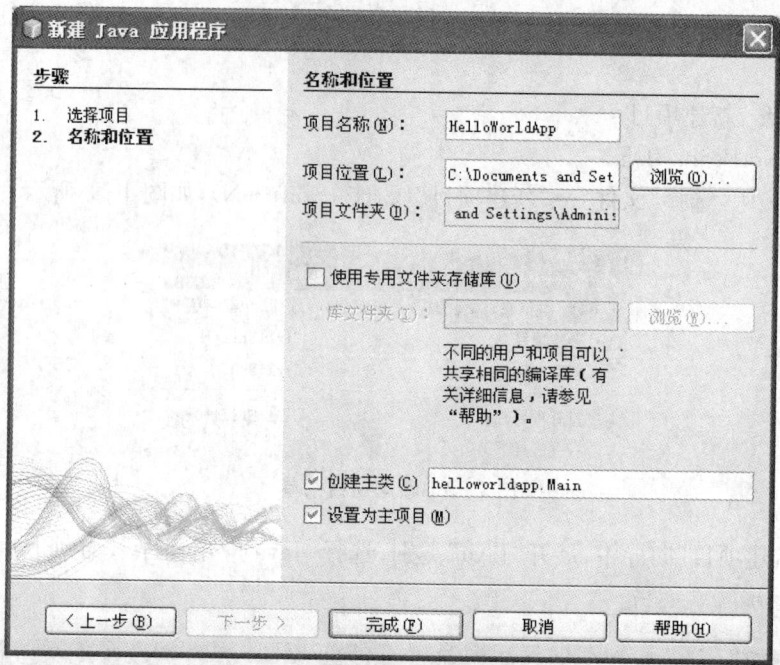

图1-5 向导的"名称和位置"页

⑤ 单击"完成"。

项目被创建,并在IDE中打开该项目,可以看到以下窗口(如图1-6所示)。

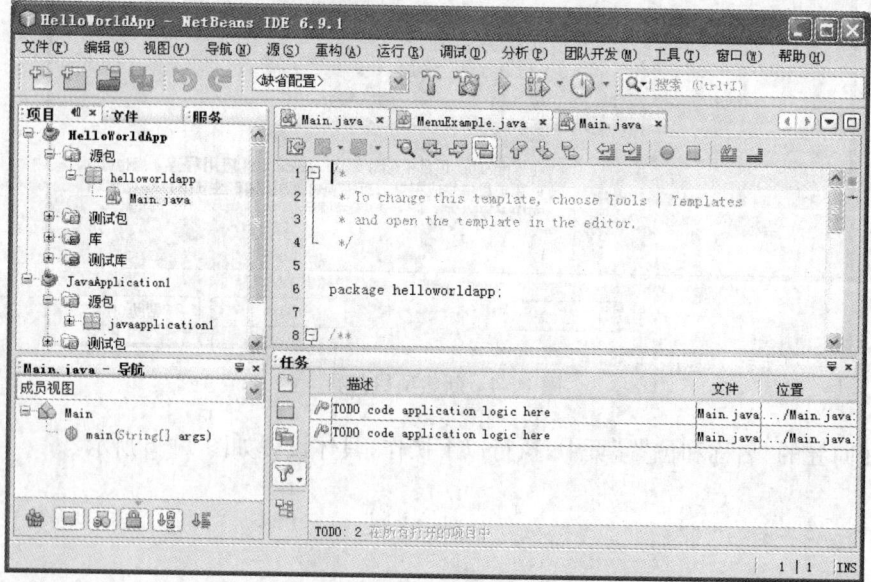

图1-6 新建项目后的主界面

(2) 第二步:向生成的源文件中添加代码

将"Hello World!"消息添加到代码框架中,方法是将以下行:

// TODO code application logic here

替换为: System.out.println("Hello World!");

选择"文件"→"保存"来保存所做的更改。

(3) 第三步:编译并运行程序

保存 Java 源文件时,IDE 会自动编译它。

运行程序:选择"运行"→"运行主项目"(F6)。本程序已正常运行的效果如图 1-7 所示。

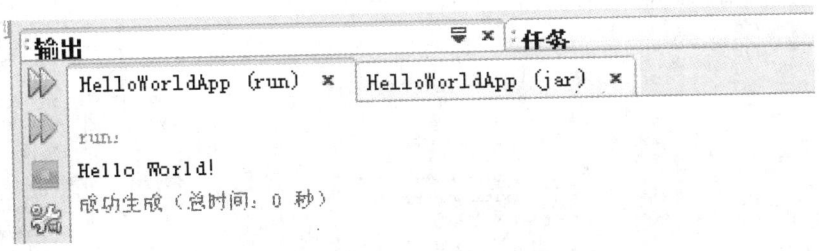

图 1-7　程序运行结果

如果存在编译错误,将在源代码编辑器的左旁注和右旁注中用红色图标标记出来。单击右旁注中的图标,可以跳至出现该错误的代码行。

(4) 第四步:生成并部署应用程序(可选择)

使用"清理并生成"命令时,IDE 将运行执行以下任务的生成脚本:

① 删除所有以前编译的文件以及其他生成输出。

② 重新编译应用程序并生成包含编译后的文件的 JAR 文件。

**生成应用程序**:选择"运行"→"清理并生成主项目"(Shift+F11)。

可以通过打开"文件"窗口(如图 1-8)并展开"HelloWorldApp"节点来查看生成输出。

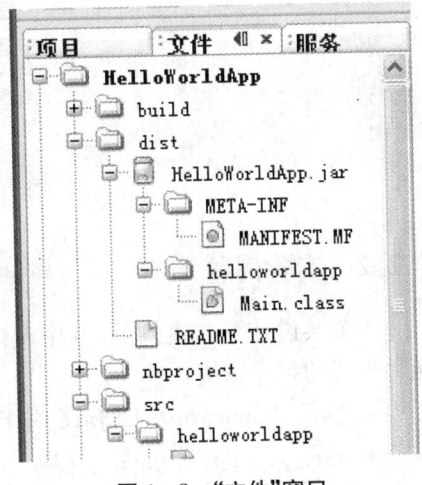

图 1-8　"文件"窗口

**3. 可扩展的 Java 集成开发平台——Eclipse**

Eclipse 是 IBM 公司提供的一个开放源代码的、基于 Java 的可扩展开发平台,该平台由四部分组成——Eclipse Platform、JDT、CDT 和 PDE。其中 JDT 支持 Java 开发,CDT 支持

C开发,PDE用来支持插件开发,Eclipse Platform则是一个开放的可扩展IDE,提供了一个通用的开发平台。

Eclipse的界面如图1-9所示。

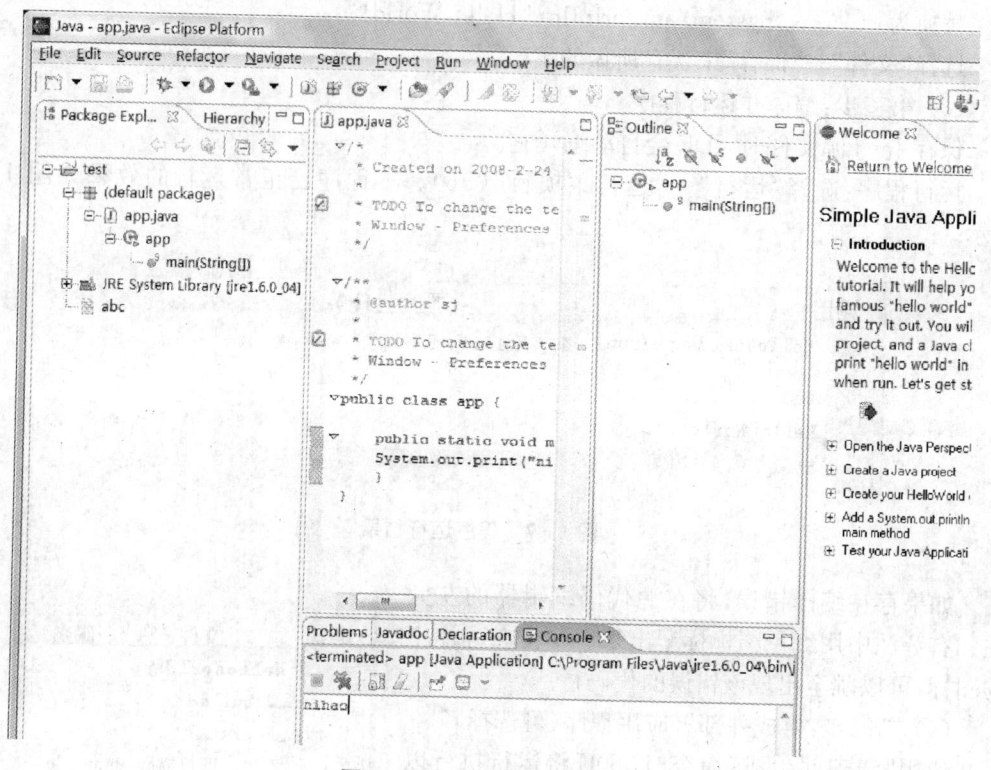

图1-9 Eclipse的运行界面

### 1.2.2 实验例题

本节共设计了9道例题,其中基础题4道、提高题4道、综合题1道,重点介绍了Java两种形式的程序结构:
- Java Application,即Java应用程序,分字符界面和图形界面;
- Java Applet,即Java小程序,只有图形界面。

例题演示了如何用Java语言实现各种形式的文本输入与输出、如何用基本的AWT控件进行简单的图形用户界面设计、如何显示图片、如何设置字体、如何设置颜色、如何响应简单的用户动作事件,并提供了一些常见的算法。

例题中应用了部分后续章节才学到的知识点,第一次实验时可先模仿练习使用,待学过后续章节再进一步消化吸收这些知识点。

## 【基础题】

**例1-1** 编写一个Java Application程序,用字符界面输出一行字符:"大家好,希望大家早成高手"。

**解**:操作步骤:打开TextPad→新建文档窗口中输入如下程序→保存→输入文件名(本例为JavaAppShow)→文件类型选择:Java(*.java)→工具菜单中:编译Java→工具菜单中:运行Java应用程序。

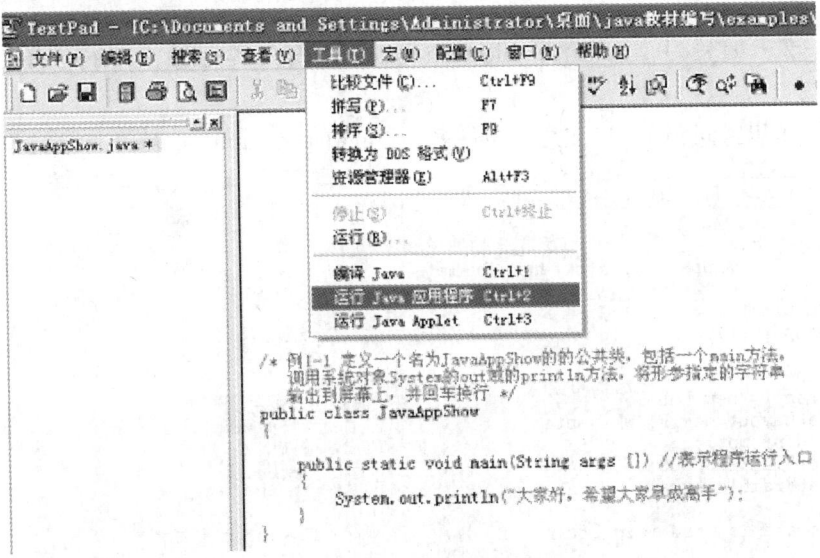

图1-10 TextPad编辑界面

> **小技巧**:在TextPad中新建源文件时,建议先将空白文档保存为java格式,这样输入源代码的过程中,java关键字若输入正确就会彩色显示,不正确则黑色显示,很容易看出语法错误;且输入左大括号"{"回车后,系统会自动将随后输入的代码按规范的格式产生缩进,输入右大括号"}"时,系统还会自动与之前的"{"匹配对齐,使得源程序格式整齐规范。

```
/* 例1-1 定义一个名为JavaAppShow的公共类,包括一个main方法,
   调用系统对象System的out域的println方法,将形参指定的字符串
   输出到屏幕上,并回车换行 */
public class JavaAppShow
{
    public static void main(String args []) //表示程序运行入口
    {
        System.out.println("大家好,希望大家早成高手");
    }
}
```

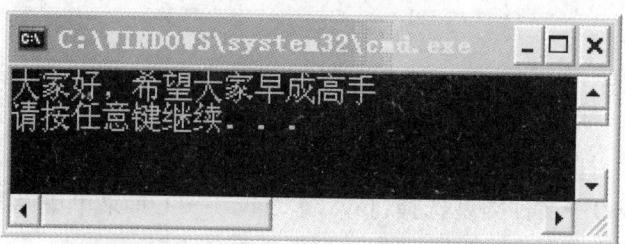

图1-11  JavaAppShow类的运行结果

**例1-2**  编写一个Java Application程序，用图形界面输出一行字符："祝你学习顺利！"。

**解：** 操作步骤同例1-1，注意源文件名为：JavaAppGraphics.java

```
/*例1-2  定义一个继承于Java窗体Frame的公共类JavaAppGraphics*/
import java.awt.*;                  //加载图形界面设计要用的抽象窗口工具包
public class JavaAppGraphics extends Frame
{
    Label prompt;                   //定义一个标签
    JavaAppGraphics ( )             //构造方法，与类同名
    {
        super("Java图形界面示例");    //设置界面的标题
        prompt= new Label("祝你学习顺利！");  //设置标签提示字符信息
        setLayout(new FlowLayout());  //设置窗体上各控件的布局为流式布局
        add(prompt);                 //将标签加载到窗体中
        setSize(260,100);            //设置窗体宽度、高度
        setVisible(true);            //让窗体可见
    }
    public static void main(String ar[])  //程序运行入口，规定的模式
    {
        new JavaAppGraphics ( );     //构造一个新窗体对象
    }
}
```

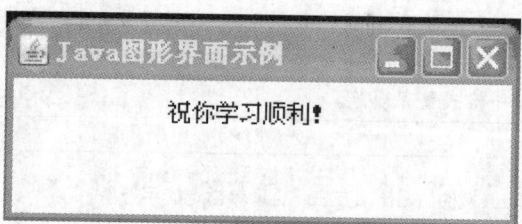

图1-12  JavaAppGraphics类的运行结果

**例1-3**  编写一个Java Applet小程序，用图形界面输出一行字符。

**解：** 操作步骤与例1-1相同，但最后一步选择：运行Java Applet，注意源文件名为：JavaAppletShow.java

```
/*例1-3  定义一个继承于Java小程序Applet的公共类JavaAppletShow */
import java.awt.Graphics;          //加载抽象窗口工具包中的Graphics
import java.applet.Applet;         //加载小程序包中的Applet类
public class JavaAppletShow extends Applet
{
    public void paint(Graphics g)
    {
        /*调用paint方法的形式参数g的一个成员方法drawString，
          在屏幕x=40,y=50的位置处显示字符串"好好学习，天天向上！" */
        g.drawString("好好学习，天天向上！",40,50);
    }
}
```

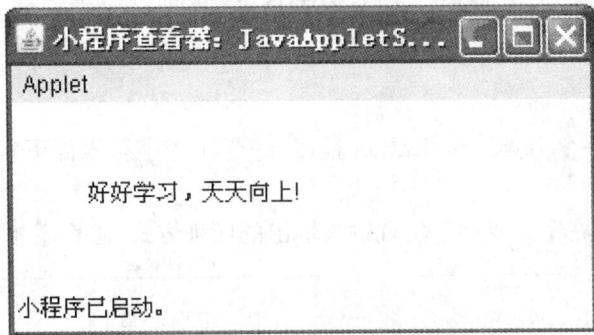

图1-13  JavaAppletShow类的运行结果

**例1-4**  编写一个求水仙花数的Java程序，练习while循环和if语句的应用。

**解**：操作步骤与例1-1相同，源程序如下。

```
/* 例1-4  用字符界面实现的求水仙花数的公共类isNarcissus
   水仙花数是一个三位数，它的各位数字的立方和等于这个数本身*/
public class IsNarcissus
{
    public static void main(String args[])
    {
        int i,j,k,n=100,m=1;
        while(n<1000)
        {
            i=n/100;              //取百位的那个数
            j=(n-i*100)/10;       //取十位的那个数
            k=n%10;               //取个位的那个数
            if((Math.pow(i,3)+Math.pow(j,3)+ Math.pow(k,3))==n)
                System.out.println("找到第"+m+++"个水仙花数："+n);
            n++;
        }
    }
}
```

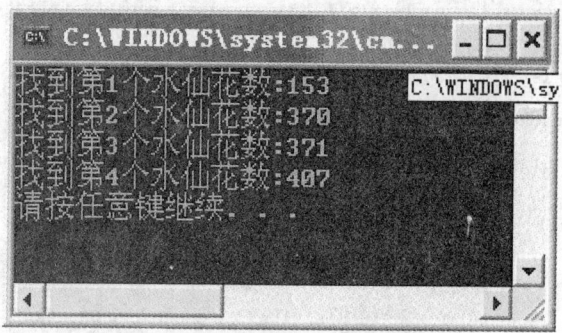

图 1-14 IsNarcissus 类的运行结果

## 【提高题】

**例 1-5** 编写一个 Java Application 程序,综合比较字符界面下实现输入输出的几种方式。

**解**:本例演示了在字符界面下实现输入输出的四种方式,源程序如下。

```java
/* 例1-5 本例包括2个类,实现了输入输出字符的4种方式,
   其中方式2涉及到Java流式输入知识,可先模仿使用,详细介绍见后续章节*/
import java.io.*;            //加载系统输入输出包 java.io 中的所有类
public class JavaAppShellInOut    //含main方法的主类
{
    public static void main(String args [])  //系统运行入口
    {
        /* 方式1. 显示预定的字符串: */
        System.out.println("大家好,希望大家早成高手!");

        /* 方式2. 显示用户输入的字符串: */
        String s=" ";
        System.out.print("请输入你的名字: ");
        try{
            BufferedReader in=
               new BufferedReader(new InputStreamReader(System.in));
            s=in.readLine();
        }
        catch(IOException e){};
        System.out.println("你好, "+s+", 欢迎你!");

        /* 方式3. 显示用户输入的单个字符: */
        char c=' ';
        System.out.print("请输入一个字符: ");
        try{
            c=(char)System.in.read();
        }
        catch(IOException e){};
        System.out.println("你刚输入的字符是: "+c);
```

```
        /* 方式4. 显示来自其它类中的字符; */
        System.out.println(MyClass.myMessage);
    }
}
/* 另外一个类 */
class MyClass
{
    static String myMessage="大家好,这是另一个类中的信息。";
}
```

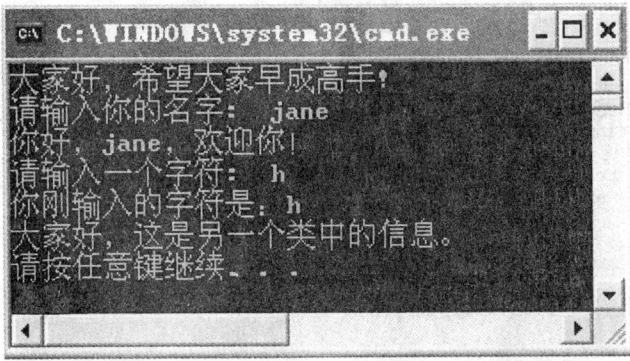

图 1-15 JavaAppShellInOut 类的运行结果

**例 1-6** 编写一个 Application 程序,进行字符输入输出与图片显示,并实现事件响应。

**解**:本例演示 Java 图形界面的应用程序下如何显示文本和图片,并进行简单的动作事件响应:在第一个文本框中输入文字后按回车,在第二个文本框会显示包含第一个文本框内容的字符串,源程序如下。

```
/* 例1-6 继承于窗体的类,并实现动作事件监听器接口*/
import java.awt.*;           //加载图形界面设计要用的抽象窗口工具包
import java.awt.event.*;     //加载图形界面下响应事件的包
import javax.swing.*;        //加载图形界面设计要用的swing包
public class JavaAppGraphicsInOut extends Frame
        implements ActionListener
{
    Label prompt;                    //定义一个标签
    TextField input,output;          //定义两个文本框,用于输入、输出
    Button btn;                      //定义一个按钮
    Image  myImage ;                 //定义一个图像
    JavaAppGraphicsInOut()
    {
        super("图形界面的Java Application程序"); //设置窗体标题
        prompt= new Label("请输入下图的名字");  //设置标签提示字符信息
        input=new TextField(6);                  //设置输入文本框的显示宽度
        output=new TextField(20);                //设置输出文本框的显示宽度
        btn=new Button("关闭");                  //设置按钮上面的提示字符
        myImage=new ImageIcon("1fg.jpg").getImage(); //要显示的图像文件

        setLayout(new FlowLayout()); //设置窗体上各控件的布局为流式布局
```

```
    /* 将标签、文本框、按钮控件加载到窗体中，各控件依据加载顺序
       在窗体上一字排开，超过窗体宽度时自动换到下一行 */
    add(prompt);
    add(input);
    add(output);
    add(btn);

    input.addActionListener(this);     //为输入文本框注册监听器对象
    btn.addActionListener(this);       //为按钮注册监听器对象
    setSize(420,350);                  //设置窗体宽度、高度
    setVisible(true);                  //让窗体可见
}

/* 重载ActionListener接口的actionPerformed方法，
   在输入文本框中显示输入文本框中的文本，并在其前后加上其他字符*/
public void actionPerformed(ActionEvent e)
{
    if(e.getSource()==input)           //判断事件源，如果是输入文本框
        output.setText("欢迎你访问"+input.getText()+"网站！");
    else
    {
        System.exit(0);//系统正常退出，如果参数是1，则为异常退出
    }
}

public void paint(Graphics g)
{
    g.drawImage(myImage,60,100,this);   //显示图片
}
public static void main(String ar[])
{
    new JavaAppGraphicsInOut();         //构造一个新窗体对象
}
}
```

图 1-16　JavaAppGraphicsInOut 类的运行结果

**例 1-7** 编写一个 Applet 小程序，要求对文本框中输入的任意实数，单击按钮"求平方"，则将计算结果输出到另外一个文本框中，同时在指定位置显示一行字符，并显示一张图片。

**解**：本例演示 Java 小程序如何显示图片和文本，如何实现简单的事件响应。提示：在 Java 中，文本框中的内容都是字符型的，若要对其进行数值运算，需要先进行数据类型转换。数值运算通常可定义为 int 型（适合整数）、float 型（适合单精度实数）或 double 型（适合双精度实数），本题采用 float 型。源程序如下：

```java
/* 例1-7 一个继承于Applet小程序的类，并实现动作事件监听器接口，
        涉及图片与文本的显示、字符串如何转换为float型数据 */
import java.applet.*;
import java.awt.*;
import java.awt.event.*;
import javax.swing.JOptionPane;
public class JavaAppletInOut extends Applet implements ActionListener
{
    /* 方法1. 用图形界面控件标签或文本框显示字符 */
    Label prompt;                      //定义一个标签
    TextField input,output;            //定义两个文本框，用于输入、输出
    Image  myImage;                    //定义一个图像
    Button btn;                        //定义一个按钮

    public void init()            //实现Applet的init方法，初始化界面
    {
        //将当前文件夹下的一张图片赋值给变量myImage */
        myImage = getImage(getDocumentBase(),"最美的祝福.jpg");
        prompt= new Label("请输入一个实数");  //设置标签提示字符信息
        input=new TextField(8);       //设置输入文本框的显示宽度
        output=new TextField(25);     //设置输出文本框的显示宽度
        btn=new Button("求平方");      //设置按钮上面的提示字符
        add(prompt);                  //将标签、文本框控件加载到界面中
        add(input);
        add(output);
        add(btn);
        btn.addActionListener(this); //为按钮注册监听器对象
        setSize(500,400);            //设置界面宽度、高度
    }

    /* 实现ActionListener接口的actionPerformed方法 */
    public void actionPerformed(ActionEvent e)
    {
        String s=input.getText();   //获取输入框中的文本，赋值给String型变量s
        float x=Float.parseFloat(s); //将s转换为float型，并赋给局部变量x
        output.setText("该数的平方="+x*x);//在输出文本框中显示计算的结果
    }

    /* 方法2. 实现Applet类的paint方法，在其中用Graphics类的
       drawString方法显示字符 */
    public void paint(Graphics g)
    {
        /* 在X=20 Y=60的位置开始显示字符串 */
        g.drawString("好好学习，天天向上！",20,60);

        /* 在X=30 Y=80的位置开始显示图片，以图片左上角为基准 */
        g.drawImage(myImage, 30, 80, this );
    }
}
```

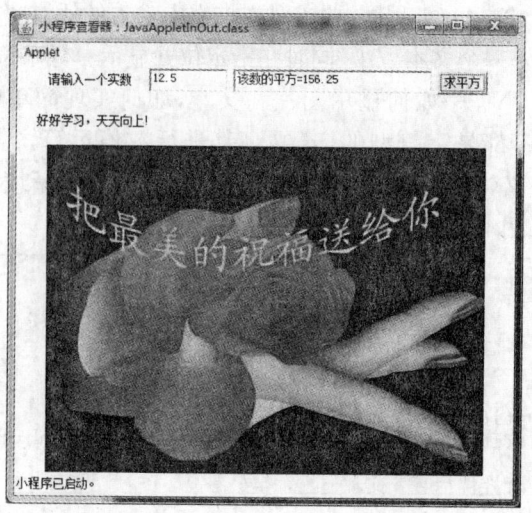

图 1-17 JavaAppletInOut 类的运行结果

**例 1-8** Java 基本数据类型与程序控制结构的综合使用示例。

**解**：本例演示几个常见的算法，源程序如下。

```java
/* 例1-8 常见数类求解、几个技巧算法、数据类型、程序控制结构使用示例 */
import java.io.*;      //加载输入输出包
import java.util.*;    //加载工具包
public class TestDtypeAndProcess
{
    public static void main(String args[])
    {
        Process p=new Process();
        System.out.println("求1000以内完全数——");
        p.isPerfectNum();
        System.out.println("\n猜数字小游戏——");
        p.GuessNumber();
        System.out.println("\n求16/8 和16*8 效率最高的算法——");
        p.CaculateNumber();
        System.out.println("\n输出字母表——");
        p.ShowLetters();
        System.out.println("\n测试运算符优先级——");
        p.testPrecedence();
        System.out.println("\n测试逻辑运算符——");
        p.testLogic();
        System.out.println("\n测试利用异或运算符进行加密解密——");
        p.Coding();
    }
}
class Process
{
    /* 求10000以内的完全数：所有因子之和(包括1但不包括自身)等于
       该数自身的数，如6是完全数，因为 6=1×2×3 且 6=1+2+3 */
    void isPerfectNum()
```

```java
        {
            for(int i=1;i<10000;i++)
            {
                int y=0;
                for(int j=1;j<i;j++)
                    if(i%j==0)   y+=j;

                if(y==i)
                {
                    System.out.println("10000以内的完全数有: "
                        +i+String.valueOf('\t'));
                }
            }
        }
/*  猜数字小游戏  */
void GuessNumber()
{
    System.out.println("请输入一个数字:");
    int lintTargetNum=30;
    /*Scanner类能够接受用户输入的字符串,定义在java.util包中 */
    Scanner scanner=new Scanner(System.in);
    while(true)
    {
        int lintGuessNumber=scanner.nextInt();
        if(lintGuessNumber>lintTargetNum)
        {
            System.out.println("太大了!");
            continue;
        }
        if(lintGuessNumber<lintTargetNum)
        {
            System.out.println("太小了!");
            continue;
        }
        System.out.println("祝贺你猜对啦!");
        break;
    }
}

/*  求16/8 和16*8 效率最高的算法  */
void CaculateNumber()
{
    int lintNumber = 16;
    System.out.println(lintNumber >> 3); // 求16/8
    System.out.println(lintNumber << 3); // 求16*8
}
/*  输出字母表  */
void ShowLetters()
{
    for(char start='a';start<='z';start++){
        System.out.print(start+" ");
    }
}

/*  测试逻辑运算符  */
void testLogic()
{
    int x,y=10;
    if(((x=0)==1)&&((y=20)==20))
```

```java
        System.out.println("int x,y=10, if(((x=0)==1)"+
            " &&((y=20)==20)),现在y的值是="+y);
    else
        System.out.println("现在y的值是:"+y);

    int a,b=10;
    if(((a=0)==0)|((b=20)==20))
        System.out.println("int a,b=10; if(((a=0)==0)|"+
            "((b=20)==20)),现在b的值是:"+b);
}
/* 测试算术运算符 */
void testPrecedence()
{
    /* 测试运算符优先级 */
    int a=1, c=6;
    System.out.println("a=1,c=6,( - ++a+c)="+( - ++a+c)+"  a="+a );

    /* 测试不同数据类型进行除运算时的余数 */
    int e;
    float f;
    double d,d1;

    e=5/2;
    f=5/2;   // 如 f=5/2.0 则报错
    d=5/2;
    d1=5/2.0;
    System.out.println("int e=5/2="+e);
    System.out.println("float  f=5/2="+f);
    System.out.println("double d1=5/2="+d+"  double d1=5/2.0="+d1);

    /* 测试运算符的结合律 */
    int i=4;
    System.out.println("i=4;c * - i = "+c * - i);

    /* 测试三目运算符 */
    int m=2,n=3,x=4,y=5;
    System.out.println("int m=2,n=3,x=4,y=5; n<m?x:y  "+(n<m?x:y));
}

    /* 测试字符加密 */
    void Coding()
    {
        char j1='施';
        char ch1='珺';
        char s='9';              //加密的密钥
        j1=(char)(j1^s);         //用异或运算进行字符加密
        ch1=(char)(ch1^s);
        System.out.println("密文是:"+j1+ch1);
        j1=(char)(j1^s);
        ch1=(char)(ch1^s);
        System.out.println("原文是:"+j1+ch1);
        System.out.println("汉字 珺 在unicode码中的顺序位置是"+(int)ch1);
    }
}
```

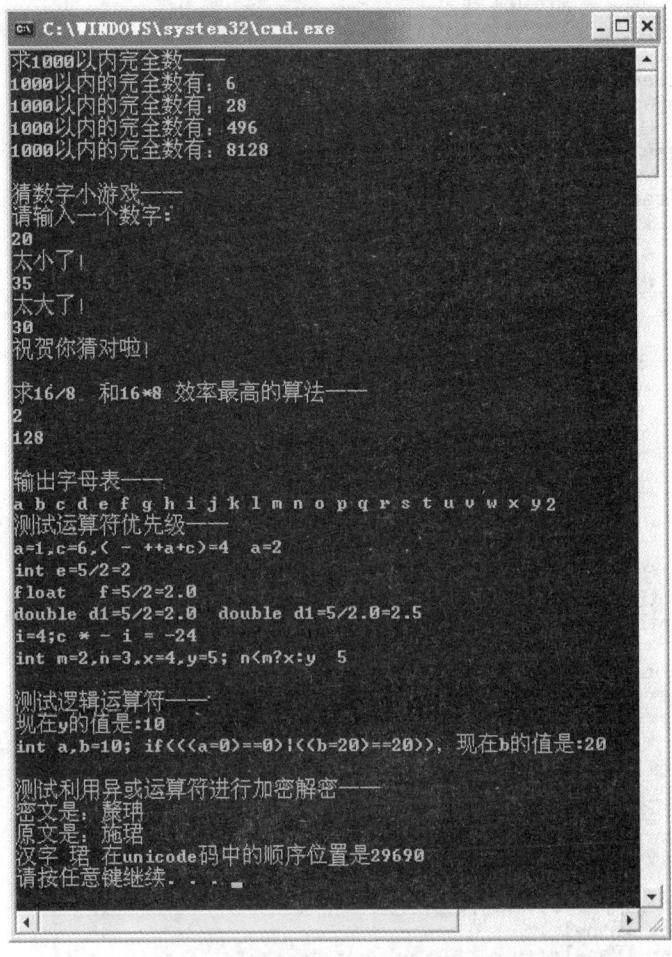

图 1-18　TestDtypeAndProcess 类的运行结果

## 【综合题】

**例 1-9**　分别编写 Application 和 Applet 程序,实现:将上学期所学的各门课程的名称及考试成绩的信息用数组存放,并在 for(或 while)循环中利用排序算法,将成绩进行升序排列,最后输出排序后的课程成绩。

**解**:根据题意设计了 Java Application 程序的源代码,Applet 请自行参照完成。

```java
/* 例1-9 一个Java图形界面应用程序,显示学生基本信息和课程成绩信息 */
import javax.swing.*;
import java.awt.*;
import java.awt.event.*;
public class AppGraphicsAdvence      //程序中的主类
{
    public static void main(String args[])
    {
        new FrameInOut();
    }
}
/* 创建图形界面的类 */
class FrameInOut extends Frame implements ActionListener
{
    JButton    btn1,btn2,btn3,btn4;//定义4个按钮
    JTextArea  ta,ta1;             //定义2个文本域
    JPanel     p1,p2,p3;           //将面板作为容器
    String     courses[]={"数据结构","线性代数","论语选修",
                          "大学物理","概率论","大学英语"};
    int        scores[]={78,80,95,86,78,61};

    FrameInOut()
    {
        super("学生基本信息及课程成绩信息!");   //设置界面标题
        this.setFont(new Font("隶体",Font.BOLD,100));//设置界面字体
        this.setBackground(Color.pink);   //设置界面背景色

        /* 初始化各个按钮 */
        btn1=new JButton("学生基本信息");
        btn2=new JButton("初始成绩");
        btn3=new JButton("成绩排序");
        btn4=new JButton("退出");

        /* 初始化文本域,数字表示文本区域行数,后个数字为列数 */
        ta  =new JTextArea(10,25);
        ta1 =new JTextArea(10,25);

        /* 初始化面板,并将各控件加入容器 */
        p1  =new JPanel();
        p2  =new JPanel();
        p3  =new JPanel();
        p1.add(btn1);
        p1.add(btn2);
        p1.add(btn3);
        p1.add(btn4);
        p2.add(ta);
        p3.add(ta1);
        add(p1);
        add(p2);
        add(p3);
        setLayout(new FlowLayout());  //设置界面采用流式布局
```

```java
        /* 设置面板背景色 */
        p1.setBackground(Color.red);

        /* 各个按钮注册事件监听器 */
        btn1.addActionListener(this);
        btn2.addActionListener(this);
        btn3.addActionListener(this);
        btn4.addActionListener(this);

        setSize(600,360);        //设置界面尺寸
        setVisible(true);        //设置界面可见
    }
/* 重载ActionListener接口的方法,实现各按钮名副其实的功能 */
public void actionPerformed(ActionEvent e)
{
    /* 创建一个新的数组,对其初始化 */
    String courses1[]={"a","b","c","d","e","f"};
    for(int i=0;i<courses.length;i++)
    {
        courses1[i]=courses[i];
    }
    int scores1[]={2,2,2,2,2,2};
    for(int j=0;j<scores.length;j++)
    {
        scores1[j]=scores[j];
    }

    if(e.getSource()==btn1)    //显示学生基本信息
    {
        ta.setText(null);
        ta.setForeground(Color.blue);
        ta.setFont(new Font("隶体", Font.BOLD, 14));
        ta.append("姓名: 李小军\n");
        ta.append("性别: 男\n");
        ta.append("籍贯: 江苏连云港\n");
        ta.append("班级: 网络081\n");
        ta.append("学号: 1108001");
    }
    if(e.getSource()==btn2)    //排序前的课程及成绩信息
    {
        ta1.setText(null);
        ta1.setForeground(Color.black);
        ta1.setFont(new Font("楷体", Font.BOLD, 16));
        for (int i=0;i<courses.length;i++)
        {
            ta1.append("课程名:"+courses[i]+" 成绩为: "+scores[i]+"\n");
        }
    }
    if (e.getSource()==btn3)    //排序后的课程及成绩信息
    {
        for (int i=0;i<scores1.length-1;i++)
        {
            for(int j=i+1;j<scores1.length;j++)
            {
                int t;
                String coursename;
```

```
                    if(scores1[i]>scores1[j])
                    {
                     t=scores1[i];
                     scores1[i]=scores1[j];
                     scores1[j]=t;
                     coursename=courses1[i];
                     courses1[i]=courses1[j];
                     courses1[j]=coursename;
                    }
                }
            ta1.setText(null);
            ta1.setForeground(Color.red);
            ta1.setFont(new Font("楷体", Font.BOLD, 16));
            for (int i=0;i<courses1.length;i++)
            {
                ta1.append("课程名:"+courses1[i]+" 成绩为: "+scores1[i]+"\n");
            }
        }
        if(e.getSource()==btn4)    //退出程序
        {
            dispose();
            System.exit(0);
        }
    }
}
```

该程序初始运行界面如图 1-19 所示。

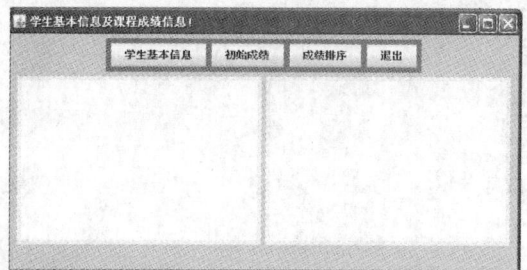 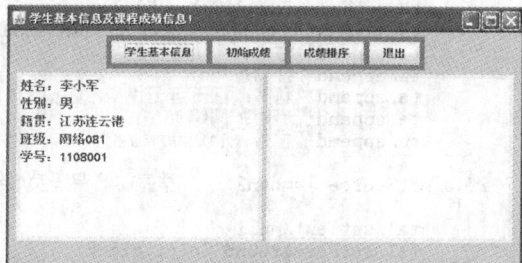

图 1-19　AppGraphicsAdvence 类的初始运行界面　　图 1-20　AppGraphicsAdvence 类显示学生基本信息

　　点击按钮"学生基本信息",在左下方 TextArea 组件 ta 中显示学生基本信息,如图 1-20 所示。

　　点击按钮"初始成绩",在右下方 TextArea 组件 ta1 中显示课程名称及初始成绩信息,如图 1-21 所示。

　　点击按钮"成绩排序",在右下方 TextArea 组件 ta1 中显示排序后的成绩信息,如图 1-22 所示。

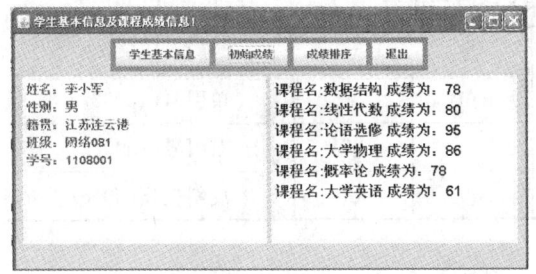
图 1-21 AppGraphicsAdvence 类显示初始成绩信息

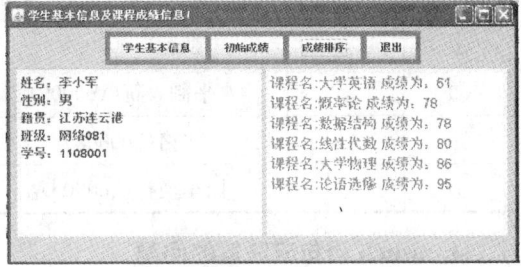
图 1-22 AppGraphicsAdvence 类显示排序后的成绩信息

再次点击"初始成绩",则又可重新显示排序前的成绩信息,如图 1-21 所示。点击"退出"按钮,则退出程序。

## 1.2.3 常见错误与难点分析

**1. Application 与 Applet 两类程序的辨析**

Java Applet 和 Java Application 在结构方面的主要区别表现在:

(1) 运行方式不同。Java Applet 程序不能单独运行,要通过与 Java 兼容的浏览器来控制执行。Java Application 是完整的程序,可以独立运行。

(2) 程序结构不同。每个 Java Application 程序必定含有一个并且只有一个 main 方法,而 Applet 程序则没有含 main 方法的主类,这也正是 Applet 程序不能独立运行的原因。

(3) 图形界面模板不同。Java Applet 程序可以直接利用浏览器或 AppletViewer 提供的图形用户界面,而 Java Application 程序则必须另外书写专用代码来营建自己的图形界面。

(4) 受到的限制不同。Java Application 程序可以设计成能进行各种操作的程序,包括读/写文件的操作,但是 Java Applet 对站点的磁盘文件既不能进行读操作,也不能进行写操作。

**2. print 和 println 方法辨析**

print()方法在输出括号里指定的字符串后就结束操作,而不再添加回车换行,光标停留在字符串最后一个字符的右边。而 println()则是添加回车,光标停在下一行。

**3. Java 中常用的转义符**

一个 Unicode 转义字符可以被用来在只使用 ASCII 字符的程序中插入一个 Unicode 字符。一个 Unicode 转义字符精确地等价于它所表示的字符。Java 中常用的转义符有:

表 1-1 常用转义字符一览表

| ① | \n | 换行(\u000a) | ⑤ | \f | 换页(\u000c) |
|---|---|---|---|---|---|
| ② | \t | 水平制表符(\u0009) | ⑥ | \' | 单引号(\u0027) |
| ③ | \b | 空格(\u0008) | ⑦ | \" | 双引号(\u0022) |
| ④ | \r | 回车换行(\u000d) | ⑧ | \\ | 反斜杠(\u005c) |

**4. switch 语句应注意的问题**

switch ( temp ){ … }在使用时应注意以下问题:

(1) temp 的类型只能为 byte、short、char、int。

(2) 若不存在多分支共用出口,则每个 case 子句后面应该跟一个 break。

**5. break、continue、return 语句的区别**

(1) break——跳出本层循环。在循环中遇到 break 语句时,循环被终止,程序控制在循环后面语句重新开始。在一系列嵌套循环中使用 break 语句时,它将仅仅终止最里面循环。

(2) continue——跳出本次循环。作用是停止执行当前的循环,然后退回循环起始处执行下一次循环。

(3) return——跳出方法。return 语句用来明确地从一个方法返回。

**6. 基本数据类型的默认值**

表 1-2 基本数据类型的默认值

| byte | short | int | long | float | double | char | boolean | reference |
|---|---|---|---|---|---|---|---|---|
| 0 | 0 | 0 | 0L | 0.0F | 0.0D | '\u0000' | false | Null |
| 8位 | 16位 | 32位 | 64位 | 32位 | 64位 | 16位 | | |

**7. Java 语言的类型转换**

在 Java 语言中,基本数据类型的转换可以隐性地发生。非 boolean 型数据之间的转换是合理的,而且一般来说,当代码可能会导致精度损失时编译器会发出警告。

(1) 扩展转换:当基本类型的值能够在不损失数值的情况下被转换时,转换操作会自动发生。下图展示了扩展转换,括号内的数字是用来存储每种类型所需的比特数。当一个类型被转换为具有更多比特数的类型时它不会损失任何信息。

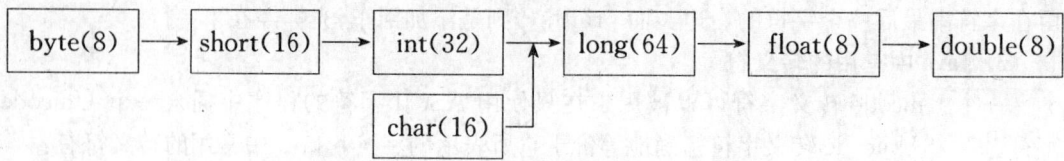

图 1-23 Java 数据类型转换关系示意图

**注意**：假如把一个 int 型或 long 型转换为 float 型，或者把一个 long 型转换为 double 型，可能会损失一些精度。

（2）窄化转换：即任何不同于上图中从左到右顺序的转换，可能会导致信息损失。通过加入显性的强制转换，可以避免这种错误。

（3）隐性类型转换：不需要显性的强制转换运算符，而是自动发生的，它仅仅发生在扩展转换的情况下。隐性类型转换能够在三种情况下发生：赋值、方法调用和算术运算。

**8. 常见错误**

（1）错误提示：Javac：Command not found

错误解释：Path 变量设置不正确，没有包括 javac 编译器所在的目录。

（2）错误提示：Can't find class TestGreeting    //假设用户编写运行的类名为 TestGreeting

错误解释：表示在命令行中指定的类名和拼写名与 filename.class 文件不同。Java 严格区分大小写。

（3）错误提示：Exception in thread "main"java.lang.NoSuchMethodError：main

错误解释：解释器要执行的类没有一个静态 main 方法，或者虽然有 main 方法，但没有用静态关键字来声明这个方法或者是参数声明错误。

（4）错误提示："XXX.java"：illegal character：\65307 at line 4，column 12

错误解释："XXX.java"：非法字符在 * 行 * 列处。

可能原因：使用了中文的符号，如括号、逗号、分号、冒号等。

## 1.3 实验任务

**【基础题】**

（1）编写一个 Java Application 字符界面程序，实现数论中的某个基本算法：如素数的判断、求解；最大公约数或最小公倍数的求解；水仙花数的求解；回文数的判断等。

（2）编写一个 Java Applet 程序，利用图形界面输入一个数据，并对该数据进行判断（如：是否是素数，是否是水仙花数，是否是回文数等），并将结果输出在图形界面中。

（3）编写一个 Java Application 字符界面程序，对各类运算符进行验证，将验证表达式和验证结果输出。

（4）随机产生包含 10 个元素的数组，并对数组进行排序，将排序前后的数组分别输出。

（5）利用图形界面实现二维数组中元素的查找。

（6）随机产生包含 20 个元素的数组，求出数组中的最大值、最小值以及平均值。

## 【提高题】

(1) 编写一个 Java Application 图形界面程序,用于输入并统计个人上学期所学课程的成绩信息,包括课程名、学分、考试成绩,统计平均分和获得的总学分,不及格的课程用红色显示,且不计入总学分。

(2) 将 10 万元人民币分别按照 3 种以上不同利率存入银行,列出 5 年内每年每种利率的存款余额。

(3) 利用二维数组编程实现矩阵相乘、转置矩阵。

## 【综合题】

(1) 编写一个趣味性 Java Applet 小程序,根据界面上随机生成或任意输入的一个日期型数据,判断是否闰年,算出是周几,同时判断对应的星座与性格,输出星座图片。

(2) 编写其他主题的各种竞猜类小游戏,要求图文并茂。

(3) 根据贷款额度、银行利率、贷款年限,计算月还款数额,用图形界面实现。

## 【题目完成要求】

(1) 学生可以根据各自基础选做其中 2—3 题,同类题目不要重复选;

(2) 选用适当的编程工具完成选题,注意编程规范,按程序流程结构缩进,添加必要的注释;

(3) 确保程序调试通过,测试运行结果正常;

(4) 提交源程序和内容齐全的实验报告。

## 1.4 实训提高

### 1.4.1 实训项目

以与大学生学习、生活、娱乐相关的信息服务系统为例进行项目开发实训,要求采用面向对象的方法进行系统的分析、设计与实现。

各团队可自拟不同题目,如:学生评优评奖信息管理系统、学生会文体活动管理系统、学生社团日常事务管理系统、学科竞赛信息管理系统、学生成绩管理系统、趣味小游戏(如实用百科知识好记星、经典音乐播放器、宿舍幸运星 PK 器)等。

建议采用团队方式协作完成,每组 3—4 人,设一个组长,每位成员负责其中某些模块的设计与实现,最后要实现系统各模块的无缝集成。

### 1.4.2 实训要求

(1) 首先共同开展系统的需求分析,划分功能模块,分配任务;

(2) 用 UML(统一建模语言)中的用例图和类图进行系统的静态建模;

(3) 每个人一个包(即用英文命名的文件夹),所有类的命名建议用设计者姓名拼音缩写加若干能表达功能含义的字符组成;

(4) 组长除完成本身任务外,还要负责设计作为程序入口的主类、系统总的说明文档;每位成员负责编写各自的说明文档;

(5) 实训项目按实验进度分四阶段递进完成,各阶段要优先完成本次实验的重点任务,不主张盲目冒进。

(6) 注意编程规范,源程序中必须对程序功能、方法、属性等加适当的注释;

(7) 建议采用 Application 图形界面显示,并注意用户界面的友好性。

### 1.4.3 本阶段重点任务

选定题目,分析系统功能,划分功能模块,明确任务分工,画出系统用例图,熟悉 Java 集成开发环境,建立一个 Java 应用程序项目,注意命名一致、规范。

### 1.4.4 实训例题

(1) 选题与团队分工

实训选题为"模拟校园卡信息管理系统",团队分工见表 1-3。

表 1-3 实训团队成员分工表

| 角色 | 姓名 | 承担的具体任务 |
| --- | --- | --- |
| 组长 | jane | 用户界面设计,用户类的设计与实现 |
| 组员 | jerry | 卡类的设计与实现 |
| 组员 | jack | 业务类的设计与实现 |

(2) 系统需求分析

校园卡信息管理系统主要有两类用户,一是系统管理员,负责对系统信息进行管理,可以实现用户信息维护、办理新卡、卡挂失/卡重置、修改密码、统计充值、统计消费、查询信息等操作;二是普通用户,可以实现修改密码、充值、消费、余额查询、查询个人消费和充值记录等操作。

根据系统功能分析画出的用例图见图 1-24,关于用例图的相关知识详见本书提供的网络资料。

(3) 建立 Java 应用程序项目

实训例题选用最新版本的 NetBeans 6.9.1 作为系统开发环境,建立一个 Java 应用程序项目,名称为 SchoolCard,点"浏览"选定项目保存位置,去掉"创建主类"复选框前面的勾,设置好的界面见图1-25。

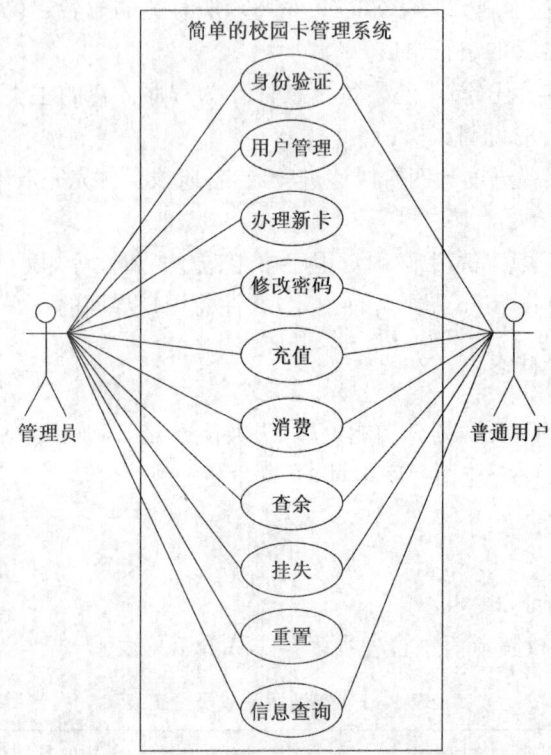

图1-24 模拟校园卡信息管理系统用例图

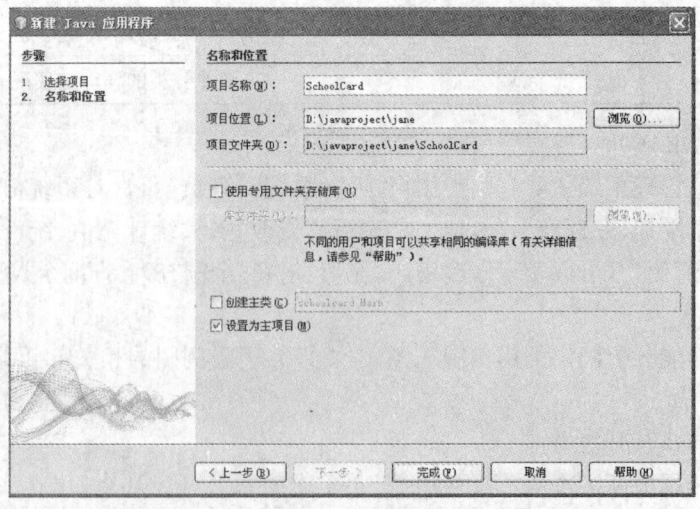

图1-25 在 NetBeans 中新建项目 SchoolCard

项目新建成功后,即可在其中新建 Java 类。方法是:右击"源包"中的<缺省包>,选"新建"中的"Java 类",在对话框中输入类名和包名,见图 1-26 和图 1-27 所示。

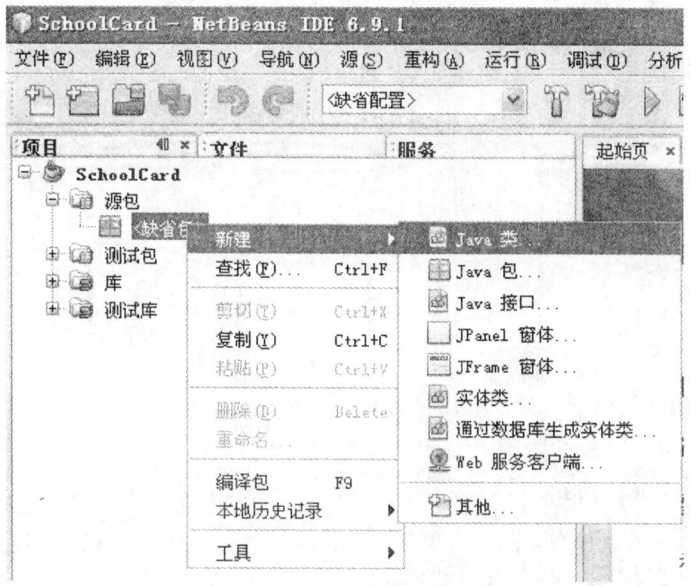

图 1-26　在项目中新建 Java 类

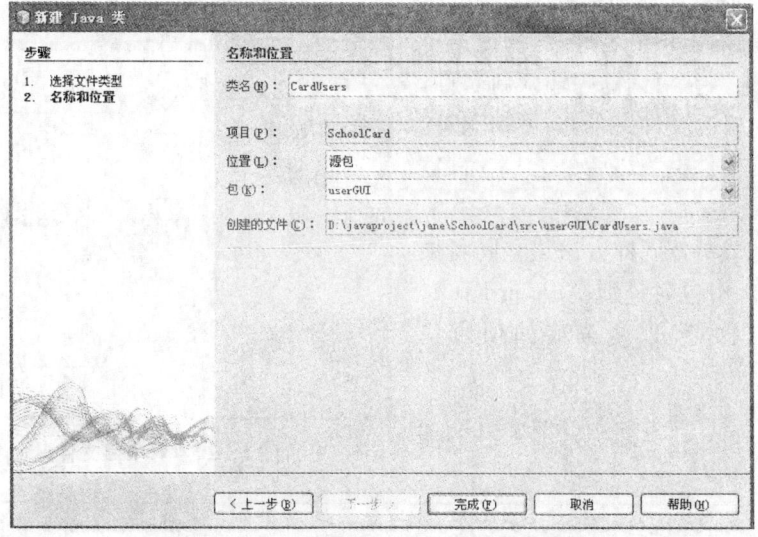

图 1-27　新建 Java 类时为类和包命名

单击"完成",就可以在右侧类代码编辑窗口输入代码了,如图1-28所示。

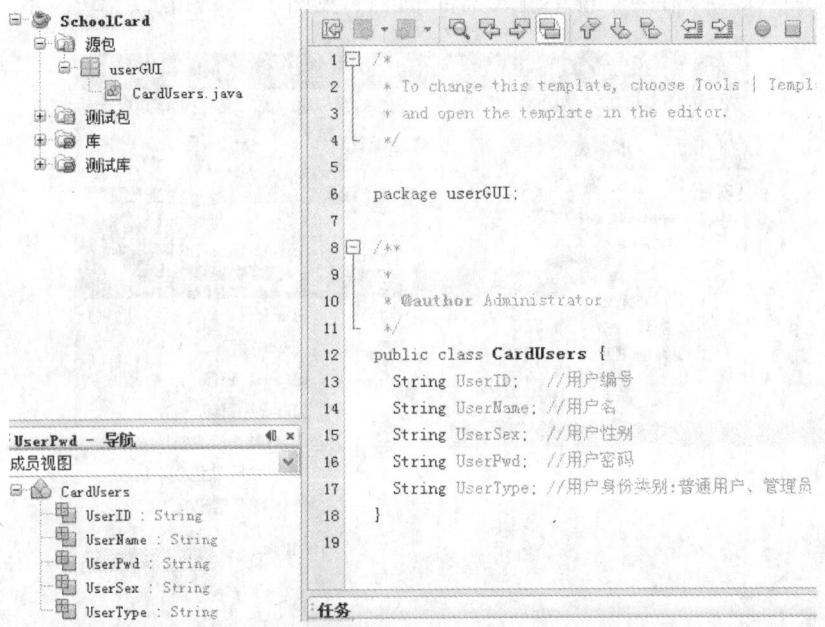

图1-28 在源编辑窗口编写Java类代码

如果觉得项目初始命名不合适,可以修改。方法是:右击项目名称,从快捷菜单中选择"重命名",在对话框中输入新名称,如果希望同时修改文件夹名称,可勾选"同时重命名项目文件夹",之后单击"重命名"按钮即可。

团队其他成员按同样方法建立同名项目,将图1-27中包名分别换成cardGUI、operationGUI即可,以便今后的项目集成、发布。

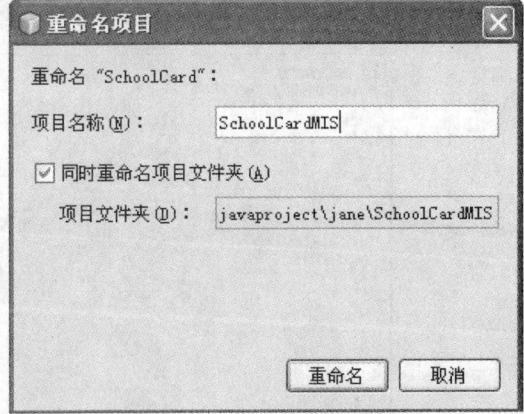

图1-29 对项目文件重命名

**特别提醒**:NetBeans IDE 默认的编码为 UTF-8,为避免后期数据库操作过程中,读写汉字字符时产生乱码,建议进行类设计之前,将项目属性中的编码改为 GB2312,如图1-30所示。

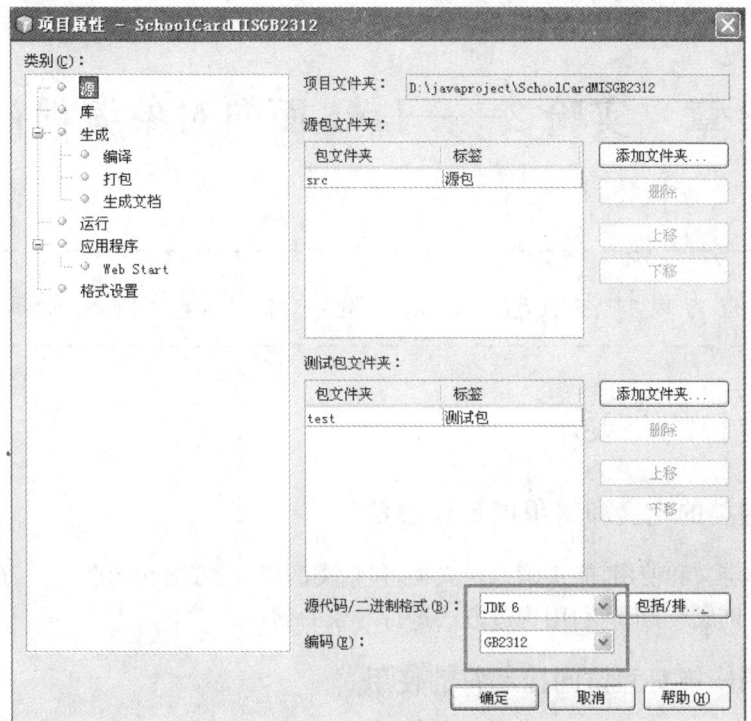

图1-30 项目属性窗口

# 第 2 章 实验 2——Java 面向对象编程初步

> **说明**
> 本实验为设计性实验,建议实验学时为 4,分两次完成。

## 2.1 实验目的与要求

### 2.1.1 掌握类的定义和对象的创建方法

理解类的定义和使用,能正确地定义类,包括类的属性、方法和构造方法,正确定义和使用类成员及实例成员,正确利用构造方法进行对象的创建。

### 2.1.2 掌握修饰符和访问控制符的使用

理解并能正确运用各种修饰符、访问控制符进行类及类内成员的定义,掌握各种修饰符在混合使用时需注意的问题。

## 2.2 实验指导

### 2.2.1 实验例题

本节设计了 6 道例题,其中基础题 3 道、提高题 2 道、综合题 1 道,涵盖了 Java 面向对象编程的初步知识,重点演示了类的完整定义和修饰符的合理使用,知识点和难度循序渐进,且每道题都编写了相应的运行测试样例。

为便于学习者理解,所有例题的源程序中都加了大量注释,实验过程中可合理参照例题完成任务。

【基础题】

例 2-1 编写一个计数器类,其中包括 1 个域(存储当前数值),3 个方法(分别实现每次加 1、每次减 1 和清零功能)。要求采用易于理解的规范方式为类、域、方法命名。

解:本例演示类的最简单定义方式,仅涉及成员变量和成员方法的定义,按题意编写的源程序如下。

```java
/* 例2-1 一个计数器类 Counter.java */
class Counter              //定义一个名为Counter的类
{
    int countValue;        //存储当前计数值的成员变量，整型
    int increment()        //实现计数器加一功能的成员方法
    {
        return countValue++;   //返回加1后的计数值
    }
    int decrement()        //实现计数器减一功能的成员方法
    {
        return countValue--;   //返回减1后的计数值
    }
    void reset()           //实现清零功能的成员方法
    {
        countValue=0;      //将计数值置为0
    }
}
/* 编写一个测试类 testExample2_1.java，测试计数器类运行是否正确 */
public class testExample2_1
{
    public static void main(String args[])     //定义main方法，作为程序运行主入口
    {
        Counter c=new Counter();                          //定义一个计数器类的对象
        c.countValue=5;                                   //将计数器初始值设为5
        System.out.println("初始值："+c.countValue);
        c.increment();                                    //调用加一的方法
        System.out.println("自加后："+c.countValue);
        c.decrement();                                    //调用减一的方法
        System.out.println("自减后："+c.countValue);
        c.reset();                                        //调用清零的方法
        System.out.println("清零后："+c.countValue);
    }
}
```

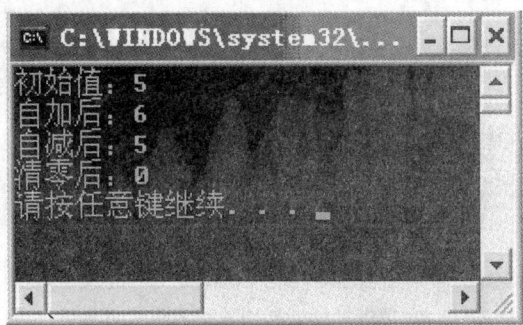

图2-1 计数器类运行测试结果

**例2-2** 编写一个学生类，其中包括4个域(学号、姓名、性别、班级)，2个构造方法(一个为无参构造方法)，一个带3个参数(学号、姓名、性别)，2个方法(分别用来设置班级和查看班级)，并编写输出学生全部信息的 toString()方法。

**解**：本例演示类的基本定义方式，涉及成员变量、构造方法、成员方法的定义，以及 main()方法和 toString()方法的常用形式，按题意编写的源程序如下。

```java
/* 例2-2 一个学生类 Student.java */
class Student                    //定义一个名为Student的类
{
    /* 定义类的4个成员变量: 学号、姓名、性别、班级*/
    String StudentID;            //存储学号属性, 字符串型
    String StudentName;          //存储姓名属性, 字符串型
    String Sex;                  //存储性别属性, 字符串型
    String StudentClass;         //存储班级属性, 字符串型

    /*定义2个构造方法, 用来进行对象的初始化*/
    Student()  //构造方法1: 无参
    {
    }

    Student(String sid, String sn, String ss)  //构造方法2: 3个参数
    {
        StudentID=sid;           //将传递进来的sid赋值给新对象的学号
        StudentName=sn;          //将传递进来的sn赋值给新对象的姓名
        Sex=ss;                  //将传递进来的ss赋值给新对象的性别
    }

    /*定义2个成员方法: 设置班级、查看班级*/
    void setStudentClass(String newclass)   //设置班级, 形参表示班级
    {
        StudentClass=newclass;   //将班级属性设置为newclass
    }
    String getStudentClass()                //查看班级
    {
        return StudentClass;
    }

    /*重写继承自Object类的toString()方法, 用来输出类的信息*/
    public  String toString()
    {
        return "该生信息是: "+StudentID+" | "+StudentName+" | "
               +Sex+" | "+StudentClass;
    }

    /*测试类定义的另外一种方式: 直接在本类中编写main()方法创建该类对象*/
    public static void main(String args[])
    {
        Student s1= new Student();            //调用构造方法1来创建学生对象
        System.out.println(s1);

        Student s2= new Student("81090011","高峰","男"); //调用构造方法2
        s2.setStudentClass("网络091班");        //调用类的实例方法
        System.out.println(s2);
    }
}
```

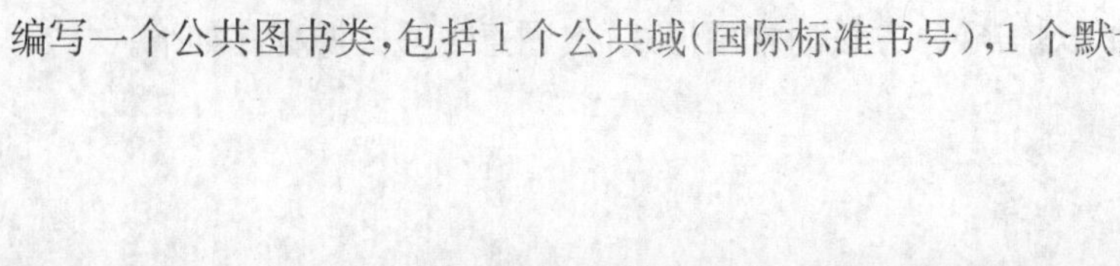

```
C:\WINDOWS\system32\cmd.exe
该生信息是: null | null | null | null
该生信息是: 81090011 | 高峰 | 男 | 网络091班
请按任意键继续. . .
```

图2-2 学生类运行测试结果

**例2-3** 编写一个公共图书类,包括1个公共域(国际标准书号),1个默认域(书名),3

个私有域(作者、出版社、定价),编写构造方法和供外部访问这些域的公共方法。

**解**:本例演示类的常规定义方式,涉及成员变量、构造方法、成员方法的定义和访问控制符的用法,按题意编写的源程序如下。

```java
/* 例2-3 一个图书类 Book.java */
public class Book                           //定义一个名为Book的公共类,外部类都可以访问
{
    /* 定义类的5个成员变量:书号、书名、作者、出版社、定价*/
    public String ISBN;                     //存储国际标准书号,公共属性,外部类可以访问
    String bookName;                        //存储书名,默认属性,同目录下其它类可以访问
    private String author;                  //存储作者,私有属性,外部类不可访问
    private String publisher;               //存储出版社,私有属性
    private double  price;                  //存储书的定价,私有属性

    /*定义构造方法,用来进行新书对象的初始化*/
    public Book(String isbn, String bname, String bauthor, String bpublisher,
                double bprice)
    {
        ISBN=isbn;                          //将传递进来的isbn赋值给新书对象的书号
        bookName=bname;                     //将传递进来的bname赋值给新书对象的书名
        author=bauthor;                     //将传递进来的bauthor赋值给新书对象的作者
        publisher=bpublisher;               //将传递进来的bpublisher赋值给新书对象的作者
        price=bprice;                       //将传递进来的bprice赋值给新书对象的作者
    }
    /*定义8个成员方法,供外部访问各属性*/
    public String getISBN()                 //获取书号
    {
        return ISBN;
    }
    public String getBookName()             //获取书名
    {
        return bookName;
    }
    public  void setAuthor(String newauthor)   //修改作者
    {
        author=newauthor;
    }
    public String getAuthor()               //获取作者
    {
        return author;
    }
    public  void setPublisher(String newpublisher)  //修改出版社
    {
        publisher=newpublisher;
    }
    public  String getPublisher()           //获取出版社
    {
        return publisher;
    }
    public void setPrice(double newprice)   //修改书价
    {
        price=newprice;
    }
    public  double  getPrice()              //获取定价
    {
        return price;
    }
}
```

```java
/* 编写一个测试类 testExample2_3.java,测试图书类运行是否正确 */
public class testExample2_3
{
    public static void main(String args[])    //定义main方法,作为程序运行主入口
    {
        /*调用构造方法来创建一本新书对象*/
        Book newbook= new Book("888-10","Java上机练习","真老师","高等教育",20);
        System.out.println("该书的信息如下: ");
        /* 公共属性ISBN和默认属性通过对象的get方法或属性名都可访问*/
        System.out.println("\n直接访问书号: "+newbook.ISBN+"  用方法访问: "
                            +newbook.getISBN());
        System.out.println("\n直接访问书名: "+newbook.bookName+"  用方法访问: "
                            +newbook.getBookName());
        /* 公共属性ISBN和默认属性可以在外部直接修改*/
        newbook.ISBN="666-12";
        newbook.bookName="Java实验指导";
        System.out.println("\n修改后的书号: "+newbook.ISBN+"  书名: "
                            +newbook.getBookName());
        /* 私有属性只能通过对象的getXXX()方法来访问*/
        System.out.println("\n用方法访问作者: "+newbook.getAuthor());
        System.out.println("\n用方法访问出版社: "+newbook.getPublisher());
        System.out.println("\n用方法访问定价: "+newbook.getPrice());

        /*只能通过对象的setXXX()方法来修改私有属性*/
        //newbook.price=18;   出错,私有属性不能被外部直接修改
        newbook.setPublisher("南京大学");
        newbook.setPrice(18.8);
        System.out.println("\n修改后的出版社: "+newbook.getPublisher()
                        +"  定价: "+newbook.getPrice()+"\n");
    }
}
```

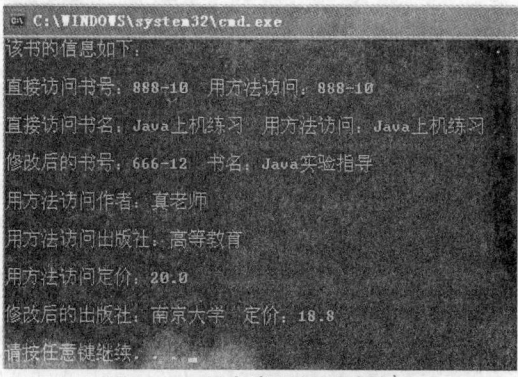

图 2-3　图书类运行测试结果

## 【提高题】

**例 2-4**　编写一个图书管理类,实现图书信息添加功能和按书名查询功能。

**解**：本例演示类的组合关系定义方式，涉及在一个类中如何引用其他类的对象，按题意编写的源程序如下。

```java
/* 例2-4 一个图书管理类 BookManage.java   */
public class BookManage        //定义一个名为BookManage的公共类，外部类都可以访问
{
      int max=5;             //用于存储最大存书数
      Book[] booklist;       //用于存储多本书对象的数组
      int i,j;               //用于存储添加、查询图书时的计数
      String note;           //用于存储操作结果提示信息

      public BookManage()   //定义构造方法，用来进行图书管理类对象的初始化
      {
           booklist=new Book[max];    //初始化数组对象
           i=-1;
           j=0;
      }
   /*定义实现添加图书和查询图书功能的成员方法*/
    public void addBook(String isbn, String bname, String bauthor, String
                       bpublisher, double bprice)
    {
        i++;
        if(i>=max)  //当存书数量超过预定值时提示，以免数组越界出错
            note="存书数量超过预定值，不能再添加了！";
        else
        {
            booklist[i]=new Book(isbn,bname,bauthor,bpublisher,bprice);
            j=i;
        }
    }
    public  void searchBook(String bookName)   //按书名查询
    {
        for(j=0;j<i;j++)
        {
            if(booklist[j].getBookName().equals(bookName))
               {
                   note=this.toString();
                   break;
               }
            else
                note="\n没有查到所要的书。";
        }
    }
    public String toString()
    {
        note= "\n书的信息："+booklist[j].getISBN()
             +" | "+booklist[j].getBookName()+" | "+booklist[j].getAuthor()
             +" | "+booklist[j].getPublisher()+" | "+booklist[j].getPrice();
        return note;
    }
}
```

```java
    public static void main(String args[])
{
    System.out.println("例2-4 操作情况如下：");

    BookManage bm= new BookManage();
    bm.addBook("978-7--6666","Java上机练习","真老师","高等教育",20);
    System.out.println(bm.toString());

    bm.addBook("978-7-9999","数据结构","真老师","南京大学",28);
    System.out.println(bm.toString());

    bm.addBook("978-7-8888","面向对象程序设计","施珺","清华大学",32);
    System.out.println(bm.toString());

    bm.addBook("7-113-07777","VB学习与考试指导","施珺","中国铁道",35);
    System.out.println(bm.toString());

    bm.addBook("7-113-06658","VFP二级考前指导第一版","施珺","中国铁道",22);
    System.out.println(bm.toString());

    /*第6本，已超额，出现提示*/
    bm.addBook("7-113-08888","VFP二级考前指导第二版","施珺","中国铁道",29);
    System.out.println(bm.note);

    System.out.println("\n计数情况:   i="+bm.i+"    j= "+bm.j);

    bm.searchBook("VFP二级考前指导");
    System.out.println("\nsearchBook（"VFP二级考前指导" ）——"+bm.note);

    bm.searchBook("数据结构");
    System.out.println("\nsearchBook（"数据结构" ）——"+bm.note+"\n");
}
}
```

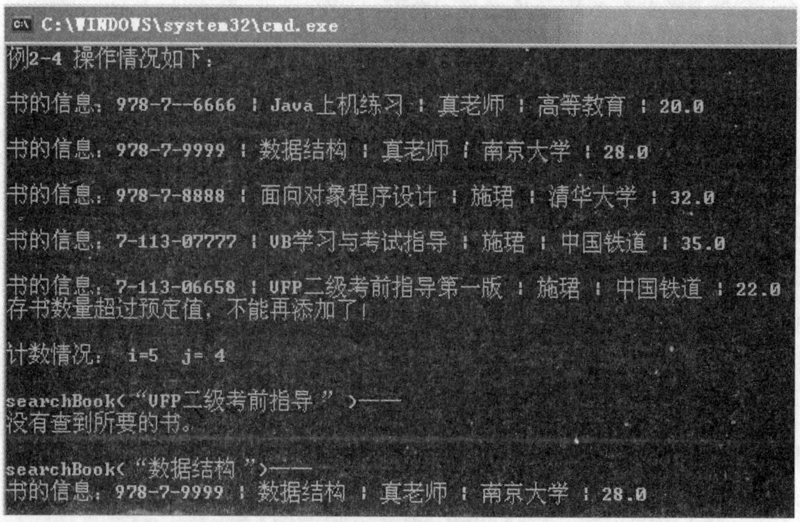

图 2-4  图书管理类运行测试结果

**例 2-5** 编写一个读者类,包括读者编号、姓名、密码、账户余额等成员域,要求编号流水自增长(假设初始编号为 1000);默认密码为"6666",密码可以修改;默认姓名为空;默认余额为 0,可以为账户充值,账户余额可以查看。按需编写构造方法和成员方法,要求选用适当的非访问控制符和访问控制符对域、方法进行修饰。

**解**:本例演示类的完整定义方式,展示如何按需选用不同控制符来修饰类的属性和方法,按题意编写的源程序如下。

```java
/* 例2-5 一个读者类 Reader.java */
public class Reader        //定义一个名为Reader的公共类,外部类都可以访问
{
  /* 1.定义类的4个实例变量:读者编号、姓名、密码、账户余额,1个类变量*/
  private  int       readerID;            //读者编号
  private  String    readerName;          //读者姓名
  private  String    readerPwd;           //读者密码
  private  double    balance;             //读者账户余额

  static   int    nextReaderID;   //用static修饰的类变量,用来产生读者编号

  public String note="\n读者类操作结果提示:";  //操作提示,可被外部直接访问

  static                            //静态初始化器
  {
    nextReaderID = 1000;    //读者起始编号为1000
  }
/* 2.定义两个构造方法,用来进行对象的初始化 */
  public Reader()    //构造方法1
  {
      readerID=nextReaderID++;      //读者编号自增加
      readerName="";                //默认读者为匿名
      readerPwd="6666";             //默认密码为6666
      balance=0;                    //默认账户余额为0
  }

  public Reader(String name)    //构造方法2,指定姓名
  {
      this();
      readerName=name;
  }

  /* 3. 定义几个实例方法获取或修改特定属性    */
  public void setReaderName(String newname) //设置读者姓名
  {
      readerName=newname;
  }
  public String getReaderName()              //取得读者姓名
  {
        return readerName;
      }
  public void setReaderPwd(String newpwd) //设置密码
  {
```

```java
        if(newpwd.length()<4)
        {
            note="\n提醒：密码太短不安全哦!";
        }
        else
        {
            readerPwd=newpwd;
            note="\n修改密码成功!";
        }
    }
    public String getReaderPwd()          //取得密码
    {
        return readerPwd;
    }
    public void setBalance(double moreMoney)  //账户充值
    {
        if(moreMoney<0)
        {
            note="\n充值不能为负数!";
        }
        else
        {
            balance=balance+moreMoney;
            balance=DecF.DecD(balance);  //显示格式为2位小数
            note="\n充值成功";
        }
    }
    public double getBalance()            //获取账户余额
    {
        return balance=DecF.DecD(balance);
    }
    public void payRent(double moreMoney)   //支付租金
    {
        if(balance>=moreMoney)
            balance=balance-moreMoney;
        else
            note="\n账户余额不够支付租金!";
    }

    /* 4. 重写toString()方法输出有关信息 */
    public String toString()
    {
        return "\n读者编号："+readerID+"  姓名："+readerName+"  密码："
            +readerPwd+"  账户余额："+balance;
    }
}
/* 自定义一个控制double型数据的小数点后只显示2位的专用类Decf.java */
import java.text.NumberFormat;
import java.math.BigDecimal;
public class DecF
{
    public static String DecS(Double x)   //类方法，返回字符型
    {
        NumberFormat df=NumberFormat.getNumberInstance();
        df.setMaximumFractionDigits(2);
        return df.format(x);
```

```java
    }
    public static double DecD(Double x)//类方法，返回Double型
    {
        x=new BigDecimal(x).
              setScale(2,BigDecimal.ROUND_HALF_UP).doubleValue();
        return x;
    }
}
/* 编写一个测试类 testExample2_5.java，测试读者类运行是否正确 */
public class testExample2_5
{
    public static void main(String args[])
    {
        System.out.println("例2-5 操作情况如下：");

        Reader reader1= new Reader();//用无参构造方法创建对象1
        System.out.println(reader1.toString()); //输出新建对象1信息

        Reader reader2= new Reader("刘德华"); //用有参构造方法创建对象2
        System.out.println(reader2.toString()); //输出新建对象2信息

        System.out.println(reader2.note); //输出对象2的公共属性note

        reader2.setReaderPwd("abc"); //调用实例方法修改对象2的密码，提示长度不够
        System.out.println("setReaderPwd("abc")—— " + reader2.note);
        System.out.println(reader2.toString());

        reader2.setReaderPwd("abc123"); //再次调用实例方法修改对象2的密码
        System.out.println(reader2.note);
        System.out.println(reader2.toString());

        reader2.setBalance(-50); //调用实例方法为对象2充值，提示负数出错
        System.out.println("setBalance(-50)—— "+reader2.note);
        System.out.println(reader2.toString());

        reader2.setBalance(28); //再次调用调用实例方法为对象2充值
        System.out.println(reader2.note);
        System.out.println(reader2.toString()+"\n");
    }
}
```

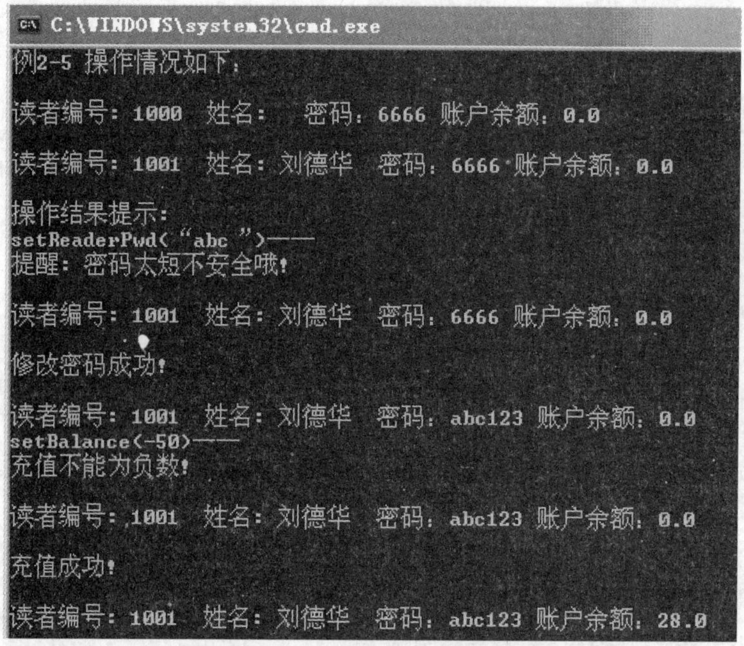

图 2-5 读者类运行测试结果

## 【综合题】

**例 2-6** 在例 2-3、2-4、2-5 的基础上,为图书管理类添加图书信息修改、删除功能,并新加一个实现图书租阅管理功能的类:读者租书时,规定租阅时间为 10 天,在规定租阅期限内,租阅费用为每本书 0.1 元/天,超期租阅费为每本书 0.5 元/天,损坏图书按书价 2 倍赔偿,租阅费率可以调整,但赔偿倍数不变。

**解**:本例演示多个类之间组合关系的定义方式,综合展示如何运用面向对象程序设计技术,互相引用类对象以实现较为完整的功能,以及不同控制符修饰的属性和方法被外部访问时的差异,按题意编写的源程序如下。

```
/* 例2-6 新的图书管理类 BookManageNew.java,增加了图书信息修改、删除功能
        在例2-4的图书管理类 BookManage基础上改写而成 */
public class BookManageNew        //定义一个名为BookManageNew的公共类
{
    int max=5;              //用于存储最大存书数
    Book[] booklist;        //用于存储多本书对象的数组
    int i,j;                //用于存储添加、查询图书时的计数
    String note;            //用于存储操作结果提示信息
```

```java
    public BookManageNew()    //定义构造方法,用来进行图书管理类对象的初始化
    {
        booklist=new Book[max];      //初始化数组对象
        i=-1;
        j=0;
    }
/*定义实现添加图书和查询图书功能的成员方法*/
    public void addBook(String isbn, String bname, String bauthor,
                    String bpublisher, double bprice)
    {
        i++;
        if(i>=max)  //当存书数量超过预定值时提示,以免数组越界出错
            note="存书数量超过预定值,能再添加了!";
        else
        {
            booklist[i]=new Book(isbn, bname, bauthor, bpublisher, bprice);
            j=i;
        }
    }

    public  void searchBook(String bookName)   //按书名查询
    {
        for(j=0;j<i;j++)
        {
            if(booklist[j].getBookName().equals(bookName))
            {
                note=this.toString();
                break;
            }
            else
                note="\n没有查到所要的书。";
        }
    }
/*新加:实现图书信息修改和删除图书功能的成员方法*/
    public  void deleteBook(String bookName)   //按书名删除
    {
        searchBook(bookName);  //首先调用查找方法,根据书名找到所需的书
        if(j<i)                //若找到了
        {
            booklist[j].bookName="";    //将查到的图书的书名置为空

            note="\n成功删除该书。";
        }
    }
    public  void editBook(String bookName, String bauthor,
                String bpublisher, double bprice)      //按书名修改
    {
        searchBook(bookName);  //首先调用查找方法,根据书名找到所需的书
        if(j<i)                //若找到了
        {
            booklist[j].setAuthor(bauthor);          //修改作者
            booklist[j].setPublisher(bpublisher);    //修改出版社
```

```java
                    booklist[j].setPrice(bprice);           //修改定价
                    note=this.toString();                   //提取修改后信息
            }
        }

        public String toString()
        {
            note= "\n书的信息: "+booklist[j].getISBN()+" | "
                    +booklist[j].getBookName()+" | "+booklist[j].getAuthor()
                +" | "+booklist[j].getPublisher()+" | "+booklist[j].getPrice();
            return note;
        }

}

/* 例2-6 新编一个图书租阅类 RentBook.java */
import java.util.*;
public class RentBook       //定义一个名为RentBook的公共类，外部类都可以访问
{
    static int deadTime=10;             //类变量，租阅期限
    static double normalRent=0.1;       //类变量，正常租阅费率
    static double delayRent=0.5;        //类变量，超期租阅费率
    static final int PayRate=2;         //类变量，损坏书赔偿倍数，不可修改

    double pays;                //赔偿费用
    double rent;                //租阅费用
    long rentDays;              //租阅天数

    Book   rentbook;            //租阅的图书
    Reader renter;              //租书的读者

    String note="\n租阅图书类操作提示: ";         //用于存储操作结果提示信息

    public RentBook(Book bk,Reader rd,long days) //构造方法
    {
        rentbook =bk;
        renter =rd;
        rentDays=days;
    }
/* 定义几个操作类变量的类方法 */
public static void setDeadTime(int newDT)       //类方法，修改租阅期限
{
    deadTime=newDT;
}
public static double getDeadTime()              //类方法，读取租阅期限
{
    return  deadTime;
}

public static void setNormalRent(double newNR) //类方法，修改正常租阅费率
{
    normalRent=newNR;
}
public static double getNormalRent()            //类方法，读取正常租阅费率
{
    return  normalRent;
}
```

```java
public static void setDelayRent(double newNR)  //类方法，修改超期租阅费率
{
    delayRent=newNR;
}
public static double getDelayRent()            //类方法，读取超期租阅费率
{
    return  delayRent;
}
/* 定义几个操作实例变量的实例方法 */
public double setRent()                        //计算租阅总费用
{
    if(rentDays<=deadTime)
        rent=rentDays*normalRent;              //在规定期限内按正常租阅费率计算租金
    else
        rent=(rentDays-deadTime)*delayRent+deadTime*normalRent;  //超期租金
    return rent;
}

public double setPays()                        //计算损坏赔偿
{
    pays=rentbook.getPrice()*PayRate;   //赔偿款=书价 x 赔偿倍数

    return pays;
}
public void renting( )    //实例方法：支付租金
{
    setRent();            //计算租金

    if(renter.getBalance()-rent>0) //判断账户余额是否够支付租金
    {
        renter.payRent(rent);
        note="租金:"+rent+"支付成功！"+renter.getReaderName()
            +"的账号余额="+renter.getBalance();
    }
    else
        note=renter.getReaderName()+"的账号余额="+renter.getBalance()
            +"不够支付租金"+rent;
}

    public void paying( )    //实例方法：支付赔款
    {
        setPays();           //计算赔偿费
        if(renter.getBalance()-pays>0) //判断账户余额是否够支付租金
        {
            renter.payRent(pays);
            note="赔付费:"+pays+"支付成功！"+renter.getReaderName()
                +"的账号余额="+renter.getBalance();
        }
        else
            note=renter.getReaderName()+"的账号余额="+renter.getBalance()
                +"不够支付赔偿费: "+pays;
    }
}
    /* 编写一个测试类 testExample2_6.java，测试图书管理类运行是否正确 */
    public class testExample2_6
    {
        public static void main(String args[])
        {
```

```java
        System.out.println("例2-6 操作情况如下：");

        BookManageNew bm= new BookManageNew();
        /* 测试图书添加功能 */
        bm.addBook("978-7--6666","Java上机练习","真老师","高等教育",20);
        System.out.println(bm.toString());

        bm.addBook("978-7-9999","数据结构","真老师","南京大学",28);
        System.out.println(bm.toString());

        bm.addBook("978-7-8888","面向对象程序设计","施珺","清华大学",32);
        System.out.println(bm.toString());

        bm.addBook("7-113-07777","VB学习与考试指导","施珺","中国铁道",35);
        System.out.println(bm.toString());

        bm.addBook("7-113-06658","VFP二级考前指导第一版","施珺","中国铁道",22);
        System.out.println(bm.toString());

        /* 测试图书查询、删除、修改功能 */
        bm.searchBook("Java上机练习");
        System.out.println("\nsearchBook（"Java上机练习"）："+bm.note);

        bm.deleteBook("Java上机练习");
        System.out.println("\ndeleteBook（"Java上机练习"）："+bm.note);

        bm.searchBook("Java上机练习");
        System.out.println("\nsearchBook（"Java上机练习"）："+bm.note);

        bm.editBook("数据结构","jane","高教",18.5);
        System.out.println("\neditBook（"数据结构"，"jane"，"高教",18.5)："
                    +bm.note);

        bm.searchBook("数据结构");
        System.out.println("\nsearchBook（"数据结构"）："+bm.note+"\n");

        /* 测试图书租阅功能 */
        Book[] bk=bm.booklist;
        Reader rd= new Reader("刘德华");
        RentBook rb=new RentBook(bk[1],rd,12);
        System.out.println(rb.note+"\nRentBook(bk[1],rd,12 ),"
                        +"rd=Reader（"刘德华"）");
        System.out.println(rb.rentbook.toString());

        rb.renting();
        System.out.println("\n"+rb.note);
        rd.setBalance(10);                    //为借阅者账户充值10元
        System.out.println("\nsetBalance(10)"+rd.note);
        rb.renting();
        System.out.println("\n"+rb.note);

        rb.paying();
        System.out.println("\n"+rb.note);
        rd.setBalance(50);                    //为借阅者账户充值50元
        System.out.println("\nsetBalance(50) "+rd.note);
        rb.paying();
        System.out.println("\n"+rb.note+"\n");
    }
}
```

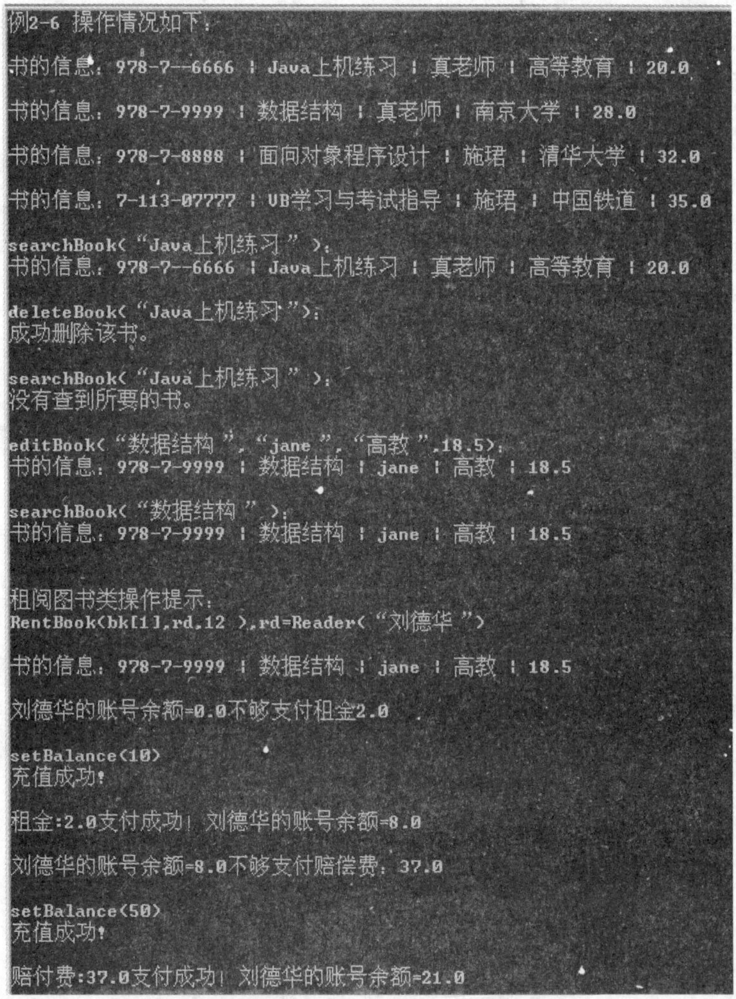

```
例2-6 操作情况如下:
书的信息: 978-7--6666 | Java上机练习 | 真老师 | 高等教育 | 20.0
书的信息: 978-7-9999 | 数据结构 | 真老师 | 南京大学 | 28.0
书的信息: 978-7-8888 | 面向对象程序设计 | 施珺 | 清华大学 | 32.0
书的信息: 7-113-07777 | VB学习与考试指导 | 施珺 | 中国铁道 | 35.0
searchBook("Java上机练习")
书的信息: 978-7--6666 | Java上机练习 | 真老师 | 高等教育 | 20.0
deleteBook("Java上机练习");
成功删除该书。
searchBook("Java上机练习")
没有查到所要的书。
editBook("数据结构","jane","高教",18.5);
书的信息: 978-7-9999 | 数据结构 | jane | 高教 | 18.5
searchBook("数据结构");
书的信息: 978-7-9999 | 数据结构 | jane | 高教 | 18.5

租阅图书类操作提示:
RentBook(bk[1],rd.12 ),rd=Reader("刘德华")
书的信息: 978-7-9999 | 数据结构 | jane | 高教 | 18.5
刘德华的账号余额=0.0不够支付租金2.0
setBalance(10)
充值成功!
租金:2.0支付成功!刘德华的账号余额=8.0
刘德华的账号余额=8.0不够支付赔偿费:37.0
setBalance(50)
充值成功!
赔付费:37.0支付成功!刘德华的账号余额=21.0
```

图 2-6  例 2-6 运行测试结果

## 2.2.2 常见错误与难点分析

**1. 对象的引用与实体**

Java 的对象引用就是在栈内存中分配一个空间,用来指向新 new 出来的对象,"Person p = new Person();"中 p 就是对象的引用,它指向 new 出来的对象,而 new 出来的对象即为实体。例如:

    father obj1 = new father();    //产生实体 1,obj1 是其引用
    father obj2 = new father();    //产生实体 2,obj2 是其引用

obj1 = obj2；

执行以上语句后，实体 1 的内存被释放，obj1 和 obj2 均为实体 2 的引用。

**2. 静态初始化器与构造方法的比较**

静态初始化器与构造方法有三点不同：

（1）构造方法是对每个新创建的对象初始化，而静态初始化器是对类自身进行初始化。

（2）构造方法是在用 new 运算符产生新对象时由系统自动执行，而静态初始化器则是在它所属的类加载到内存时由系统调用执行。

（3）不同于构造方法，静态初始化器不是方法，没有方法名、返回值和参数列表。

**3. 修饰符的混合使用注意事项**

final 和 abstract，private 和 abstract，static 和 abstract，这些是不能放在一起组合使用的修饰符。abstract 修饰的方法必须在其子类中实现（覆盖），才能以多态方式调用。final 不可以被覆盖；private 不能够继承到子类，故也就不能被覆盖；static 可以覆盖。

**4. 类中"变量"概念的辨析**

Java 语言中声明的变量可以分为成员变量和局部变量。成员变量和局部变量的区别在于：

（1）成员变量在类中，局部变量在方法中。

（2）声明成员变量时可以不初始化（被 final 修饰且没有 static 的必须显式赋值），系统自动初始化，而局部变量必须手动初始化。

（3）成员变量可以被 public、protected、private、static 等修饰符修饰，而局部变量不能被这些控制修饰符及 static 修饰。两者都可以定义成 final 型。

（4）成员变量存储在堆空间中，局部变量存储在栈空间中。

（5）存在时间不同。

**5. 类中"方法"概念辨析**

方法是类的动态属性，用于实现对象的行为。一个对象可通过调用另一个对象的方法来访问该对象。

成员方法修饰符主要有 public、private、protected、final、static、abstract 和 synchronized 共 7 种，前 3 种的访问权限、说明形式和含义与成员变量一致。

**6. 方法与变量的访问关系解析**

Java 中成员变量可分为实例变量和类变量，方法可以分为实例方法（成员方法）和类方法，它们之间的访问关系如下：

（1）实例方法可以直接访问实例变量，调用其他实例方法。

（2）实例方法可以直接访问类变量，调用类方法。但不推荐这么做，因为这样容易把类变量误认为是实例变量，把类方法误认为是实例方法。

（3）类方法可以直接调用类变量和类方法。

(4) 类方法不能直接调用实例变量和实例方法。

(5) 类方法里不能使用"this"关键字。

**7. 类、属性和方法的访问控制**

Java 语言中的访问权限修饰符有 private、protected 和 public。按照权限从小到大的顺序对其说明如下：

(1) private：本类访问。

(2) protected：同包可见＋子类可见。

(3) public：表示所有的地方均可见。

有关 Java 语言访问控制的修饰符，需要注意的问题如下：

(1) 并不是每个修饰符都可以修饰类(指外部类)，只有 public 和 default 可以。

(2) 所有修饰符都可以修饰数据成员、方法成员、构造方法。

(3) 为了代码安全起见，修饰符不要尽量使用权限大的，而是适用即可。比如，数据成员，如果没有特殊需要，尽可能用 private。

(4) 修饰符修饰的是"被访问"的权限。

**8. String．equals( )方法与"＝＝"运算符的用法辨析**

String.equals()方法比较的是字符串的内容。使用 equals( )方法会对字符串中的所有字符一个接一个地进行比较，如果完全相等，那么返回 true。运算符"＝＝"比较的是 String 实例的引用。如：

```
public class StringExample
{
    public static void main (String args[])
    {
        String s0 = "Programming";
        String s1 = new String ("Programming");
        String s2 = "Program" + "ming";
        System.out.println("s0.equals(s1): " + (s0.equals(s1)));
        System.out.println("s0.equals(s2): " + (s0.equals(s2)));
        System.out.println("s0 == s1: " + (s0 == s1));
        System.out.println("s0 == s2: " + (s0 == s2));
    }
}
```

这个例子包含了 3 个 String 型变量，其中两个被赋值为常量表达式"Programming"，另一个被赋值为一个新建的值"Programming"的 String 类的实例。使用 equals(…)方法和"＝＝"运算符进行比较产生了下列结果：

s0.equals(s1)：true
s0.equals(s2)：true
s0 == s1：false
s0 == s2：true

**9. 常见错误**

(1) 错误提示："XXX.java"：call to super must be first statement(第几条语句) in constructor at line 6，column 10。

错误解释："XXX.java"：在构造函数中调用父类构造函数super( )必须位于第一句，在\*行\*列处。

(2) 错误提示："XXX.java"：reference to Date is ambiguous(1. 有两种以上的语义，含糊不清的；2. 暧昧的，不明确的)；both class java.sql.Date in java.sql and class java.util.Date in java.util match at line 6，column 9。

错误解释："XXX.java"：对(类)Date 的引用不明确；包 java.sql 中的类 java.sql.Date 与包 java.util 中的类 java.util.Date 都与之相配(即两个包中都有该类)，在\*行\*列处。

解决方案：声明或实例化时使用类全名(即包名+类名)，如 java.util.Date d = new java.util.Date()；

(3) 错误提示："X.java"：cannot resolve symbol：constructor Integer ( ) in class java.lang.Integer at line 6，column 17。

错误解释："XXX.java"：不能识别的标志：构造函数为类 java.lang.Integer 中的构造函数 Integer()，在\*行\*列处。

可能原因：调用构造函数时的参数与其原始定义不一致。

(4) object 操作容易出现 NullpointerException 错误。

这种错误是编程初期最容易犯的错误。java 是面向对象的语言，操作几乎都是在对象之间进行的，一个类的实例如果是空(null)的话则不能调用这个实例的方法，否则就会出 java.lang.NullpointerException 错误。常用的避免方法就是在使用一个 object 之前要判断一下是否为 null，除非你确定它肯定是不为 null 的。

(5) 字符串越界错误 Java.lang.StringIndexOutOfBoundsException 等字符串类相关错误。

解决方案：对字符串进行截取(substring，charAt)、转换为字节数组(getBytes)，字符数组转换为字符串(valueOf)操作时，先对操作字符串对象的存在性(是否为空)及长度进行检查后，再进行操作。

(6) 提前引用的错误。

类变量以及静态初始化器是在类被加载进 JVM 时执行初始化操作的。Java 语言规范指出"静态初始化器和类变量是按照其在代码中出现的顺序依次执行初始化操作的，而不能在类变量声明出现之前就引用它",一般来说编译器会捕捉到任何的提前引用。

看看下面的代码：

```java
public class ForwardReference
{
    int first = second; // this will fail to compile
    int second = 2;
}
```

尝试去编译这个类将会得到一个如下的错误：

ForwardReference.java:3: Can't make forward reference to second in class ForwardReference.

所以说，即使变量 first 和 second 都处在同一个作用范围内，Java 语言规范也不允许这种类型的无效初始化，而且编译器会捕捉到这个错误。可是，绕开这个保护措施还是有可能的。Java 允许方法调用出现在类变量的初始化之前，而且方法内部对类变量的访问不会按照这个原则被检查。下面的程序将会编译通过：

```java
public class ForwardReferenceViaMethod
{
    static int first = accessTooSoon();
    static int second = 1;
    static int accessTooSoon()
    {
        return (second);
    }
    public static void main (String[] args)
    {
        System.out.println ("first = " + first);
    }
}
```

运行程序时，由于在初始化 second 之前，accessTooSoon 方法就访问了它，那么方法得到的是 second 的默认值 0。因此输出结果 first 的值为 0，而不是 1。

注意：假如你使用方法调用来初始化静态变量，那么你必须保证这些方法并不依赖于在它们之后声明的其他静态变量。

## 2.3 实验任务

**【基础题】**

(1) 定义一个教师类,教师类的数据成员有姓名、工号、职称、部门、课程、每周课时数,提供两个以上的自定义的构造函数以及相应的方法可以获取教师的姓名、工号、职称等相应的信息,并通过方法 ShowTeacher 来显示全部数据成员的值。

(2) 定义一个学生类,学生类的数据成员有姓名、学号、出生日期、专业,提供两个以上的自定义的构造函数以及相应的方法可以获取学生相应的信息,定义一个求学生年龄的方法,并定义一个方法用于显示学生的全部信息。

(3) 定义一个商品类,其中包含商品号、商品名、商品价格三个数据成员以及两个以上的构造函数、获取各类信息的方法、修改价格的方法、打印数据的方法。

(4) 定义一个备忘录类,包括编写日期、编写内容、重要级别、是否提醒、截止日期等信息。定义两个以上构造函数以及相应信息获取和设置的方法。

**【提高题】**

(1) 定义一个学生类 Student 和教师类 Teacher,学生类的数据成员有姓名、学号、出生日期、专业,教师类的数据成员有姓名、工号、职称、部门、课程、每周课时数。再定义一个助教类 A1,继承学生类和教师类,该类拥有学生类的特征,以及教师类的课程和周课时数的数据成员。要求:学生类 Student 和教师类 Teacher 分别提供两个以上的自定义构造函数以及相应的方法,并通过同名函数 ShowInfo 来显示全部数据成员的值。

(2) 在基础题第(3)题的基础上再定义一个食品子类,一个玩具子类。任何商品都应该有商品编号、商品名称、商品价格等信息;除此之外,食品类还应该包含生产日期、保质期、主要成分等信息,玩具类应该包含型号、材料、安全级别等信息,并定义相应的方法来设置和输出以上信息。

(3) 在基础题第(4)题基础上,为备忘录类增加提醒时间或周期。当到达提醒时间时,如果设置为提醒,则弹出提醒内容,否则忽略。

**【综合题】**

(1) 在提高题第(1)题的基础上进行扩展,为助教类定义一个助课对象(该对象是教师类对象),以及相关的方法获取和设置助教的各类信息。设置相关方法输出助教全部信息,以及助课对象的全部信息。

(2) 在提高题第(2)题的基础上定义一个顾客类,顾客可以购买食品、玩具两类商品。并输出顾客的信息、购买的商品信息、商品总价值,以及折扣情况、折扣后应付金额。

(3) 参考手机备忘录功能,设计合理界面,实现备忘录的设置、编辑、修改、提醒等功能。

**【题目完成要求】**

同实验1。

## 2.4 实训提高

### 2.4.1 实训题目

实训题目同实验1,各团队按选定题目开展下一步的设计工作。

### 2.4.2 实训要求

首先设计实体类图,根据类图练习类的定义和使用,包括类、属性和方法的各种修饰符的使用、方法与构造函数的定义与使用,注意练习修饰符的使用。

本阶段对用户界面没有特别要求,只要先设计出实体类信息录入的测试界面即可。

### 2.4.3 本阶段重点任务

重点掌握进行类的定义方法。设计思路提示如下:
(1) 系统需要定义几个类?它们之间是什么关系?
(2) 各个类应该有哪些属性和方法?
(3) 各个类、属性、方法分别用什么修饰符来修饰最合理?哪些可以用多种修饰符修饰?
(4) 用不同的修饰符会产生什么不同的效果?用哪些修饰符会互斥?

### 2.4.4 实训例题

根据本阶段任务,对实验选定的实训例题"模拟校园卡信息管理系统"展开进一步设计。
(1) 画出实体类的类图

模拟校园卡信息管理系统包括3个实体类:卡用户类 CardUsers、校园卡类 SchoolCard 和校园卡使用记录类 CardUseRecords,其中第三个类依赖于前两个类的使用。类图设计分别见图 2-7、图 2-8 和图 2-9。

类图可以采用 Visio 绘制。

| CardUsers |
|---|
| －UserID：String<br>－UserName：String<br>－UserSex：String<br>－UserPwd：String<br>－UserType：String |
| ＋CardUsers(UserID：String)<br>＋CardUsers(UserID：String, UserName：String, UserPwd：String, UserSex：String, UserType：String)<br>＋getUserID()：String<br>＋getUserIName()：String<br>＋getUserIName(newName：String)：void<br>＋getUserIPwd()：String<br>＋getUserIPwd(newPwd：String)：void<br>＋getUserType()：String<br>＋setUserType(newType：String)：void<br>＋toString()：String |

图 2-7 用户类 CardUsers 的类图

| SchoolCard |
|---|
| －CardNo：long<br>－NextCardNo：long<br>－UserID：String<br>－password：String<br>－balance：double<br>－isUsing：bool |
| ＋SchoolCard()<br>＋SchoolCard(cardNo：long, userId：String, pwd：String)<br>＋setNextCardNo(newStart No：long)：long<br>＋getCardNo()：long<br>＋getUserID()：String<br>＋setUserID(uid：String)：void<br>＋getPassword()：String<br>＋getPassword(upwd：String)：void<br>＋getCardState()：bool<br>＋setState(state：bool)：void<br>＋getBalance()：double<br>＋consume(money：double)：void<br>＋deposit(money：double)：void<br>＋toString()：String |

图 2-8 校园卡类 SchoolCard 的类图

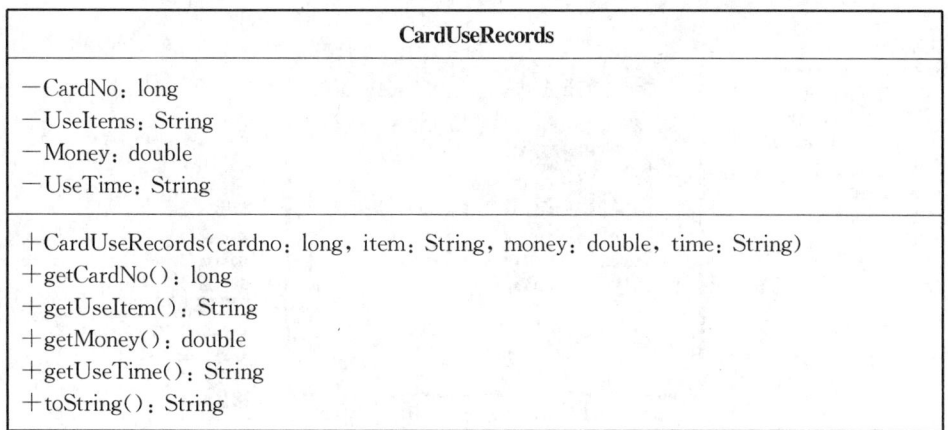

图 2-9 校园卡使用记录类 SchoolCardUseRecords 的类图

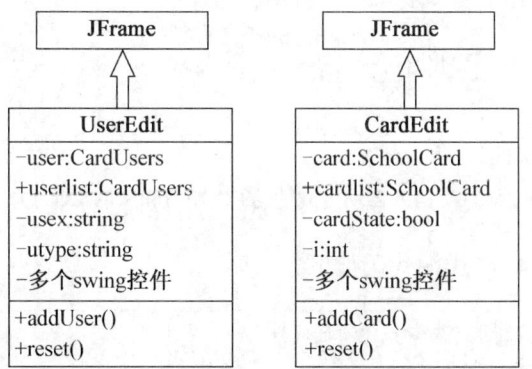

图 2-10 用户类和校园卡类的信息录入图形界面类图

(2) 根据类图编写类代码

① 编写 CardUsers 类代码

在 NetBeans 中,打开实验 1 中初步建立的 CardUsers 类,输入完 5 个属性后,右击类名,从快捷菜单中选择"插入代码…",选择"getter 和 setter",在对话框中勾选需要的字段,之后单击"生成"按钮,生成的代码将被自动插入窗口,如图 2-11 所示。对构造函数(即"构造方法")、toString()方法也采用同样方法生成,必要时可按需修改生成的代码。

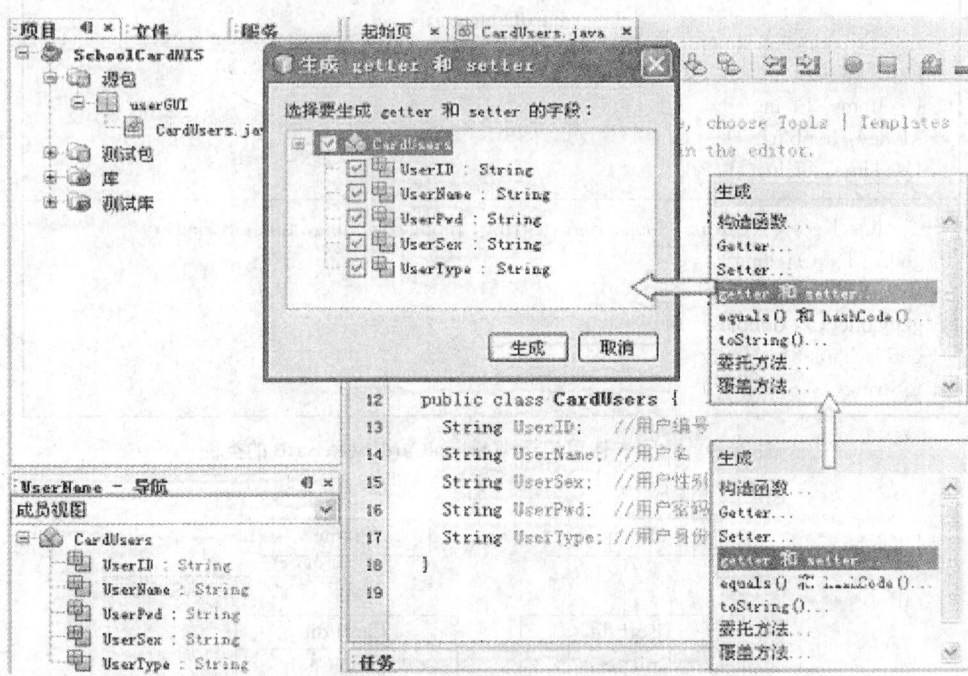

图2-11 插入自动生成的getXXX( )和setXXX( )方法

编写完成的CardUsers类源代码如下：

```java
package jane;   //包名，即该类保存位置所在文件夹
public class CardUsers {

    String UserID;    //用户编号
    String UserName;  //用户名
    String UserSex;   //用户性别
    String UserPwd;   //用户密码
    String UserType;  //用户身份类别:普通用户、管理员

    public CardUsers(String UserID) {
        this.UserID = UserID;
    }
    public CardUsers(String UserID, String UserName, String UserSex,
        String UserPwd, String UserType) {
        this.UserID = UserID;
        this.UserName = UserName;
        this.UserSex = UserSex;
        this.UserPwd = UserPwd;
        this.UserType = UserType;
    }
    public String getUserID() {
        return UserID;
    }
```

```java
    public void setUserID(String UserID) {
        this.UserID = UserID;
    }
    public String getUserName() {
        return UserName;
    }
    public void setUserName(String UserName) {
        this.UserName = UserName;
    }
    public String getUserPwd() {
        return UserPwd;
    }
    public void setUserPwd(String UserPwd) {
        this.UserPwd = UserPwd;
    }
    public String getUserSex() {
        return UserSex;
    }
    public void setUserSex(String UserSex) {
        this.UserSex = UserSex;
    }
    public String getUserType() {
        return UserType;
    }
    public void setUserType(String UserType) {
        this.UserType = UserType;
    }
    @Override
    public String toString() {
        return "用户编号=" + UserID + " | 姓名=" + UserName + " | 性别="
            + UserSex + " | 密码=" + UserPwd + " | 身份=" + UserType ;
    }
}
```

② 编写 SchoolCard 类代码

按同样方法编写 SchoolCard 类代码,在自动生成的基础上进行了少量修改,源程序如下。

```java
package cardGUI;

public class SchoolCard {
    private int cardNo;          //卡号
    static int NextCardNo;       //起始卡号
    private String UserID;       //卡所属的用户号
    private String password;     //卡密码
    private double balance;      //卡上余额
    private boolean isUsing;     //卡的状态,正常为true,挂失的卡为false

    public SchoolCard() {    //无参构造方法
        this.cardNo=NextCardNo++;
    }

    public SchoolCard(String UserID, String password) { //带参数的构造方法
        this();
        this.UserID = UserID;
        this.password = password;
        this.balance=0;
```

```java
        this.isUsing=true;
    }
    public static void setNextCardNo(int newStartNo) { //设置卡的起始编号
        SchoolCard.NextCardNo = newStartNo;
    }
    public int getCardNo() {                //查卡号
        return cardNo;
    }
    public String getUserID() {             //查卡的用户号
        return UserID;
    }
    public void setUserID(String uid) { //设置卡的用户号
        this.UserID = uid;
    }

    public double getBalance() {            //查余
        return balance;
    }
    public void deposit(double money) {     //充值
        this.balance = balance+money;
    }
    public void consume(double money) {     //消费
        this.balance = balance-money;
    }


    public boolean getCardState() {
        return isUsing;
    }
    public void setState(boolean state) {   //设置卡状态
        this.isUsing = state;
    }

    public String getPassword() {
        return password;
    }
    public void setPassword(String upwd) { //修改卡密码
        this.password = upwd;
    }

    @Override
    public String toString() {
        return "卡号=" + cardNo + " | 用户号="
            + UserID + " | 密码=" + password + " | 余额="
            + balance + " | 是否可用=" + isUsing;
    }
}
```

③ 编写 CardUseRecords 类代码

按同样方法编写的 CardUseRecords 类代码如下。

```java
package operationGUI;

public class CardUseRecords { //卡使用记录类
    private long CardNo;           //卡号
    private String UseItems;   //使用名目, 如: 充值、消费
```

```
    private double money;        //使用金额
    private String UseTime;      //使用时间

    public CardUseRecords(long cardNo, String item, double money,
                          String time) {
        this.CardNo = cardNo;
        this.UseItems = item;
        this.money = money;
        this.UseTime = time;
    }
    public long getCardNo() {
        return CardNo;
    }
    public String getUseItems() {
        return UseItems;
    }
    public String getUseTime() {
        return UseTime;
    }
    public double getMoney() {
        return money;
    }
    @Override
    public String toString() {
        return "卡号=" + CardNo + " | 名目=" + UseItems
             + " | 费用=" + money + " | 时间=" + UseTime;
    }
}
```

(3) 设计实体类的图形用户操作界面

① 设计录入用户信息的图形用户界面

在项目窗口右击对应的包,从快捷菜单中选"新建"、"JFrame 窗体",在弹出窗口中输入图形界面文件的类名,如:"UserEdit",见图 2-12 所示。

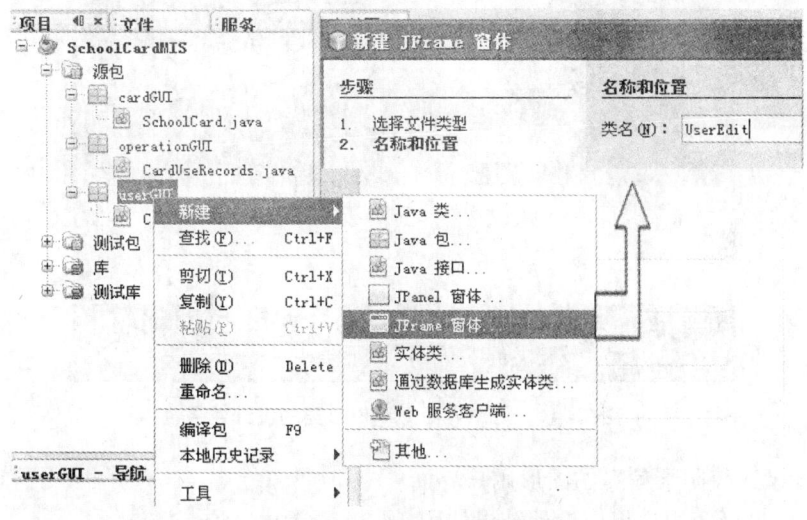

图 2-12 新建图形用户界面

在中部的"设计"窗口开始界面设计,从右侧组件面板中选择需要的控件放置到界面预期位置上,设置有关属性,UserEdit 类所包括的控件如图 2-13 左侧检查器窗口所示。

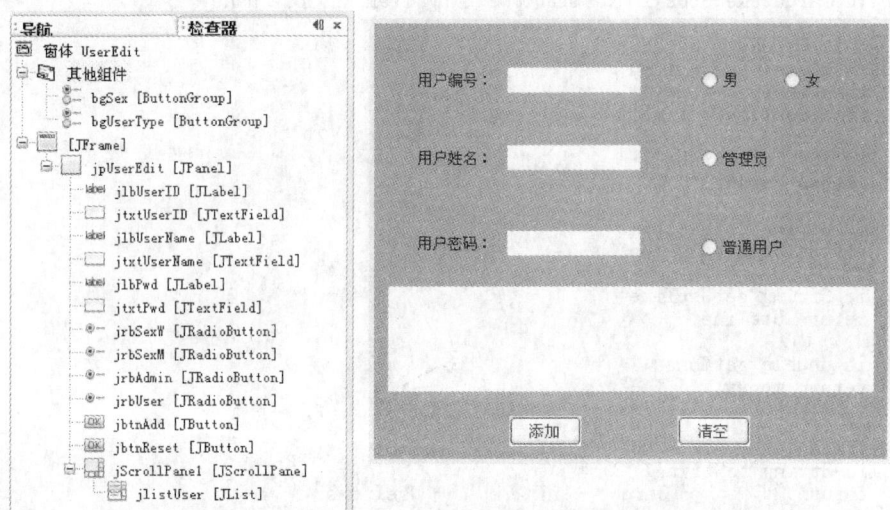

图 2-13　用户信息录入界面 UserEdit 类的控件组成

点击工具栏上的"预览设计"按钮,可看到 UserEdit 类的界面设计效果如图 2-14 所示。

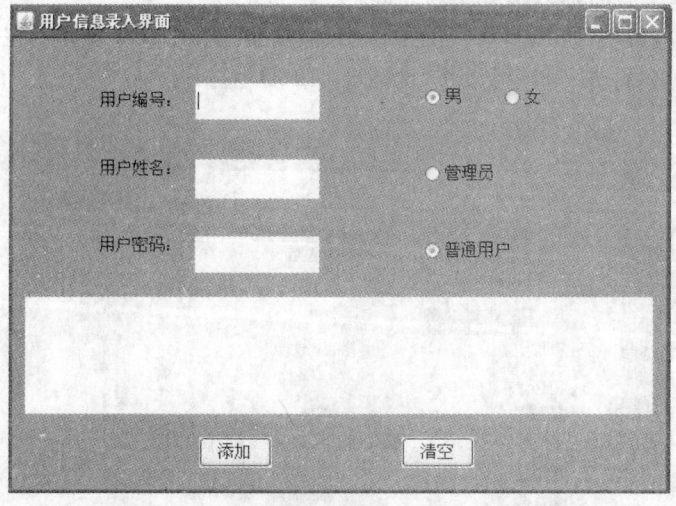

图 2-14　用户界面 UserEdit 类的设计效果

② 设计录入校园卡信息的图形用户界面

校园卡信息录入用户界面设计结果如图 2-15 所示。

# 第 2 章 实验 2——Java 面向对象编程初步

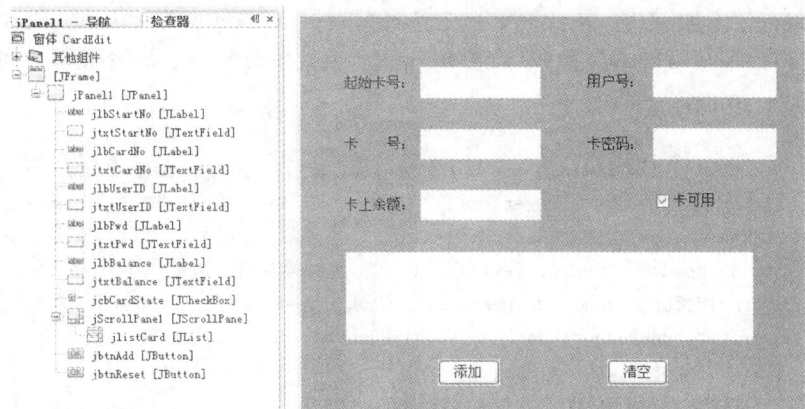

图 2-15 卡信息录入界面 CardEdit 类控件组成

其他界面待实验 3 再设计。

（4）编写有关控件、按钮响应事件的代码

① 为用户界面 UserEdit 类编写代码

在"源"窗口的最下方声明对象和变量：

```
CardUsers user;                    //新建的卡用户对象
Vector<CardUsers> userlist=new Vector<CardUsers>(2,1);  //存储用户信息的向量
String usex="男";                  //默认性别为男
String utype="普通用户";            //默认身份为普通用户
```

然后为用户界面 UserEdit 类的两个单选钮和两个按钮编写事件响应代码。右击单选钮"男"，从快捷菜单中选择"事件"→"Item"→"itemStateChanegd"，在打开的"源"窗口编写事件响应代码；对单选钮"管理员"采取同样操作。两个单选钮的事件代码编写结果如图 2-16 所示。

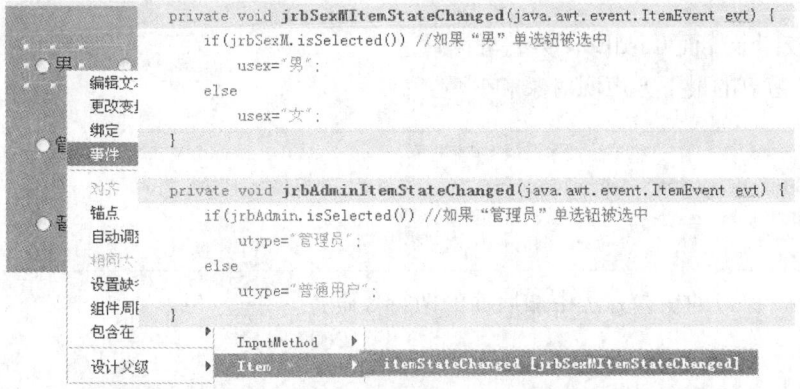

图 2-16 用户界面"男"和"管理员"单选钮的选择事件响应代码

接下来右击"添加"按钮,从快捷菜单中选择"事件"→"Action"→"actionPerformed",在打开的"源"窗口编写事件响应代码;对按钮"清空"采取同样操作。两个选钮的事件代码编写结果如图 2-17 所示。

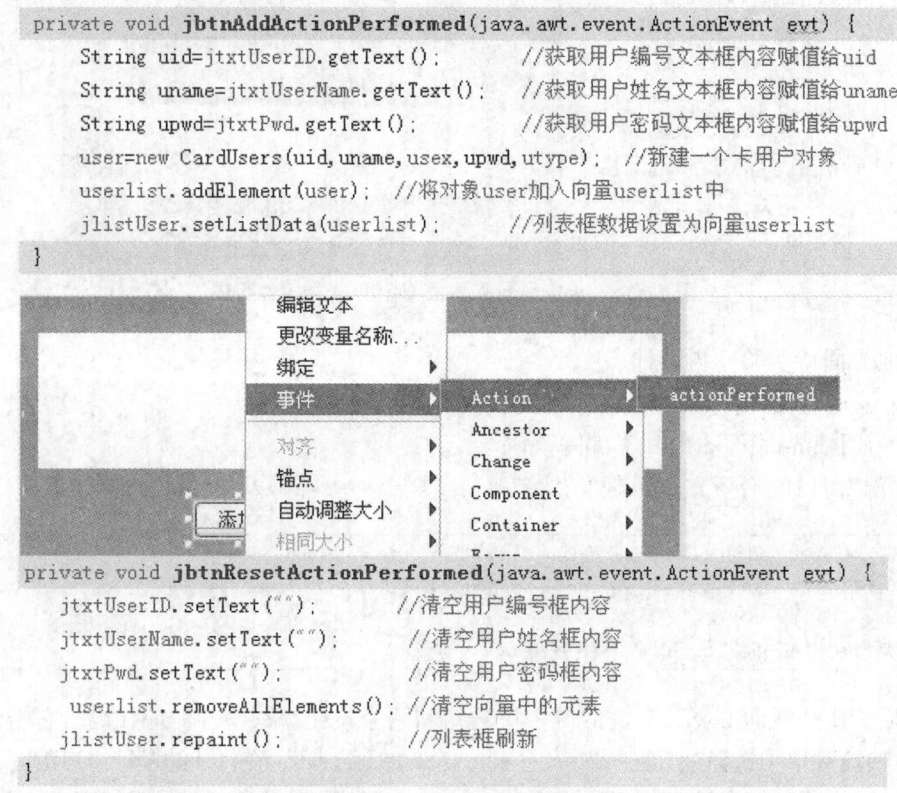

图 2-17 用户界面"添加"与"清空"按钮的单击事件响应代码

② 为校园卡界面 CardEdit 类编写代码

在"源"窗口的最下方声明对象和变量:

```
SchoolCard card;                           //新建的校园卡对象
SchoolCard[] cardlist=new SchoolCard[5];   //存储卡信息的数组,初始化为5个
boolean cardState=true;                    //默认卡状态为可用
int i=0;                                   //存储数组下标
```

并在"源"窗口的构造方法中加后面的两行代码:

```
public CardEdit() {
    initComponents();
    //起始卡号框显示起始卡号
    jtxtStartNo.setText(String.valueOf(SchoolCard.NextCardNo));
    card=new SchoolCard();           //创建新卡
}
```

然后为校园卡界面 CardEdit 类的"卡号"文本框、"卡可用"复选框和两个按钮编写事件响应代码。

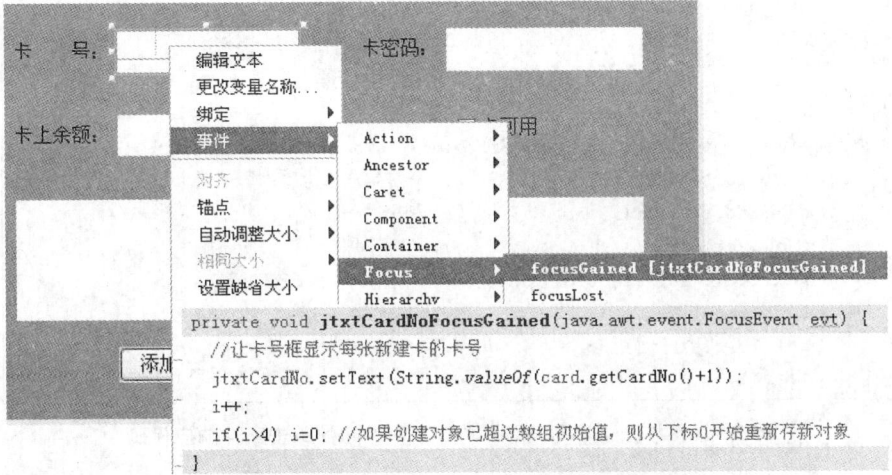

图 2-18　校园卡界面"卡号"文本框的得到焦点事件响应代码

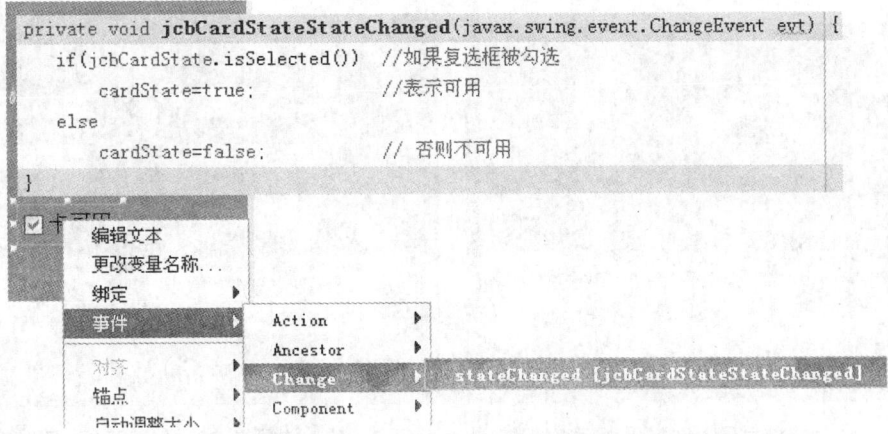

图 2-19　校园卡界面"卡可用"复选框的状态改变事件响应代码

```java
private void jbtnAddActionPerformed(java.awt.event.ActionEvent evt) {
    String uid=jtxtUserID.getText();        //获取用户编号文本框内容赋值给uid
    String upwd=String.valueOf(jtxtPwd.getPassword()); //获取密码框内容
    card=new SchoolCard(uid,upwd);           //新建一个卡用户对象
    jtxtBalance.setText(String.valueOf(card.getBalance()));
    jcbCardState.setSelected(card.getCardState());
    cardlist[i]=card;                        //将对象card加入数组cardlist中
    jlistCard.setListData(cardlist);         //列表框数据设置为cardlist
}

private void jbtnResetActionPerformed(java.awt.event.ActionEvent evt) {
    jtxtUserID.setText("");                  //清空用户编号框内容
    jtxtCardNo.setText("");                  //清空卡号框内容
    jtxtPwd.setText("");                     //清空密码框内容
    jcbCardState.setSelected(false);         //卡可用复选框不被勾选
    cardlist=null;                           //清空数组中的元素
    jlistCard.repaint();                     //列表框刷新
}
```

图 2-20 校园卡界面"添加"与"清空"按钮的单击事件响应代码

(5) 测试各实体类与图形界面的运行情况

用户类和校园卡类图形界面的运行情况分别如图 2-21 和图 2-22 所示。

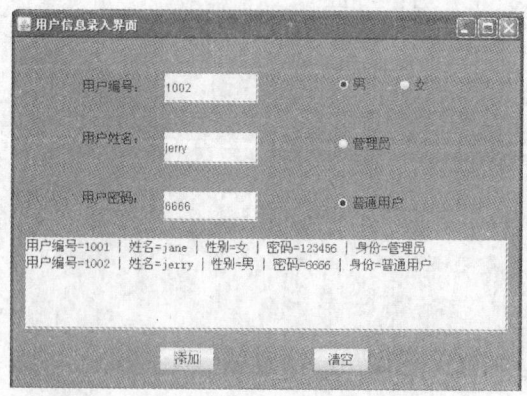

图 2-21 用户信息录入图形界面运行结果

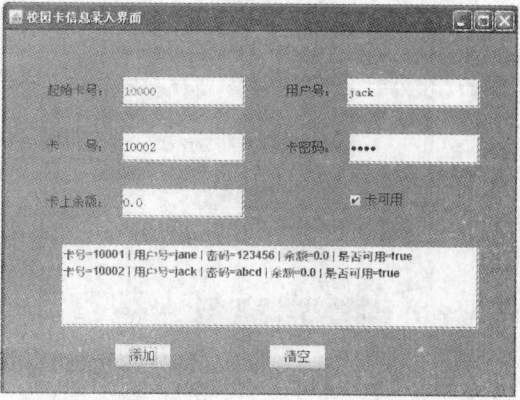

图 2-22 校园卡信息录入图形界面运行结果

# 第 3 章　实验 3——深入面向对象编程

> **说明**
> 本实验为设计性实验，建议实验学时为 4，分两次完成。

## 3.1　实验目的与要求

### 3.1.1　掌握 Java 面向对象深入编程的知识

学会运用属性的继承和隐藏、方法的继承、重载与覆盖、构造函数的继承与重载等来实现 Java 的继承与多态的思想；理解 Java 的包、接口与异常处理机制，正确运用异常处理、包、接口、内部类、匿名类等知识点，实现对象的上转型、接口的定义、接口的回调及多态编程。

### 3.1.2　熟练掌握 Java 工具类的使用

正确使用字符串相关类（String、StringBuffer、StringTokenizer）、日期时间类（Date、Calendar）、Math 类、System 类、BigInteger 类。另外，对于 ArrayList、Vector、HashTable、TreeSet 等具有泛型特征的集合类，在理解其工作原理的基础上，能进行初步的编程和应用。

## 3.2　实验指导

### 3.2.1　实验例题

本节设计了 6 道例题，涵盖了 Java 面向对象编程的深度知识，重点演示了类的抽象、继承、封装和多态特征，包括属性的继承与覆盖，方法的继承、覆盖与重载，内部类、包、异常、接口的定义与使用等，并列举了部分常见 Java 工具类的使用方法，知识点覆盖面广。

例题中，3 道基础题对"图形"、"圆形"、"矩形"、"三角形"这 4 个概念进行了抽象、封装，由浅入深地设计了一系列类，利用方法的多态分别实现了三种图形的求周长、求面积，以及绘制和填色功能，还利用内部类实现了求三角形的内切圆、外接圆的面积与绘制功能。2 道提高题和 1 道综合题是对实验 2 中读者类、图书类、图书管理类和图书租阅类的延伸设计，增加了一些功能。

由于本节知识点多,所有例题的源程序中都加了大量注释,以方便实验过程中理解、借鉴与应用。

## 【基础题】

**例3-1** 根据图3-1所示类图编写对应的图形类,其中,第一层的"图形"为父类,定义为抽象类,其中包含2个保护属性、2个实例方法、2个抽象方法;第二层的3种形状是继承于"图形"的子类,各子类除继承父类的2个属性之外,增加各自不同的属性,各图形类实现求周长、求面积的方法呈多态。

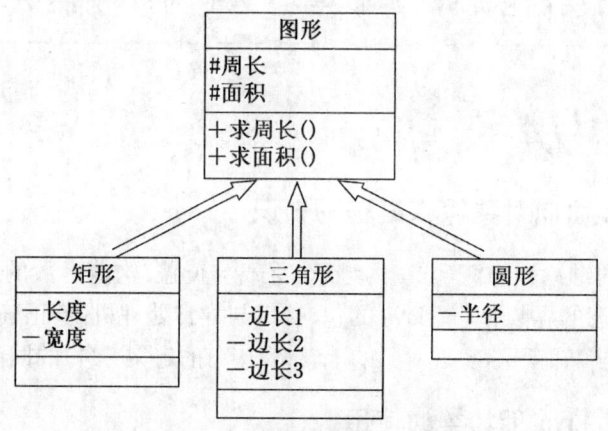

图3-1 图形类及3个子类

**解:** 本例演示多个类之间继承关系的定义方式,展示父类与子类之间属性的继承与方法的重载,按题意编写的源程序如下。

```java
/* 例3-1 一个表示图形类 Shapes.java */
import rentbook.DecF;      //加载rentbook包中的DecF类

abstract class Shapes      //定义一个名为Shape的抽象类作为父类
{
    static final double pi=3.14;    // 常数: π
    double circumference;           // 图形的周长
    double area;                    // 图形的面积

    abstract void setCircumference();   //抽象方法: 计算周长
    abstract void  setArea();            //抽象方法: 计算面积

    public double getCircumference()    //实例方法: 获取周长
    {
        return DecF.DecD(circumference);  //只保留2位小数
    }
    public double getArea()             //实例方法: 获取面积
    {
        return DecF.DecD(area);           //只保留2位小数
    }
}
/* 例3-1 在抽象类Shapes基础上继承而来的图形类
   圆  形: Circle
```

```
       矩  形： Rectangle
       三角形： Triangle   */
class Circle extends Shapes    //继承于Shapes的子类：圆形类
{
    int radius;              //圆的半径

    Circle(int r)            //构造方法，带1个参数：半径
    {
        radius=r;
    }
    public void setCircumference()   //覆盖计算周长的父类方法
    {
        circumference=2*pi*radius;   //圆周长=2πr
    }
    public void setArea()            //覆盖计算面积的父类方法
    {
        area=pi*radius*radius;       //圆面积=πr^2
    }
}
class Rectangle extends Shapes    //继承于Shapes的子类：矩形类
{
    int height;              //矩形的高度
    int width;               //矩形的宽度

    Rectangle(int h, int w)  //构造方法，带2个参数：高度、宽度
    {
        height=h;
        width=w;
    }
    public void setCircumference()   //重载计算周长的父类方法
    {
        circumference=2*(height+width);
    }
    public void setArea()            //重载计算面积的父类方法
    {
        area=height*width;
    }
}
class Triangle extends Shapes    //继承于Shapes的子类：三角形
{
    int sidea;               //三角形的第1条边
    int sideb;               //三角形的第2条边
    int sidec;               //三角形的第3条边

    Triangle(int a, int b, int c)  //构造方法，带3个参数：3条边
    {
        sidea=a;
        sideb=b;
        sidec=c;
    }
    public void setCircumference()   //覆盖计算周长的父类方法
    {
        circumference=sidea+sideb+sidec;
    }
    public void setArea()            //覆盖计算面积的父类方法
    {
        double p=this.getCircumference()/2;
        area=Math.sqrt(p*(p-sidea)*(p-sideb)*(p-sidec));//秦九韶公式
    }
}
```

```
/* 编写一个测试类 testExample3_1.java,测试各图形类运行是否正确 */
public class testExample3_1
{
    public static void main(String args[])
    {
        System.out.println("例3-1 操作情况如下:");

        Circle c= new Circle(5);                    //测试圆形
        c.setCircumference();
        c.setArea();
        System.out.println("\n圆: Circle(5),周长="
            +c.getCircumference()+"   面积="+c.getArea());

        Rectangle r= new Rectangle(5,4);    //测试矩形
        r.setCircumference();
        r.setArea();
        System.out.println("\n矩形: Rectangle(5, 4),周长="
            +r.getCircumference()+"   面积="+r.getArea());

        Triangle t= new Triangle(8,10,5);   //测试三角形
        t.setCircumference();
        t.setArea();
        System.out.println("\n三角形: Triangle(8, 10,5),周长="
            +t.getCircumference()+"   面积="+t.getArea()+"\n");
    }
}
```

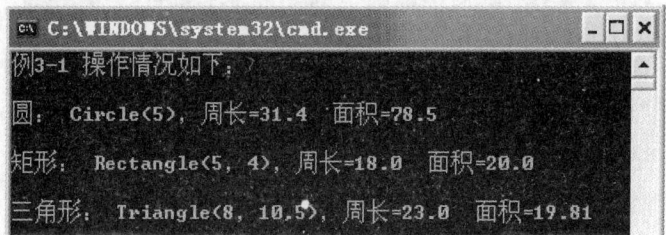

图 3-2  例 3-1 的运行测试结果

**例 3-2**　在例 3-1 的基础上,编写一个接口,实现各种图形的绘制与填充颜色功能,并对输入的边长为负数或无法组成三角形的三条不合理边长提出警告。

**解**:本例演示如何编写 Java 接口实现方法多态,并利用 Java 的异常处理机制来提高程序的健壮性。

```
/* 例3-2 定义1个接口DrawShapes,包括2个抽象方法: draw()、fillcolor()*/
import java.awt.*;          //加载awt包
interface DrawShapes        //接口
{
    abstract void draw(Graphics g);             //抽象方法1: 绘制图形
    abstract void fillcolor(Graphics g,Color c); //抽象方法2: 为图形染色
}

/* 定义类SizeException ——输入图形边长为负数的异常处理类 */
class SizeException extends Exception
{
```

```java
    String s;
    SizeException()
    {
        s="所输数值不能为负数!";
    }
    public String toString()    //输出出错信息
    {
        return s;
    }
}

/* 定义类IllegalSizeException ——3条边长无法组成三角形的异常处理类 */
class IllegalSizeException extends Exception
{
    String s;
    IllegalSizeException()
    {
        s="三角形的3条边长度不合理,请重新输入!";
    }
    public String toString()    //输出出错信息
    {
        return s;
    }
}
/* 例3-2 在例3-1基础上实现了绘制图形接口 DrawShapes的新类
    圆  形: Circle    → CircleNew
    矩  形: Rectangle → RectangleNew
    三角形: Triangle  → TriangleNew */
import java.awt.*;        //加载awt包
class CircleNew extends Circle implements DrawShapes    //继承于Circle
{
    int xCoord=100;                   //圆心x坐标,默认100
    int yCoord=200;                   //圆心y坐标,默认200
    CircleNew(int r) throws SizeException   //增加异常处理
    {
        super(r);  //调用父类的构造方法
        if(radius<0)                  //当半径为负时抛出异常
            throw (new SizeException());
    }
    public void draw(Graphics g)      //实现DrawShapes接口中的方法
    {
        g.drawOval(xCoord-radius,yCoord-radius,2*radius,2*radius);  //画空心圆
    }
    public void draw(Graphics g, int x0, int y0)   //重载一个draw()方法
    {
        setCoords(x0,y0);                          //可自定义圆心位置
        g.drawOval(xCoord-radius,yCoord-radius,2*radius,2*radius);
    }
    public void fillcolor(Graphics g,Color c)  //实现DrawShapes接口中的方法
    {
        g.setColor(c);                    //设置绘图颜色
        g.fillOval(xCoord-radius,yCoord-radius,2*radius,2*radius);  //画实心圆
    }
    public void setCoords(int x0,int y0)  //设置圆心坐标
    {
        xCoord=x0;
        yCoord=y0;
    }
}
```

```java
class RectangleNew extends Rectangle implements DrawShapes   //继承于Rectangle
{
    RectangleNew(int h, int w) throws SizeException    //增加异常处理
    {
        super(h, w);                           //调用父类的构造方法
        if(height<0|width<0)                   //当边值为负时抛出异常
            throw (new SizeException());
    }
    public void draw(Graphics g)               //实现DrawShapes接口中的方法
    {
        g.drawRect(300,200,width,height);      //调用Graphics类的方法画空心矩形
    }
    public void fillcolor(Graphics g,Color c)  //实现DrawShapes接口中的方法
    {
        g.setColor(c);
        g.fillRect(300,200,width,height);      //调用Graphics类的方法画实心矩形
    }
}
import java.awt.*;           //加载awt包
public class TriangleNew extends Triangle implements DrawShapes
{
    int [] xCoords;                            //新类添加的属性，绘制三角形的x坐标点
    int [] yCoords;                            //新类添加的属性，绘制三角形的y坐标点
public TriangleNew(int a, int b, int c) throws SizeException,
                        IllegalSizeException    //增加异常处理
{
    super(a,b,c);                              //调用父类的构造方法

    if(sidea<0|sideb<0|sidec<0)                //当边值为负时抛出异常
    throw (new SizeException());

    if((sidea+sideb)<sidec|(sidea+sidec)<sideb|(sidec+sideb)<sidea)
    throw (new IllegalSizeException());        //当三条边长度不合理抛出异常

    xCoords=new int[3];                        //初始化坐标点数组
    yCoords=new int[3];                        //初始化坐标点数组
}
public void draw(Graphics g)                   //实现DrawShapes接口中的方法
{
    setCoords(200,300);   //计算三角形的3个点位置坐标,默认起点（200,300）
    g.drawPolygon(xCoords,yCoords,3);          //调用方法画空心三角形
}
public void fillcolor(Graphics g,Color c)      //实现DrawShapes接口中的方法
{
    g.setColor(c);
    g.fillPolygon(xCoords,yCoords,3);          //调用方法画实心三角形
}
/*调用Graphics类的多边形方法绘制三角形,需要先计算三角形的点坐标系列x、y*/
    public void setCoords(int x0, int y0)      //新类添加的计算坐标的方法
    {
        int x1=x0,    y1=y0;                   //设定第1个点的x、y坐标
        int x2=x1+sidea, y2=y1;                //计算第2个点的x、y坐标
        int temp=sidea*sidea+sideb*sideb-sidec*sidec;
        int temp2=(int)temp/(2*sidea);         //余弦公式
        int x3=x2-temp2;
        int y3=y2-(int)Math.sqrt(sideb*sideb-temp2*temp2);

        xCoords[0]=x1;
        yCoords[0]=y1;
        xCoords[1]=x2;
        yCoords[1]=y2;
```

```java
            xCoords[2]=x3;
            yCoords[2]=y3;
        }
}
/* 编写一个测试类 testExample3_2.java，测试各图形类运行是否正确 */
import java.awt.*;           //加载Java的抽象窗口工具包
import java.applet.*;        //加载Java的小程序applet包
import rentbook.DecF;
public class testExample3_2 extends Applet
{
    CircleNew c;         //声明一个圆形对象
    RectangleNew r;      //声明一个矩形对象
    TriangleNew t;       //声明一个三角形对象
    Label prompt,cp,rp,tp,errow; //定义几个标签输出面积、周长、出错信息
    public void init()
    {
        prompt= new Label("        例3-2        操作情况        ");
        cp=new Label("                        ");  //输出圆形周长、面积
        rp=new Label("                        ");  //输出矩形周长、面积
        tp=new Label("                        ");  //输出三角形周长、面积
        errow=new Label("                ");  //输出异常信息
        add(prompt); add(cp); add(rp); add(tp);  add(errow);
        try
        {
            c= new CircleNew(50);          //测试半径为给定值的圆形
            c.setCircumference();          //计算周长
            c.setArea();                   //计算面积
            cp.setText("\n圆: CircleNew(50),周长="
                +c.getCircumference()+"  面积="+c.getArea());

            r= new RectangleNew(30,50);  //测试高、宽为给定值的矩形
            r.setCircumference();
            r.setArea();
            rp.setText("\n矩形: Rectanglenew(30，50),周长="
             +r.getCircumference()+"  面积="+r.getArea());

            t= new TriangleNew(80,100,50);  //测试给定3条边长的三角形
            t.setCircumference();
            t.setArea();
            tp.setText("\n三角形: TriangleNew(80，100,50),周长="
                +t.getCircumference()+"  面积="+t.getArea()+"\n");
        }
        catch(SizeException e1)    //捕获异常1:边长为负数
        {
            errow.setText("\n "+e1.toString());
        }
        catch(IllegalSizeException e2)    //捕获异常2:3条边长不合理
        {
            errow.setText("\n "+e2.toString());
        }
    }

    public void paint(Graphics g) //调用paint()方法在屏幕上显示图形
    {
        c.draw(g);                        //画圆形
        c.fillcolor(g,Color.blue);        //用蓝色填充圆形
        r.draw(g);                        //画矩形
        r.fillcolor(g,Color.red);         //用红色填充矩形
        t.draw(g);                        //画三角形
        t.fillcolor(g,Color.green);       //用绿色填充矩形
    }
}
```

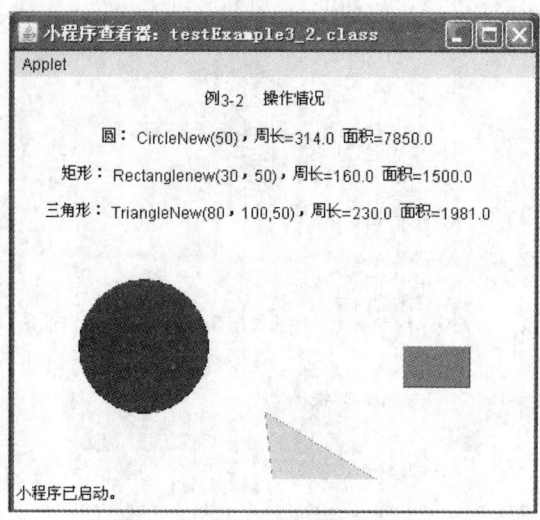

图3-3 例3-2运行测试结果

**例3-3** 在例3-2的基础上,编写代码求三角形的内切圆和外接圆半径、面积、圆心坐标,并绘制出来。

**解:** 本例演示类的继承、内部类的定义与使用。

```java
/* 例3-3 继承了例3-2中的三角形类TriangleNew,增加了计算内切圆、
   外接圆半径、面积,并能绘制出内切圆、外接圆 */
import java.awt.*;          //加载awt包
class TriangleLast extends TriangleNew
{
    int outerR;             //外接圆半径
    int innerR;             //内切圆半径

    TriangleWithCircle twc; //内部类,实现计算内切圆、外接圆面积功能
    GetPointsCoords gp;     //内部类,实现计算内切圆、外接圆圆心功能
    TriangleLast(int a,int b,int c)throws SizeException,
                              IllegalSizeException  //增加异常处理
    {
        super(a,b,c);                        //调用父类的构造方法
        if(sidea<0|sideb<0|sidec<0)          //当边值为负时抛出异常
            throw (new SizeException());

        if((sidea+sideb)<sidec|(sidea+sidec)<sideb|(sidec+sideb)<sidea)
            throw (new IllegalSizeException());  //当三条边长度不合理抛出异常
    }
    public int getOuterR()   //实例方法1:求外接圆半径
    {
        double temp=sidea*sideb*sidec/(4*area);
        outerR=(int)temp;
        return outerR;
    }
    public int getInnerR()   //实例方法2:求内切圆半径
    {
        double temp=2*area/circumference;
        innerR=(int)temp;
        return  innerR;
    }
```

```java
public void setOutInCirle()    //实例方法3：创建内部类
{
    getOuterR();     // 调用实例方法1，求出外接圆半径
    getInnerR();     // 调用实例方法2，求出内切圆半径
    twc=new TriangleWithCircle(outerR,innerR);//创建内部类1的对象
}
public void draw(Graphics g,int x0,int y0)   //重载一个draw()方法
{
    setCoords(x0,y0);       //调用父类的方法计算3个顶点的坐标
    setOutInCirle();    // 调用实例方法3，求内切圆、外接圆半径且创建内部类1的对象
    gp=new GetPointsCoords(x0,y0);  //创建内部类2的对象
    twc.outerCircle.draw(g,gp.outerX,gp.outerY);   //绘制外接圆
    twc.outerCircle.fillcolor(g,Color.red);        //为外接圆填色
    g.drawPolygon(xCoords,yCoords,3);     //调用方法画空心三角形
    this.fillcolor(g,Color.green);         //为三角形填色
    twc.innerCircle.draw(g,gp.innerX,gp.innerY);   //绘制内切圆
    twc.innerCircle.fillcolor(g,Color.blue);       //为内切圆填色
}
/* 定义第1个内部类TriangleWithCircle，求三角形内切圆、外接圆面积 */
    public class TriangleWithCircle    //内部类1
    {
        double outerA;           //外接圆面积
        double innerA;           //内切圆面积
        CircleNew outerCircle;   //声明一个圆：外接圆
        CircleNew innerCircle;   //声明一个圆：内切圆

        TriangleWithCircle(int R,int r)
        {
            try
            {
                outerCircle=new CircleNew(R); //用R为半径生成圆
                innerCircle=new CircleNew(r); //用r为半径生成圆
            }
            catch(SizeException e)   //捕获异常：半径为负数
            {
                e.toString();
            }
        }
        public double getOuterA()   //求外接圆面积
        {
            outerCircle.setArea();
            outerA=outerCircle.getArea();
            return outerA;
        }
        public double getInnerA()   //求内切圆面积
        {
            innerCircle.setArea();
            innerA=innerCircle.getArea();
            return innerA;
        }
        public String toString()  //输出内切圆、外接圆信息
        {
            return " 内切圆面积="+getInnerA()+" 外接圆面积= "+getOuterA();
        }
```

```java
/* 定义第2个内部类GetPointsCoords，求三角形内切圆、外接圆心坐标 */
class GetPointsCoords      //内部类2
    {
        int innerX,outerX;        //三角形内切圆、外接圆心x坐标
        int innerY,outerY;        //三角形内切圆、外接圆心y坐标
        double p;                 //存放三角形周长的变量
        GetPointsCoords(int x0,int y0)
        {
            setCircumference();       //调用父类方法计算周长
            p=getCircumference();     //用p代表周长以便简化下面的公式
            setCircleCoords();        //调用方法计算圆心坐标
        }
        public void setCircleCoords()  //计算内切圆、外接圆心坐标的方法
        {
            /* 下面的坐标计算公式来源于网络*/

            int x1=xCoords[0],x2=xCoords[1],x3=xCoords[2];
            int y1=yCoords[0],y2=yCoords[1],y3=yCoords[2];

            innerX=(int)(sidea*x1/p+sideb*x2/p+sidec*x3/p);
            innerY=(int)(sidea*y1/p+sideb*y2/p+sidec*y3/p);

            outerX=((y2-y1)*(y3*y3-y1*y1+x3*x3-x1*x1)-(y3-y1)*(y2*y2-
                y1*y1+x2*x2-x1*x1))/(2*(x3-x1)*(y2-y1)-2*((x2-x1)*(y3-y1)));
            outerY=((x2-x1)*(x3*x3-x1+y3*y3-y1*y1)-(x3-x1)*(x2*x2-
                x1*x1+y2*y2-y1*y1))/(2*(y3-y1)*(x2-x1)-2*((y2-y1)*(x3-x1)));
        }
    }
}
/* 编写一个测试类 testExample3_3.java，测试各图形类运行是否正确 */
import java.awt.*;          //加载Java的抽象窗口工具包
import java.applet.*;       //加载Java的小程序applet包
public class testExample3_3 extends Applet
{
    TriangleLast t;              //声明一个三角形对象
    Label prompt,cp,tp,errow;    //定义几个标签输出面积、周长、出错信息
    public void init()
    {
        prompt= new Label("   例3-3    操作情况        ");
        tp=new Label("                    ");  //输出三角形周长、面积
        cp=new Label("                    ");  //输出圆形周长、面积
        errow=new Label("                  ");  //输出异常信息
        add(prompt); add(tp); add(cp); add(errow);
        try
        {
            t= new TriangleLast(80,80,80);   //测试给定3条边长的三角形
            t.setCircumference();
            t.setArea();
            tp.setText("\n三角形: TriangleLast(80,80,80),周长="
                +t.getCircumference()+"  面积="+t.getArea()+"\n");

            //测试该三角形的外接圆和内切圆
            t.setOutInCirle();
            cp.setText("\n三角形的外接圆半径="+t.getOuterR()+
                 "内切圆半径="+t.getInnerR()+t.twc.toString());
        }
        catch(SizeException e1)    //捕获异常1：边长为负数
        {
            errow.setText("\n "+e1.toString());
        }
```

```
            catch(IllegalSizeException e2)    //捕获异常2：3条边长不合理
            {
                errow.setText("\n "+e2.toString());
            }
            setSize(460,220);                   //设置运行窗口尺寸
        }
        public void paint(Graphics g)  //调用paint()方法在屏幕上显示图形
        {
            t.draw(g,150,180);    //画三角形和内切圆、外接圆
        }
}
```

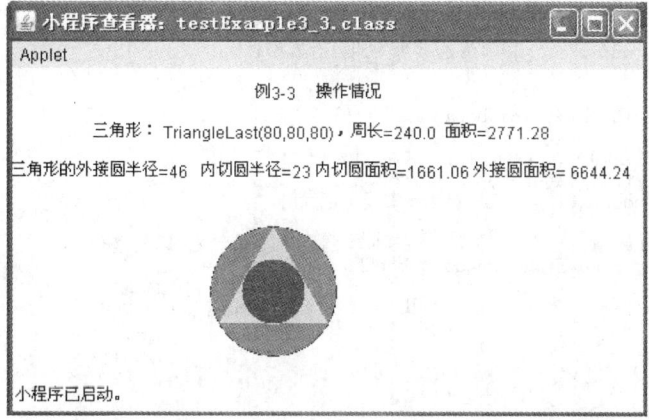

图3-4 例3-3运行测试结果

## 【提高题】

**例3-4** 在例2-6编写的图书管理类基础上，为图书管理类增加按书名和作者名联合查询的功能。

**解**：本例演示类中实例方法的重载，即同名方法共存情况：searchBook(书名)、search-Book(书名,作者名)，通过参数不同实现多态，前者在例2-6中已写，后者为本例新增的方法。本例还演示Java工具包中泛型容器类的使用，采用泛型链表结构作为存储多个图书对象的容器，取代了实验2中所采用的数组，这样更便于实现图书的添加、修改和删除功能。

```
/* 例3-4 改写的图书管理类 BookManageLast.java，放在rentbook 包中。
          在例2-6的图书管理类 BookManageNew基础上改写而成
          增加按书名和作者联合查询功能,另外采用链表存储图书信息 */

package rentbook;    //定义类属于包 "rentbook"
import java.util.*;  //加载java的工具包中的类

public class BookManageLast    //
```

```java
    LinkedList<RBook> booklist;    //用于存储多本书对象的泛型链表
    String note;                   //用于存储操作结果提示信息
    RBook b, newb;                 //存储操作过程中的当前书对象

    Iterator<RBook> it;            //泛型遍历器,用于遍历链表查找对象

    public BookManageLast()        //定义构造方法,用来进行图书管理类对象的初始化
    {
        booklist=new LinkedList<rentbook.RBook>();    //初始化链表对象
    }
/*定义实现添加图书和查询图书功能的成员方法*/
    public void addBook(String isbn, String bname, String bauthor, double bprice,
         String bpublisher, String bno)
    {

         b=new RBook(isbn,bname,bauthor,bprice,bpublisher,bno);
         booklist.add(b);          //将新书对象存入链表
    }
    public  void searchBook(String bookName)    //按书名查询
    {
         int findflag=0;           //初始时找到标记为0
         it=booklist.iterator();   //遍历查找法
         while(it.hasNext())       //遍历器中还有记录时
         {
             b=it.next();          //逐个取回图书对象,查到的都会输出
             if(b.getBookName().equals(bookName))//比较书名
             {
                 System.out.println("\n找到:"+b.toString());
                 findflag=1;       //将找到标记置为1
                 newb=b;
             }
         }
         if(findflag==0)
             System.out.println("\n没有查到所要的书。");
    }
/*  新加了方法重载:按书名、作者名联合查询*/
    public  void searchBook(String bookName,String bookAuthor)
    {
         int findflag=0;
         it=booklist.iterator();
         while(it.hasNext())
         {
             b=it.next();   //逐个取回图书对象,查到的都会输出
             if(b.getBookName().equals(bookName)&& //比较书名
                b.getAuthor().equals(bookAuthor))  //作者名
             {
                 System.out.println("\n找到:"+b.toString());
                 findflag=1;
             }
         }
         if(findflag==0)
             System.out.println("\n没有查到所要的书。");
    }
/*实现图书信息修改和删除图书功能的成员方法*/
    public  void editBook(String bookName,String bauthor,String
        bpublisher,double bprice)    //按书名修改
    {
         int editflag=0;           //初始编辑标记为0
         it=booklist.iterator();   //遍历查找法
         while(it.hasNext())       //遍历器中还有记录时
         {
```

```java
                b=it.next();        //逐个取回图书对象,查到的都会修改
                if(b.getBookName().equals(bookName))   //比较书名
                {
                    b.setAuthor(bauthor);
                    b.setPublisher(bpublisher);
                    b.setPrice(bprice);

                    System.out.println("\n修改成功:"+b.toString());
                    editflag=1;         //将找到标记置为1
                }
            }
        if(editflag==0)
            System.out.println("\n没有查到所要修改的书。");
    }

    public void deleteBook(String bookName)   //按书名删除
    {
            boolean deleteflag=false;      //初始删除标记为0
            it=booklist.iterator();  //遍历查找法
            while(it.hasNext())       //遍历器中还有记录时
            {
                b=it.next(); //逐个取回图书对象,只删除第一个同名的
                if(b.getBookName().equals(bookName))   //比较书名
                {
                    System.out.println("\n待删除:"+b.toString());
                    deleteflag=booklist.remove(b); //删除该书
                    note="\n成功删除!";
                    break;                           //终止循环
                }
            }
            if(!deleteflag)
                note="\n没有查到所要删的书。";
    }

    public String toString()
    {
        return "\n书的信息:"+b.getISBN()+" | "+b.getBookName()+" | "
            +b.getAuthor()+" | "+b.getPublisher()+" | "+b.getPrice();
    }
}
/* 编写一个测试类 testExample3_4.java,
    测试最新的图书管理类运行是否正确 */
package rentbook;
public class testExample3_4
{
    public static void main(String args[])
    {
        System.out.println("例3-4 操作情况如下:");

        BookManageLast bm= new BookManageLast();
        /* 测试图书添加功能 */
        bm.addBook("978-7--6666","Java上机练习","真老师","高等教育",20);
        System.out.println(bm.toString());

        bm.addBook("978-7-9999","数据结构","真老师","南京大学",28);
        System.out.println(bm.toString());

        bm.addBook("978-7-4444","数据结构","施珺 胡云","中国铁道",21);
        System.out.println(bm.toString());

        bm.addBook("978-7-8888","面向对象程序设计","施珺","清华大学",32);
        System.out.println(bm.toString());

        /* 测试图书查询、删除、修改功能 */
```

```
        System.out.println("\nsearchBook("Java上机练习"):");
        bm.searchBook("Java上机练习");

        System.out.println("\nsearchBook("数据结构","真老师"):");
        bm.searchBook("数据结构","真老师");

System.out.println("\neditBook("数据结构","jane","高教",18.5):");
        bm.editBook("数据结构","jane","高教",18.5);

        System.out.println("\nsearchBook("数据结构","jane"):");
        bm.searchBook("数据结构","jane");

        bm.deleteBook("数据结构");
        System.out.println("\ndeleteBook("数据结构"):"+bm.note);

         System.out.println("\nsearchBook("数据结构"):");
         bm.searchBook("数据结构");
    }
}
```

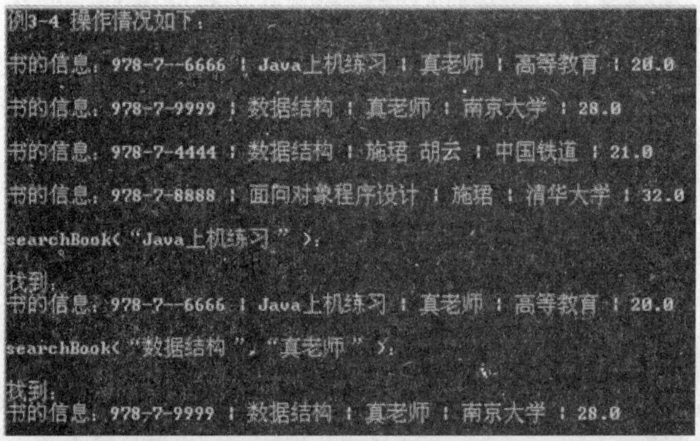

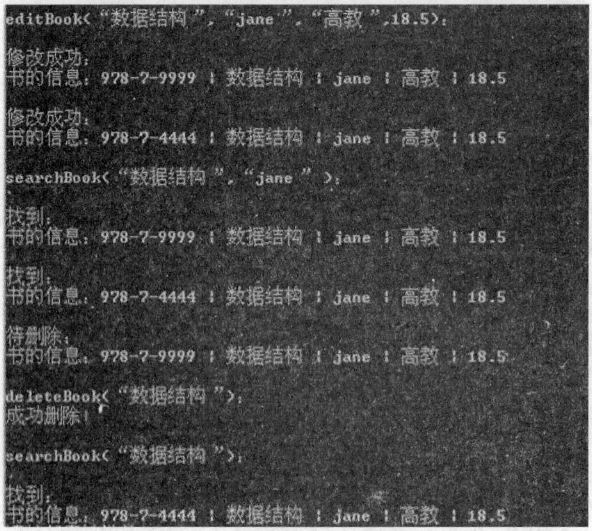

图 3-5 例 3-4 运行测试结果

**例3-5** 在例2-6的基础上,为借阅类增加根据租书日期、还书日期自动计算租阅总天数功能的方法。

**解**:本例演示Java构造方法的重载以及java工具包中数据类型和日历类的使用。

为支持租书功能,首先编写一个图书类的子类:租出图书类,该类新增一个属性"图书入库号",并增加了对应的访问方法。

```java
/*例3-5 新增租出图书类 RBook.java
   增加图书入库号,以便处理一书多本情况*/
package rentbook;
public class RBook extends Book
{
    String bookNo;    //图书入库编号
    public RBook(String isbn,String bname,String bauthor,
                 double bprice,String bpublisher,String no)
    {
        //先调用父类构造方法创建普通图书
        super(isbn,bname,bauthor,bprice,bpublisher);
        bookNo=no;         //设置图书入库号
    }
    public void setBookNo(String no)
    {
        bookNo=no;         //设置图书入库号
    }
    public String getBookNo()
    {
        return bookNo;    //返回入库号
    }
    public String toString()
    {
        return super.toString()+" 入库号:"+getBookNo();
    }
}
/* 例3-5 在例2-6编写的图书租阅类基础上改写而成 RentBookNew.java
   增加了计算租阅天数的功能,改动了相应的构造方法*/
package rentbook;         //定义该类属于包"rentbook"
import java.util.*; //加载工具类包,用到Calendar类和数据类型类
public class RentBookNew
{
    static int deadTime=10;           //类变量,租阅期限
    static double normalRent=0.1;     //类变量,正常租阅费率
    static double delayRent=0.5;      //类变量,超期租阅费率
    static final int PayRate=2;       //类变量,损坏书赔偿倍数,不可修改

    double pays;                       //赔偿费用
    double rent;                       //租阅费用
    long rentDays;                     //租阅天数
```

```java
    RBook   rentbook;                       //租阅的图书
    Reader  renter;                         //租书的读者

    String note="\n租阅图书类操作提示：";      //用于存储操作结果提示信息

    public RentBookNew(RBook bk, Reader rd, long days)  //构造方法1
    {
        rentbook =bk;
        renter =rd;
        rentDays=days;
    }
    /* 新增： 重载构造方法 */
     public RentBookNew(RBook bk, Reader rd, String day1, String day2)
    {
        this(bk, rd, 0);            //调用构造方法1
        setRentDays(day1, day2);    //调用实例方法计算租阅日期
    }

    /* 定义几个操作类变量的类方法 */
    public static void setDeadTime(int newDT)   //类方法，修改租阅期限
    {
        deadTime=newDT;
    }
    public static double getDeadTime()          //类方法，读取租阅期限
    {
        return deadTime;  }
    public static void setNormalRent(double newNR)//类方法，修改正常租阅费率
    {
        normalRent=newNR;
    }
    public static double getNormalRent()        //类方法，读取正常租阅费率
    {
        return normalRent;
    }
    public static void setDelayRent(double newNR) //类方法，修改超期租阅费率
    {
        delayRent=newNR;
    }
    public static double getDelayRent()         //类方法，读取超期租阅费率
    {
        return delayRent;
    }
    /* 新增：计算租阅总天数的实例方法，字符参数中日期格式：20110215 */
    public long setRentDays(String rentD, String sendD)
    {
        Calendar c=Calendar.getInstance();

        int y1=Integer.parseInt(rentD.substring(0,4));   //提取租书日期的年份
        int m1=Integer.parseInt(rentD.substring(4,6));   //提取租书日期的月份
        int d1=Integer.parseInt(rentD.substring(6,8));   //提取租书日期的日子
        System.out.println("\n借阅时间："+ y1+"年"+m1+"月"+d1+"日");

        c.set(y1,m1,d1);                                 //转换为日期型
        long getDate=c.getTimeInMillis();                //租出时间转化为毫秒数
```

```java
        int y2=Integer.parseInt(sendD.substring(0,4));   //提取还书日期的年份
        int m2=Integer.parseInt(sendD.substring(4,6));   //提取还书日期的月份
        int d2=Integer.parseInt(sendD.substring(6,8));   //提取还书日期的日子
        System.out.println("\n归还时间："+ y2+"年"+m2+"月"+d2+"日");

        c.set(y2,m2,d2);                                  //转换为日期型
        long sendDate=c.getTimeInMillis();                //归还时间转化为毫秒数

        rentDays=(sendDate-getDate)/(1000*60*60*24);      //计算租书天数
        System.out.println("\n租书天数："+rentDays);
        return rentDays;
    }

    public double setRent()                    //计算租阅总费用
    {
        if(rentDays<=deadTime)
            rent=rentDays*normalRent;          //在规定期限内按正常租阅费率计算租金
        else
            rent=(rentDays-deadTime)*delayRent+deadTime*normalRent;//超期租金
        return rent;
    }

    public double setPays()                    //计算损坏赔偿
    {
        pays=rentbook.getPrice()*PayRate;      //赔偿款=书价 x 赔偿倍数
        return pays;
    }
    public void renting()     //实例方法：支付租金
    {
        setRent();                             //计算租金
        if(renter.getBalance()-rent>0) //判断账户余额是否够支付租金
        {
            renter.payRent(rent);
            note="租金："+rent+"支付成功！"+renter.getReaderName()
                +"的账号余额="+renter.getBalance();
        }
        else
            note=renter.getReaderName()+"的账号余额="+renter.getBalance()
                +"不够支付租金"+rent;
    }
    public void paying()      //实例方法：支付赔款
    {
        setPays();                             //计算赔偿费
        if(renter.getBalance()-pays>0) //判断账户余额是否够支付租金
        {
            renter.payRent(pays);
            note="赔付费："+pays+"支付成功！"+renter.getReaderName()
                +"的账号余额="+renter.getBalance();
        }
        else
            note=renter.getReaderName()+"的账号余额="+renter.getBalance()
                +"不够支付赔偿费："+pays;
    }
}
```

```java
/* 编写一个测试类 testExample3_5.java,测试图书借阅类运行是否正确 */
package rentbook;           //定义该类属于包 "rentbook"
public class testExample3_5
{
    public static void main(String args[])
    {
        System.out.println("例3-5 操作情况如下:");

        BookManageLast bm= new BookManageLast();
        /* 测试图书添加功能 */
        bm.addBook("978-7-66","Java上机练习","真老师",20,"高等教育","TP-111");
        System.out.println(bm.toString());

        bm.addBook("978-7-99","数据结构","真老师",28,"南京大学","TP-222");
        System.out.println(bm.toString());

        bm.addBook("978-7-44","数据结构","jane",19,"中国铁道","TP-333");
        System.out.println(bm.toString());

        bm.addBook("978-7-88","面向对象程序设计","施琿",32,"清华大学","TP-444");
        System.out.println(bm.toString());

        /* 测试图书租阅功能 */
        System.out.println("\n图书租阅类操作提示:"
              +"\nRentBookNew(bk,rd,"20100712","20100728" ),"
              +"\nBook bk=bm.searchBook("数据结构")——"
              +"\nReader rd=Reader("刘德华")");
        bm.searchBook("数据结构");
        RBook bk=bm.newb;
        Reader rd= new Reader("刘德华");

        RentBookNew rb=new RentBookNew(bk,rd,"20100712","20100728");
        System.out.println(rb.rentbook.toString());

        RentBookNew rb=new RentBookNew(bk,rd,"20100712","20100728");
        System.out.println(rb.rentbook.toString());

        rb.renting();                           //测试租书
        System.out.println("\n"+rb.note);
        rd.setBalance(10);                      //为借阅者账户充值10元
        System.out.println("\nsetBalance(10)"+rd.note);
        rb.renting();
        System.out.println("\n"+rb.note);

        rb.paying();                            //测试赔付
        System.out.println("\n"+rb.note);
        rd.setBalance(bk.getPrice()*2);         //为借阅者账户充值2倍书款
        System.out.println("\nsetBalance(bk.getPrice()*2) "+rd.note);
        rb.paying();
        System.out.println("\n"+rb.note+"\n");
    }
}
```

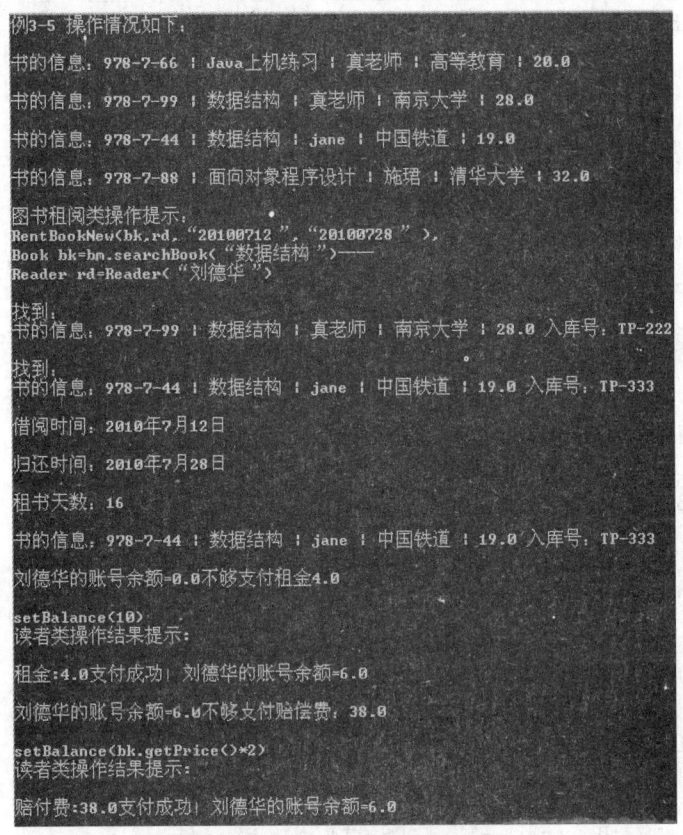

图 3-6　例 3-5 运行测试结果

## 【综合题】

**例 3-6**　在例 3-4 和例 3-5 的基础上，完善图书借阅管理系统的功能：编写一个读者类的子类 VIP 读者类；增加一个接口，实现 VIP 读者租书费用优惠和参与自定义优惠活动的功能；增加异常处理机制：当读者账户余额不够时，提示不可租书、不可进行图书理赔。这些类都属于包 rentbook。

**解：** 本例演示类的继承、接口的定义与实现、异常类的定义与捕获。

```
/*例3-6 新增会员读者类 VIPReader.java
  读者身份分为：VIP、普通会员、非会员*/
package rentbook;
public class VIPReader extends Reader
{
```

```java
    String readergrade;    //读者身份级别
    public VIPReader(String name,String grade)
    {
        super(name);        //调用父类构造方法创建普通读者
        readergrade=grade;  //设置读者身份
    }
    public void setReadergrade(String grade)
    {
        readergrade=grade;  //设置读者身份
    }
    public String getReadergrade()
    {
        return readergrade; //返回读者身份
    }
}
/* 例3-6 出现账户费用不够时的异常处理类
MoneyException1 判断读者账户余额不够支付租金*/

package rentbook;
public class MoneyException1 extends Exception //异常1：不够租金
{
    private Reader renter;     //声明一个读者，传递书信息
    private RentBookLast rb;   //被租的书

    public MoneyException1(Reader r,RentBookLast rb)
    {
        renter=r;
        this.rb=rb;
    }
    public String toString()  //输出出错信息
    {
        String s;        //提示信息
        s="不可租："+renter.getReaderName()+"的账号余额="
           +renter.getBalance()+" 不够租金："+ rb.getAllowance();
        return s;
    }
}

/* MoneyException2 判断读者账户余额不够支付赔偿*/
package rentbook;
public class MoneyException2 extends Exception //异常2：不够赔付
{
   private Reader renter;     //声明一个读者，传递书信息
   private RentBookLast rb;   //被租的书

   public MoneyException2(Reader r,RentBookLast rb)
   {
       renter=r;
       this.rb=rb;
   }
   public String toString()  //输出出错信息
   {
       String s;     //提示信息
       s="不够赔："+renter.getReaderName()+"的账号余额="
          +renter.getBalance()+" 不够支付赔偿费："+ rb.setPays();
       return s;
   }
}
```

```java
/* 例3-6 出现租费过低、过高时的异常处理类RentFeeException.java */
package rentbook;
public class RentFeeException extends Exception //租费过低或过高
{
    static double lowFee=0.1;         //最低租金
    double highFee;                   //最高租金

    public RentFeeException(Book b)
    {
        highFee=b.getPrice();
    }
    public String toString() //输出出错信息
    {
        String s="书的最高租金不超过书价:"
            +highFee+" 最低租金不低于:"+lowFee;
        return s;
    }
}
```

```java
/* 例3-6 实现租阅费优惠和其它优惠活动的接口:Discount.java */

package rentbook;

interface Discount            //接口:优惠借阅
{
    static final double VIPPercent=0.85;   //VIP会员折扣
    static final double GPercent=0.9;      //普通会员折扣
    abstract void discounting(double fee,String grade)
        throws RentFeeException;           //抽象方法1:计算折扣
    abstract void actives(String s);//抽象方法2:优惠活动
}
```

```java
/* 例3-6 在例3-4编写的图书租阅类基础上改写而成 RentBookLast.java
   增加了异常处理功能,用接口实现了对VIP会员租阅费的优惠*/

package rentbook;        //定义该类属于包 "rentbook"

import java.util.*; //加载工具类包,计算时间用到Calendar类

public class RentBookLast implements Discount
{
    static int deadTime=10;         //类变量,租阅期限
    static double normalRent=0.1;   //类变量,正常租阅费率
    static double delayRent=0.5;    //类变量,超期租阅费率
    static final int PayRate=2;     //类变量,损坏书赔偿倍数,不可修改

    double pays;                    //赔偿费用
    double rent;                    //租阅费用
    double allowence;               //优惠后租阅费
    long rentDays;                  //租阅天数

    RBook  rentbook;                //租阅的图书
    VIPReader renter;               //租书的读者

    String note1,note2;   //用于存储操作结果提示信息
```

```java
        public RentBookLast(RBook bk,Reader rd,long days)  //构造方法1
        {
            rentbook =bk;
            renter =(VIPReader)rd;          //对象向下转型，强制类型转换
            rentDays=days;
        }

        /* 新增： 重载构造方法 */
        public RentBookLast(RBook bk,Reader rd,String day1,String day2)
        {
            this(bk,rd,0);              //调用构造方法1
            setRentDays(day1,day2);     //调用实例方法计算租阅日期
        }
/* 定义几个操作类变量的类方法 */
public static void setDeadTime(int newDT)    //类方法，修改租阅期限
{
    deadTime=newDT;
}
public static int getDeadTime()              //类方法，读取租阅期限
{
    return  deadTime;
}
public static void setNormalRent(double newNR) //类方法，修改正常租阅费率
{
    normalRent=newNR;
}
public static double getNormalRent()          //类方法，读取正常租阅费率
{
    return  normalRent;
}
public static void setDelayRent(double newNR) //类方法，修改超期租阅费率
{
    delayRent=newNR;
}
public static double getDelayRent()           //类方法，读取超期租阅费率
{
    return  delayRent;
}

/* 计算租阅总天数的实例方法,字符参数中日期格式：20110215 */
public long setRentDays(String rentD,String sendD)
{
    Calendar c=Calendar.getInstance();

    int y1=Integer.parseInt(rentD.substring(0,4));   //提取租书日期的年份
    int m1=Integer.parseInt(rentD.substring(4,6));   //提取租书日期的月份
    int d1=Integer.parseInt(rentD.substring(6,8));   //提取租书日期的日子
    System.out.println("\n借阅时间："+ y1+"年"+m1+"月"+d1+"日");

    c.set(y1,m1,d1);                             //转换为日期型
    long getDate=c.getTimeInMillis();            //租出时间转化为毫秒数

    int y2=Integer.parseInt(sendD.substring(0,4));   //提取还书日期的年份
    int m2=Integer.parseInt(sendD.substring(4,6));   //提取还书日期的月份
    int d2=Integer.parseInt(sendD.substring(6,8));   //提取还书日期的日子
    System.out.println("\n归还时间："+ y2+"年"+m2+"月"+d2+"日");
```

```java
        c.set(y2,m2,d2);                                    //转换为日期型
        long sendDate=c.getTimeInMillis();                  //归还时间转化为毫秒数

        rentDays=(sendDate-getDate)/(1000*60*60*24);  //计算租书和还书日期相差天数
        System.out.println("\n租书天数："+rentDays);
        return rentDays;
    }
public double setRent()        //计算租阅总费用
    {
        if(rentDays<=deadTime)
            rent=rentDays*normalRent;       //在规定期限内按正常租阅费率计算租金
        else
            rent=(rentDays-deadTime)*delayRent+deadTime*normalRent;  //超期租金
        return rent;
    }
/* 重载优惠借阅接口中的折扣计算方法：计算会员优惠后租阅费，可能会出现异常
   如果打折后租金不到最低值，则按最大值收取；租金最高不超过所租的书价*/
    public void discounting(double fee,String grade) throws RentFeeException
    {
        renter.setReadergrade(grade);                      //设置会员身份
        if(renter.getReadergrade().equals("VIP"))
            allowence=fee*VIPPercent;                      //VIP会员的折扣
        else if(renter.getReadergrade().equals("普通会员"))
            allowence=fee*GPercent;                        //普通会员的折扣
        else
            allowence=fee;                                 //非会员不打折
        if(allowence<=RentFeeException.lowFee|allowence>rentbook.getPrice())
        {
            if(allowence<=RentFeeException.lowFee)    //如果租金不足最低值
                allowence=RentFeeException.lowFee;    //取最低值
            else
                allowence=rentbook.getPrice();    //租金超过书价时按书价计
        }
        throw (new RentFeeException(rentbook));
    }
    public double getAllowence()       //提取按优惠折扣计算出的租金
    {
        return allowence;
    }
/* 租书业务处理：首先计算正常租金，然后打折；
   再判断账户余额是否够支付本次租金或本次赔付，如不够抛出异常*/
    public void renting() throws MoneyException1
    {
        setRent();           //计算租金
        try
        {
            discounting(rent,renter.getReadergrade());  //计算打折时可能出现异常
        }
        catch (RentFeeException e)
        {
            System.out.println(e.toString());
        }

        if(renter.getBalance()-allowence>0)  //判断账户余额是否够支付租金
        {
```

```java
                    renter.payRent(allowence);
                    note="租金:"+allowence+"支付成功!"+renter.getReaderName()
                        +"的账号余额="+renter.getBalance();
                }
            else
                    throw (new MoneyException1(renter,this));
        }

/* 赔付业务处理:判断账户余额是否够支付本次赔付,
       如不够抛出异常*/
    public double setPays()                //计算损坏赔偿
    {
        pays=rentbook.getPrice()*PayRate;  //赔偿款=书价 x 赔偿倍数
        return pays;
    }

    public void paying() throws MoneyException2  //赔付处理
    {
        setPays();              //计算赔偿费
        if(renter.getBalance()-pays>0)  //判断账户余额是否够支付租金
        {
            renter.payRent(pays);
            note="赔付费:"+pays+"支付成功!"+renter.getReaderName()
                +"的账号余额="+renter.getBalance();
        }
        else
            throw (new MoneyException2(renter,this));
    }

    public void actives(String s)  //重载接口中的自定义优惠活动方法
    {
            System.out.println(s);        //输出活动内容
    }
}

/* 编写一个测试类 testExample3_6.java, 测试几个异常与接口运行是否正确 */
package rentbook;        //定义该类属于包 "rentbook"
public class testExample3_6
{
    public static void main(String args[])
    {
        System.out.println("例3-6 操作情况如下:");

        BookManageLast bm= new BookManageLast();
        /* 测试图书添加功能 */
        bm.addBook("978-7-66","Java上机练习","真老师",20,"高等教育","TP-111");
        System.out.println(bm.toString());

        bm.addBook("978-7-99","数据结构","真老师",28,"南京大学","TP-222");
        System.out.println(bm.toString());

        bm.addBook("978-7-44","数据结构","jane",19,"中国铁道","TP-333");
        System.out.println(bm.toString());

        bm.addBook("978-7-88","面向对象程序设计","施珺",32,"清华大学","TP-444");
        System.out.println(bm.toString());
```

```java
        /* 测试图书租阅功能 */
System.out.println("\n图书租阅类操作提示——\n第一位:"
                +"\nRentBookNew(bk1,rd1,"20100719","20100818" ),"
                +"\nBook bk1=bm.searchBook("数据结构")"
                +"\nVIPReader rd1=VIPReader("刘德华","VIP")");
bm.searchBook("数据结构");
RBook bk1=(RBook)bm.newb;
VIPReader rd1= new VIPReader("刘德华","VIP");
RentBookLast rb1=new RentBookLast(bk1,rd1,"20100719","20100818");
System.out.println(rb1.rentbook.toString());

System.out.println("\n第二位: "
                +"\nRentBookNew(bk1,rd1,"20100801","20100811" ),"
                +"\nBook bk2=bm.searchBook("Java上机练习")"
                +"\nVIPReader rd2=VIPReader("郭靖","普通会员")");
bm.searchBook("Java上机练习");
RBook bk2=(RBook)bm.newb;
VIPReader rd2= new VIPReader("郭靖","普通会员");
RentBookLast rb2=new RentBookLast(bk2,rd2,"20100801","20100811");
System.out.println(rb2.rentbook.toString());

rd1.setBalance(60);       //为借阅者1账户充值10元
rd2.setBalance(30);       //为借阅者2账户充值70元
System.out.println("\n"+rd1.getReaderName()+"  rd1.setBalance(60)"
                +rd1.note);
System.out.println("\n"+rd2.getReaderName()+"  rd2.setBalance(30)"
                +rd2.note);
try
{
    rb1.renting();            //测试租书
    rb2.renting();
}
catch(MoneyException1 e1)
{
    System.out.println("\n"+e1.toString());
}
 System.out.println("\n"+rb1.note1);
 System.out.println("\n"+rb2.note1);
 try
{
    rb1.paying();            //测试赔付
    rb2.paying();
}
catch(MoneyException2 e3)
{
    System.out.println("\n"+e3.toString());
}
System.out.println("\n"+rb1.note2);
System.out.println("\n"+rb2.note2);
}
}
```

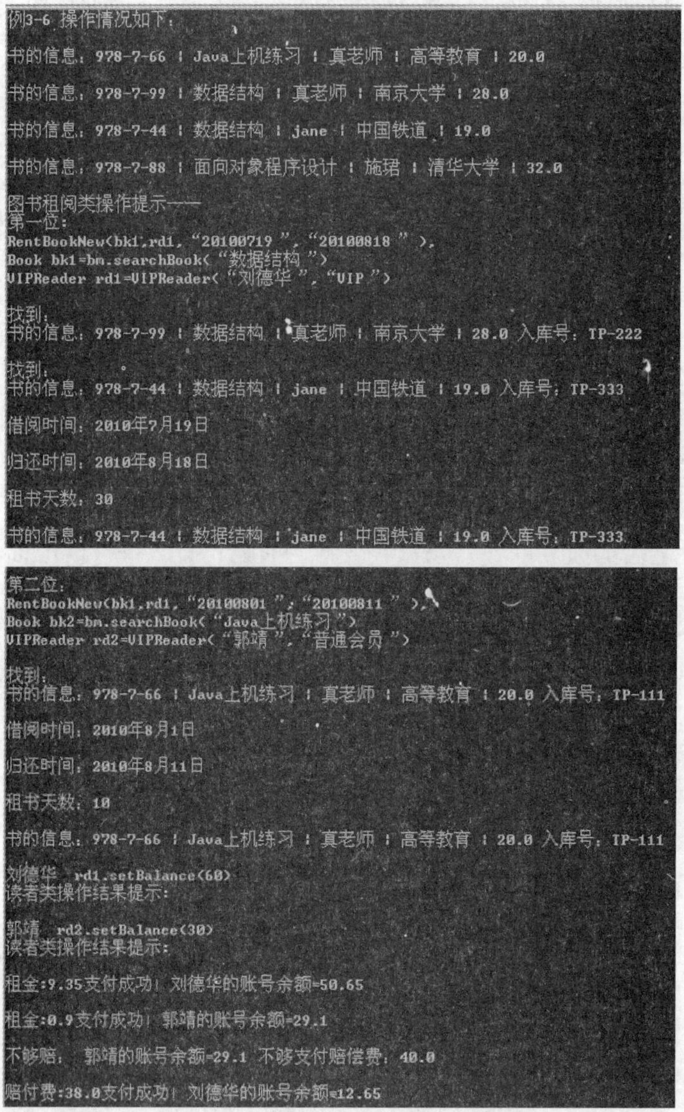

例3-6 操作情况如下:

```
书的信息: 978-7-66 | Java上机练习 | 真老师 | 高等教育 | 20.0
书的信息: 978-7-99 | 数据结构 | 真老师 | 南京大学 | 28.0
书的信息: 978-7-44 | 数据结构 | jane | 中国铁道 | 19.0
书的信息: 978-7-88 | 面向对象程序设计 | 施珺 | 清华大学 | 32.0
图书租阅类操作提示——
第一位:
RentBookNew(bk1,rd1,"20100719","20100818"),
Book bk1=bm.searchBook("数据结构")
VIPReader rd1=VIPReader("刘德华","VIP")
找到:
书的信息: 978-7-99 | 数据结构 | 真老师 | 南京大学 | 28.0 入库号: TP-222
书的信息: 978-7-44 | 数据结构 | jane | 中国铁道 | 19.0 入库号: TP-333
借阅时间: 2010年7月19日
归还时间: 2010年8月18日
租书天数: 30
书的信息: 978-7-44 | 数据结构 | jane | 中国铁道 | 19.0 入库号: TP-333

第二位:
RentBookNew(bk1,rd1,"20100801","20100811"),
Book bk2=bm.searchBook("Java上机练习")
VIPReader rd2=VIPReader("郭靖","普通会员")
找到:
书的信息: 978-7-66 | Java上机练习 | 真老师 | 高等教育 | 20.0 入库号: TP-111
借阅时间: 2010年8月1日
归还时间: 2010年8月11日
租书天数: 10
书的信息: 978-7-66 | Java上机练习 | 真老师 | 高等教育 | 20.0 入库号: TP-111
刘德华   rd1.setBalance(60)
读者类操作结果提示:
郭靖    rd2.setBalance(30)
读者类操作结果提示:
租金:9.35支付成功! 刘德华的账号余额=50.65
租金:0.9支付成功! 郭靖的账号余额=29.1
不够赔: 郭靖的账号余额=29.1 不够支付赔偿费: 40.0
赔付费:38.0支付成功! 刘德华的账号余额=12.65
```

图3-7 例3-6运行测试结果

### 3.2.2 常见错误与难点分析

**1. 继承中的难点——this 与 super 的辨析(同名属性的隐藏与引用)**

super 指一个对象的直接父类,super()表示调用父类的构造方法。

(1) super()和 this()如果出现,则必须放在构造方法的第一行。

(2) 如果没有调用 super()和 this()构造方法,那么系统会自动调用父类的无参构造方法，相当于调用 super()。

**2. 构造对象的顺序与过程分析**

(1) 加载类。包括加载静态变量和静态初始化器 static{}。

(2) 判断构造函数中有没有 this() 和 super()，如果有 this()，则调用本类相应的构造函数；如果有 super()，则调用父类相应的构造函数；如果两个都没有，则调用父类无参构造函数；以此递归类推。

(3) 实例变量初始化。

(4) 执行动态初始化块{……}。

(5) 执行本类的构造方法。

难点：为什么初始化一个子对象时必须先调用基类的构造方法？

答案：因为子对象内部包含着一个父对象，所以初始化子对象前必须先初始化这个在子对象内部的父对象，而父类在子类构造器可以访问它之前就已经完成了初始化。

**3. 多态中的难点——同名方法的重载与覆盖**

方法覆盖与重载均是 Java 多态的技巧之一，但两者之间也有不同之处。

重载特征是：相同的范围(在同一个类中)，函数名字相同、参数不同。

覆盖特征是：不同的范围，函数名字相同、参数相同。

**4. 隐藏静态方法和覆盖实例方法的区别**

实例方法被覆盖而静态方法被隐藏。被覆盖的方法只有覆盖它们的类才能访问它们，而访问被隐藏的方法的途径是提供该方法的全局名。

(1) 用子类的静态方法隐藏父类中同样标识的实例方法是不合法的，编译器会报错。

(2) 用子类的实例方法覆盖父类中同样标识的静态方法是不合法的，编译器会报错。

(3) 静态方法和最终方法(带关键字 final 的方法)不能被覆盖。

(4) 实例方法能够被覆盖。

(5) 抽象方法必须在具体类中被覆盖。

**5. 接口与抽象类辨析**

抽象方法是指只声明而未实现(即没有{}包围的方法体)的方法。

声明接口使用关键字"interface"。接口中一般只包含一组 public 抽象方法和静态常量。接口可以多重继承，但实现接口时必须实现该接口定义的所有方法。

难点：抽象类可否有自己的构造方法？

答案：抽象类中允许有自己的构造方法，但是该构造方法并不能直接实例化自己的对象。如果在抽象类中存在有参构造方法，则必须在子类中明确的使用 super([参数列表])指明要调用父类中的哪个构造方法。

**6. 内部类与匿名类**

内部类是指在一个类中定义另外一个类。内部类可以直接访问和引用它的外部类的所有变量和方法(包括 private)。区别是,外部类只能声明为 public 和 default,而内部类可以声明为 private 和 protected。内部类一般可分为:成员内部类、局部内部类、静态内部类和匿名内部类。

匿名类是不能有名称的类,所以没办法引用它,必须在创建时作为 new 语句的一部分来声明它。这就要采用另一种形式的 new 语句——new <类或接口> <类的主体>。这种形式的 new 语句声明一个新的匿名类,可对一个给定的类进行扩展,或者实现一个给定的接口。它还创建匿名类的一个新实例,并把它作为语句的结果而返回。要扩展的类和要实现的接口是 new 语句的操作数,后跟匿名类的主体。如果匿名类对另一个类进行扩展,它的主体可以访问类的成员、覆盖它的方法等等,这和其他任何标准的类都是一样的。如果匿名类实现了一个接口,它的主体必须实现接口的方法。

### 7. 对象的向上转型与向下转型

Java 中两个不同类型对象之间可以转换,具体限制:两个转换的对象之间应该具有继承关系,也就是说只能在子类和父类的对象之间进行转换,而不是任意两个类。

一个子类对象的类型可以向上转换成它的父类类型,这个转换过程是安全的。

但是反过来,一个父类对象的类型未必可以向下转换成子类的对象的类型,因为子类具有的信息,父类未必包含。所以,只有当父类对象实际上是子类的一个实例的时候,才可以转换,否则不能进行这种转换。

### 8. 接口回调

接口回调是指:可以把实现了某一接口的类创建的对象的引用赋给该接口声明的接口变量,那么该接口变量就可以调用被类实现的接口的方法。实际上,当接口变量调用被类实现的接口中的方法时,就是通知相应的对象调用接口的方法,这一过程称为对象的接口回调。接口回调是 Java 多态的一种体现。为了形象的理解,下面给出一个接口回调的例子:

```
interface People{
    void peopleList();
}
class Student implements People{
    public void peopleList(){
      System. out. println("I'm a student. ");
    }
}
class Teacher implements People{
  public void peopleList(){
    System. out. println("I'm a teacher. ");
  }
```

```
}
public class Example{
    public static void main(String args[]){
        People a;                //声明接口变量
        a=new Student();         //实例化,接口变量中存放对象的引用
        a.peopleList();          //接口回调
        a=new Teacher();         //实例化,接口变量中存放对象的引用
        a.peopleList();          //接口回调
    }
}
结果:I'm a student.
     I'm a teacher.
```

### 9. 包与 classpath 设置

Java 程序编译的类被放在包内,要访问类就要给出类所属的包名,来指明类是在哪一个包中,以便能够找到该类。一个包中有许多类,同时还可以有子包。

classpath:指定一个路径列表,是用于搜索 Java 编译或者运行时需要用到的包和类。在 classpath 列表中除了可以包含路径外,还可以包含".jar"文件。Java 查找类时会把这个".jar"文件当作一个目录来进行查找。

假设 jdk 安装在 F:\java\jdk1.6.0 中,则:

classpath=".;F:\Java\jdk1.6.0\lib\dt.jar;F:\Java\jdk1.6.0\lib\tools.jar"。注意,开始部分的".;"是必需的,这种方式强制使你将当前路径定位到你的类文件的所在目录。如果不加的话,则会出现 Exception in thread "main" java.lang.NoClassDefFoundError 异常。

### 10. 异常处理机制

Java 语言提供两种异常处理机制:捕获异常和声明抛弃异常。

(1) 捕获异常:当 Java 程序运行过程中系统得到一个异常对象时,它将沿着方法的调用栈逐层回溯,寻找处理这一异常的代码。找到能够处理这种类型异常的方法后,运行时系统把当前异常交给这个方法处理;如果找不到可以捕获异常的方法,则运行时系统将终止,相应的 Java 程序也将退出。捕获异常是通过 try-catch-finally 语句实现的。其中 finally 语句块只要定义就必须全部被执行。

(2) 声明抛弃异常:当 Java 程序运行过程中系统得到一个异常对象时,如果一个方法并不知道如何处理所出现的异常,则可在方法声明时,声明抛弃异常。声明抛弃异常是在一个方法声明中的 throws 子句中指明的。

需要注意:子类方法不可比父类方法抛出更多的例外。如果父类型无 throws 时,子类

型也不允许出现 throws，而只能使用 try … catch。

**11. 多线程难点解析**

在 Java 程序设计中，线程是基于 Thread 类的。线程对象实例表示 Java 程序中真正的线程，通过它可以启动线程、终止线程、挂起线程等。Thread 类是负责向其他类提供线程支持的最主要的类，Thread 类定义在包 java.lang 中。

死锁、隐性死锁和数据竞争是 Java 多线程编程中最常见的错误。要写出健壮的多线程代码，需要正确理解和运用"synchronized"关键词。另外，好的线程分析工具，例如 JProbe Threadalyzer，能够极大地简化错误检测，对于那些不一定每次执行时都会出现的错误，分析工具尤其有用。

**12. 泛型解析**

泛型(generic)是 Java SE 1.5 的新特性，其本质是参数化类型，也就是说所操作的数据类型被指定为一个参数。这种参数类型可以用在类、接口和方法的创建中，分别称为泛型类、泛型接口、泛型方法。泛型的好处是在编译的时候会检查类型安全，并且所有的强制转换都是自动和隐式的，可提高代码的重用率。

使用泛型时的规则和限制有以下几点：

(1) 泛型的类型参数只能是类类型(包括自定义类)，不能是简单类型。

(2) 同一种泛型可以对应多个版本(因为参数类型是不确定的)，不同版本的泛型类实例是不兼容的。

(3) 泛型的类型参数可以有多个。

(4) 泛型的参数类型可以使用 extends 语句，例如<T extends superclass>。习惯上称为"有界类型"。

(5) 泛型的参数类型还可以是通配符类型。例如 Class<？> classType = Class.forName (java.lang.String)；

**13. 集合类解析**

集合类存放于 java.util 包中。集合类存放的都是对象的引用，而非对象本身。集合类型主要有 3 种：set(集)、list(列表)和 map(映射)，它们都是接口且有各自的实现类。Set 的实现类主要有 HashSet 和 TreeSet，List 的实现类主要有 ArrayList，Map 的实现类主要有 HashMap 和 TreeMap。

要注意 set、list 和 map 的区分：

(1) Set 中的对象不按特定方式排序，并且没有重复对象。但它的有些实现类能对集合中的对象按特定方式排序，例如 TreeSet 类，它可以按照默认排序，也可以通过实现 java.util.Comparator<Type>接口来自定义排序方式。

(2) List 中的对象按照索引位置排序，可以有重复对象，允许按照对象在集合中的索引位置检索对象，如通过 list.get(i)方式来获得 List 集合中的元素。

(3) Map 中的每一个元素包含一个键对象和值对象,它们成对出现。键对象不能重复,值对象可以重复。

## 3.3 实验任务

**【基础题】**

(1) 定义一个学生类,定义一个大学生类和小学生类,这两个类是学生类的子类;定义一个选课接口,由大学生类实现该接口。

(2) 定义一个营业员类,定义一个销售人员类,该类是营业员类的子类;定义一个提成接口,当销售额达到一定比例时允许销售人员提成。

(3) 定义一个银行卡类,定义一个信用卡类和普通银行卡类,这两个类是银行卡类的子类;定义一个透支的接口,信用卡可以透支,普通银行卡不可以透支。

**【提高题】**

(1) 在基础题第 1 题的基础上,定义一个年龄异常处理,当小学生年龄小于 7 岁时,弹出异常。

(2) 在基础题第 2 题的基础上,定义一个销售异常,当销售额为负值时,弹出该异常。

(3) 在基础题第 3 题的基础上,定义一个取款异常和一个透支异常,当普通银行卡取款超过银行卡余额时,弹出"取款异常";当信用卡透支超过 2 万元时弹出"透支异常"。

**【综合题】**

(1) 设计一个员工管理系统,包括员工基本信息管理(录入、修改、查询、删除),员工考核(根据考勤情况、工作表现,确定考核的最终等级)。

(2) 在第(1)题的基础上,增加工资管理(根据考核情况,确定员工工资),并将员工管理划分为普通员工和销售人员,销售人员按照销售额度进行考核,同时销售人员工资按照销售额按比例分配。

(3) 在第(2)题的基础上,将用户划分为普通用户和管理员两类,普通用户只能查看各类信息,管理员可以查看并修改各类信息。同时实现销售报表和工资报表。

**【题目完成要求】**

同实验 1。
以上题目对用户界面没有特殊要求,能清楚展现设计结果即可。

## 3.4 实训提高

### 3.4.1 实训题目

同实验1。

### 3.4.2 实训要求

(1) 进一步优化类图,力争类的属性全面、细致、准确,方法完整、参数合理,并画出类之间的关系。

(2) 在实验2的基础上,练习属性的继承和隐藏、方法的继承、重载与覆盖、构造函数的继承与重载,以及接口与异常处理的定义和使用。

(3) 运用Java语言常用类库(Object 类、Math 类、数据类型类、System 类、String 类及StringBuffer 类、ArryList 类等),重点是容器类和字符串类,对实验2的源程序进行改进,尽量学会用各种方法来优化实验2的实现过程。

本阶段对用户界面仍然没有特别要求,只要设计出简单的测试界面即可。

### 3.4.3 本阶段重点任务

重点掌握继承与多态的实现方法和运用语言工具类完善前面实验中所定义的类和方法,优化前面编写的程序,实现系统所有核心功能。设计思路提示如下:

(1) 根据类之间所定义的继承关系,该如何定义属性和方法才实现继承和覆盖、重载?

(2) 如何体现个性与共性的有机统一(即将共性的属性和方法放在父类中定义,将个性的属性和方法放在子类中定义)?

(3) 如何提高程序的健壮性?如何处理异常?

(4) 如何利用所设计的界面一次实现对多个数据的输入、保存、处理、查找(用数组还是向量)?

(5) 数据类型如何转化?

(6) 如何提高编程效率?

### 3.4.4 实现例题

本阶段要完善类图和系统功能的设计。

**1. 完善类图设计**

对模拟校园卡信息管理系统抽象出校园卡日常业务处理、用户查询、校园卡查询和使用记录查询等四个业务类,类图分别见图3-8、图3-9、图3-10和图3-11,同时增加用户信息维护类和校园卡信息维护类,实现对信息的修改和删除。

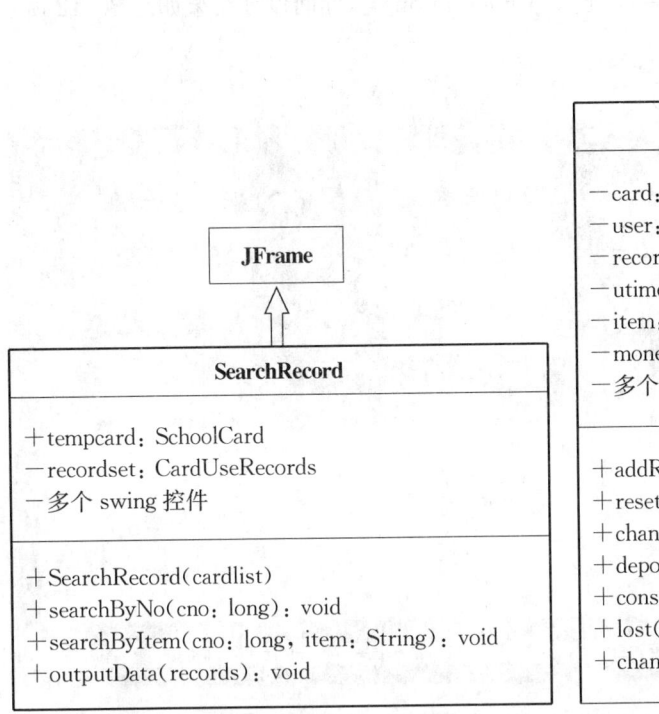

图 3-8　校园卡使用记录查询类

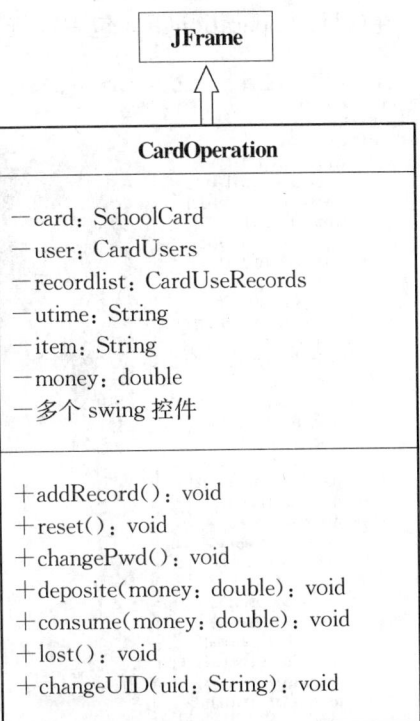

图 3-9　校园卡日常业务处理类

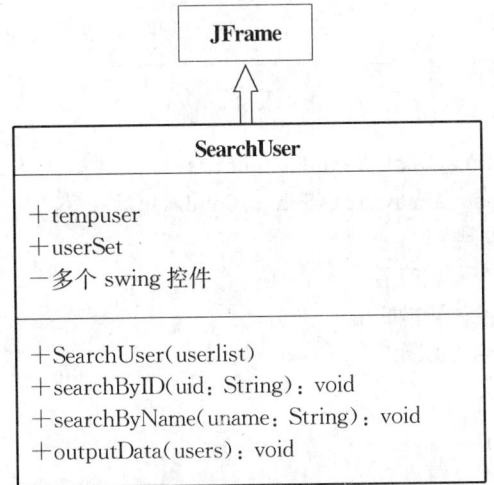

图 3-10　用户查询类

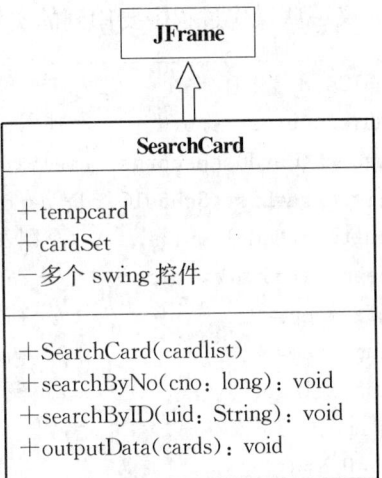

图 3-11　校园卡查询类

**2. 根据类图编写类代码**

（1）编写 CardOperation 类代码

在项目的 operationGUI 包中,新建 CardOperation 类,界面设计结果如图 3-12 所示:

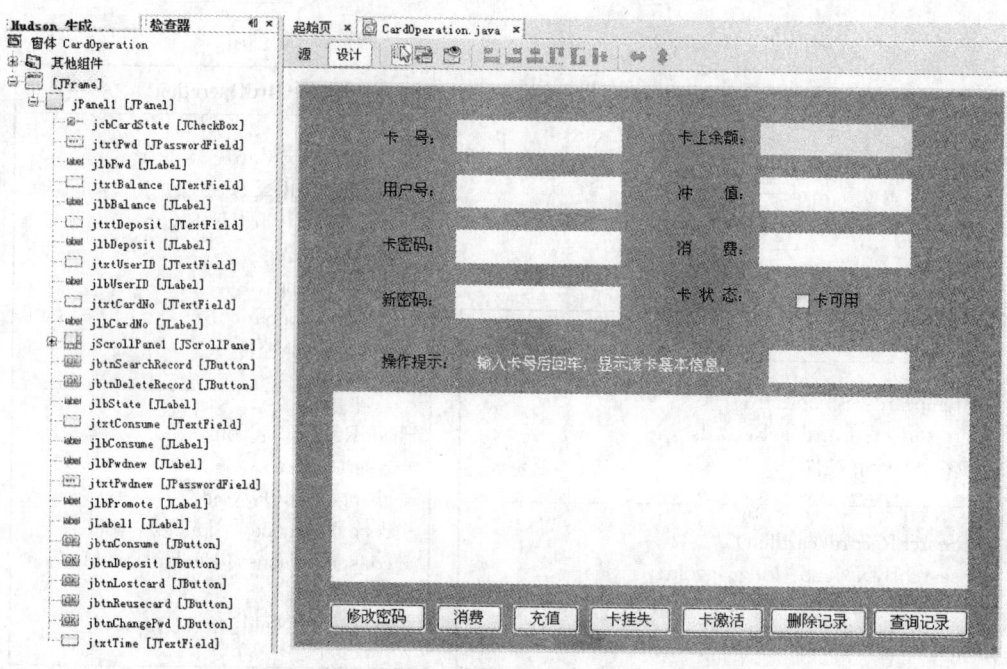

图 3-12 CardOperation 类界面设计控件结构

定义一些操作过程中要用到的实例变量:

```
SchoolCard card;                          //卡对象
CardUseRecords record;                    //使用记录对象
ArrayList<CardUseRecords> uselist=new ArrayList<CardUseRecords>();
public ArrayList<SchoolCard> cardlist=new ArrayList<SchoolCard>();
DefaultListModel mu;                      // 列表框的数据模型
boolean cardState=false;                  // 初始卡状态变量的值
double money=0;                           // 初始操作金额变量的值
String item="";                           // 初始操作名目的值
String utime;                             // 操作时间
long cno;                                 // 卡号变量
int i=0,j=0;                              // 列表框当前行号
```

在构造方法里调用自定义的一个方法 importData(),将卡信息引用到本界面:

```java
public class CardOperation extends javax.swing.JFrame {

    /** Creates new form CardOperation */
    public CardOperation() {
        initComponents();
        importData();
    }
public final void importData(){      //加载原始卡信息,可以来自其它界面或数据库
    card=new SchoolCard("1101","abc123");
    cardlist.add(card);
    card=new SchoolCard("1102","666123");
    cardlist.add(card);
    card=new SchoolCard("1103","7777");
    cardlist.add(card);
}
```

为实现在卡号文本框输入卡号,按回车后能自动显示卡的用户号、密码和卡上余额的功能,要为该文本框获得焦点事件编写如下代码:

```java
private void jtxtCardNoActionPerformed(java.awt.event.ActionEvent evt) {
   cno=Long.parseLong(jtxtCardNo.getText());   //取得文本框里输入的卡号
   //如果卡信息表里查找到该卡,则将用户号、密码、卡状态、余额显示到对应文本框里
   if(search(cardlist,cno)){
       jtxtUserID.setText(String.valueOf(card.getUserID()));
       jtxtPwd.setText(card.getPassword());
       jtxtBalance.setText(""+card.getBalance());
       if(card.getCardState())
           jcbCardState.setSelected(true);
       else
           jcbCardState.setSelected(false);
   }
   else
       jLabel1.setText("目前不存在该卡!");
}
//自定义一个search()方法,在卡信息表里查找对应卡号是否存在
public boolean search(ArrayList<SchoolCard> e,long no){
    j=0;
    int flag=0;
```

```
    while(j<e.size()){
        if(e.get(j).getCardNo()==no) {
            this.card=e.get(j);
            flag=1;
            break;
        }
        j++;
    }
    if(flag==1)
        return true;
    else
        return false;
}
```

为各按钮编写事件响应代码,其中"修改密码"、"消费"、"充值"、"挂失"、"激活"按钮的代码如下:

```
private void jbtnChaPwdActionPerformed(java.awt.event.ActionEvent evt) {
    item="修改密码";
    CheckValiddate ck=new CheckValiddate(jtxtPwdnew);//验证消费框输入内容
    if(ck.check(0)){
        try{
                String npwd=String.valueOf(jtxtPwdnew.getPassword());
                card.setPassword(npwd);        //调用卡的修改密码方法
                jtxtPwd.setEchoChar((char)0);  //将密码框恢复为明码显示
                jtxtPwd.setText(card.getPassword()); //显示改后的密码
                money=0;
                save();                        //将操作记录保存下来
        }
        catch(UseStateException e){}  //如果卡已挂失,执行时抛出卡此异常
    }
}

private void jbtnConsumeActionPerformed(java.awt.event.ActionEvent evt) {
    item="消费";
    CheckValiddate ck=new CheckValiddate(jtxtConsume);//验证消费框输入内容
    if(ck.check(1)){
        try{
            money=Double.valueOf(jtxtConsume.getText());
            card.consume(money);  //调用卡的消费方法
```

```
            save();              //将操作记录保存下来
        }
        catch(UseStateException e){}//如果卡已挂失，执行时抛出卡此异常
    }
}

private void jbtnDepositActionPerformed(java.awt.event.ActionEvent evt) {
    item="充值";
    CheckValiddate ck=new CheckValiddate(jtxtDeposit); //验证充值框输入内容
    if(ck.check(1)){
        try{
            money=Double.valueOf(jtxtDeposit.getText());
            card.deposit(money); //调用卡的充值方法
            save();              //将操作记录保存下来
        }
        catch(UseStateException e){}//如果卡已挂失，执行时抛出卡此异常
    }
}

private void jbtnLostActionPerformed(java.awt.event.ActionEvent evt) {
    item="卡挂失";
    money=0;
    card.setState(false); //将卡状态设为false
    jcbCardState.setSelected(false);   //将显示状态的复选框去勾
    save();          //将操作记录保存下来
}

private void jbtnReuseActionPerformed(java.awt.event.ActionEvent evt) {
    item="卡激活";
    money=0;
    card.setState(true); //将卡状态设为true
    jcbCardState.setSelected(true);   //将显示状态的复选框勾上
    save();          //将操作记录保存下来
}
```

自定义的自动获取各项操作当前时间方法 getTime() 和保存操作记录的方法 save() 代码如下：

```
public void getTime(){ //取得系统当前时间的方法
    utime=new SimpleDateFormat("yyyy-MM-dd hh:mm:ss").format(new Date());
    jtxtTime.setText(utime);
```

```java
}
public void save(){        //保存操作记录的方法
    getTime();
    record=new CardUseRecords(cno,item,money,utime);//新建一个卡使用记录对象
        //将对象record加入数组uselist中
    boolean add = uselist.add(record);
    mu = new DefaultListModel();          //创建列表框数据模型
    int k=0;
    for (k = 0; k < uselist.size(); k++) { //将使用记录表中记录逐条读出
        mu.addElement(uselist.get(k));   //将每条记录加入数据模型
    }
    jlistRecord.setModel(mu);        //列表框数据设置为uselist
    jtxtBalance.setText(""+card.getBalance()); //将卡上余额显示出来
    cardlist.set(j,card);            //修改卡信息表中被修改的卡信息
}
```

"删除记录"、"查询记录"按钮的代码如下:

```java
private void jbtnDeleteActionPerformed(java.awt.event.ActionEvent evt) {
    uselist.remove(i);           //删除顺序表的元素
    mu.removeElementAt(i);       //删除当前行
    jlistRecord.repaint();       //列表框刷新
}

private void jbtnSearchActionPerformed(java.awt.event.ActionEvent evt) {
    cno=Long.parseLong(jtxtCardNo.getText()); //获取待查的卡号
    int k=0,flag=0;
    mu = new DefaultListModel();       //创建列表框数据模型
    while(j<uselist.size()){           //在使用记录中逐个查找
        if(uselist.get(k).getCardNo()==cno) { //如果卡号相同
            mu.addElement(uselist.get(k));   //将该记录加入数据模型
            flag=1;
        }
        k++;
    }
    if(flag==0)
        jLabel1.setText("没有查该卡的使用信息!");
    jlistRecord.setModel(mu);     //列表框数据设置为mu
}
```

使用记录列表框的选择事件代码如下:

```
private void jlistRecordValueChanged(javax.swing.event.ListSelectionEvent evt) {
    i=jlistRecord.getSelectedIndex();
}
```

设计完成后,测试该类运行结果如图 3-13 所示。

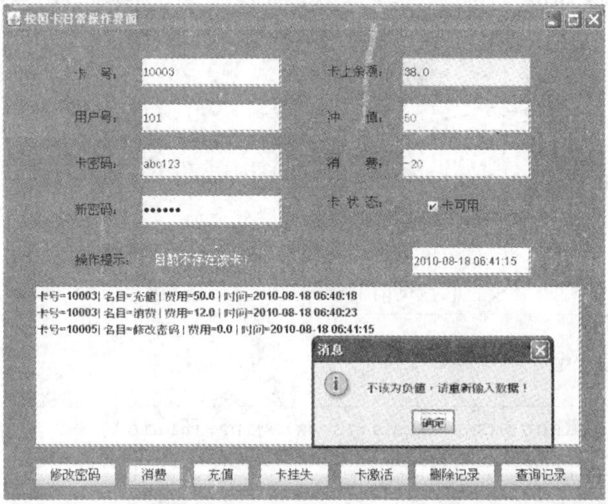

图 3-13 卡操作业务类 CardOperation 用户界面运行效果

(2) 编写 SearchRecord 类代码

类设计时,首先在"设计"窗口进行界面设计,将所需要的控件放置到窗体面板上,并设置好相关属性,设计好的界面控件结构见图 3-14。

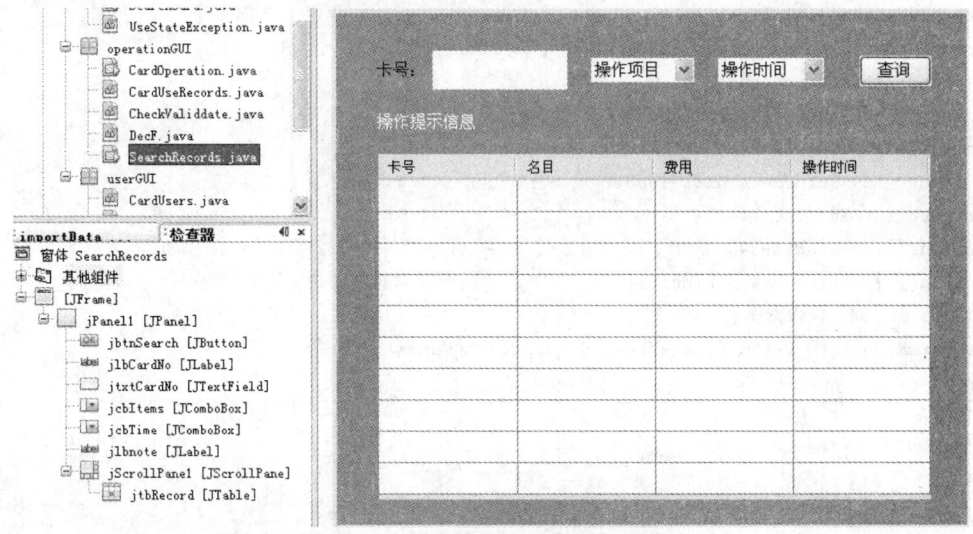

图 3-14 使用记录查询类的界面设计

接下来在源窗口中编写代码，先定义如下实例变量：

```java
//存储系统目前所有使用记录的信息表
ArrayList<CardUseRecords> recordlist=new ArrayList<CardUseRecords>();
//存储查到的符合条件的使用记录的信息表
ArrayList<CardUseRecords> templist=new ArrayList<CardUseRecords>();
CardUseRecords record;            //存储卡操作记录的临时对象
long cno;                         //待查询的卡号
DefaultTableModel recordModel;    //表格数据模型
String[] sitems=new String[6];    //存储查询名目字符串的数组
int[] days={0,30,60,90,180,365};  //存储查询时间段的数组
int i=0,flagi=0;                  //是否采用操作名目条件的标记
int t=0,flagt=0;                  //是否采用操作时间条件的标记
int stime=0,flag=0;               //存储查询时间的变量、是否查到所需记录的标记
```

构造方法代码如下：

```java
public class SearchRecords extends javax.swing.JFrame {
public SearchRecords() {
    initComponents();
    importData();
}
public final void importData(){    //加载原始卡信息,可以来自其它界面或数据库
    record=new CardUseRecords(10001,"充值",25,"2010-07-12 10:58:30");
    recordlist.add(record);
    record=new CardUseRecords(10002,"消费",50,"2010-08-10 10:38:30");
    recordlist.add(record);
    record=new CardUseRecords(10002,"挂失",0,"2010-07-10 9:18:30");
    recordlist.add(record);
    record=new CardUseRecords(10001,"修改密码",0,"2010-06-22 10:58:30");
    recordlist.add(record);
    String[] columnNames={"卡号","操作名目","费用","操作时间"};//表格列名
    String[][] data0=new String[0][0];          //表格数据源,初始化为空白
    //定义表格的默认数据模型
    recordModel=new DefaultTableModel(data0,columnNames);
}
```

"操作名目"和"操作时间"组合框的代码如下：

```java
private void jcbItemsItemStateChanged(java.awt.event.ItemEvent evt) {
    i=jcbItems.getSelectedIndex();    //取得当前选取的编号
    sitems[i]=jcbItems.getSelectedItem().toString();//获取查找名目
    if(i>0)
        flagi=1;        //因第一行是提示信息，其它行才是查找条件
    else
        flagi=0;
    jlbnote.setText("查询项目 = "+sitems[i]);    //显示出查找名目
}

private void jcbTimeItemStateChanged(java.awt.event.ItemEvent evt) {
    t=jcbTime.getSelectedIndex();    //取得当前选取的编号
    stime=days[t];                   //获取查找时间
    if(t>0)
        flagt=1;        //因第一行是提示信息，其它行才是查找条件
    else
        flagt=0;
    jlbnote.setText("查询时间：< "+days[t]);    //显示出查找时间范围
}
```

"查询"按钮的代码如下：

```java
private void jbtnSearchActionPerformed(java.awt.event.ActionEvent evt) {
    CheckValiddate ck=new CheckValiddate(jtxtCardNo);    //检查卡号框输入
    if(ck.check(0)){              // 如果卡号框输入不为空
        cno=Long.parseLong(jtxtCardNo.getText());
        templist.clear();          //先清空存储查询结果的顺序表
        if(flagi==0 && flagt==0)   //仅按卡号查
            searchByCno(cno);
        else if(flagi==1 && flagt==0)  //按卡号和操作名目联合查
            searchByCnoItem(cno, sitems[i]);
        else if(flagi==1 && flagt==1)  //按卡号、操作名目和时间联合查
            searchByCnoItemTime(cno, sitems[i], stime);
        else if(flagi==0 && flagt==1)  //按卡号和操作时间联合查
            searchByCnoTime(cno,stime);
        outputData();              //输出查找结果
    }
}
```

根据查找条件不同,分开编写了几种联合查找方法,代码如下:

```java
public void searchByCno(long cno){  //仅卡号查询
    int k=0;
    flag=0;                                        //先将查找标记置为0
    while(k<recordlist.size()){                    //在记录表中逐个查找
        if(recordlist.get(k).getCardNo()==cno) {   //如果卡号相同
            templist.add(recordlist.get(k));//将记录追加查找信息表中
            flag=1;                                //将查找标记置为1
            jlbnote.setText("该卡的使用记录如下:");
        }
        k++;
    }
}

public void searchByCnoItem(long cno,String item){//卡号+名目联合查询
    int k=0;
    flag=0;
    while(k<recordlist.size()){
        //如果卡号和操作名目均相同
        if(recordlist.get(k).getCardNo()==cno &&
            recordlist.get(k).getUseItems().equals(item)) {
            templist.add(recordlist.get(k));
            flag=1;
            jlbnote.setText("该卡的使用记录如下:");
        }
        k++;
    }
}

public void searchByCnoTime(long cno,int time){//卡号+时间 联合查询
    int k=0;
    flag=0;
    while(k<recordlist.size()){
        //计算时间范围
        int ftime=settime(recordlist.get(k).getUseTime())-time;
        //如果卡号及时间均符合
        if(recordlist.get(k).getCardNo()==cno && ftime<0)
        {
            templist.add(recordlist.get(k));
            flag=1;
            jlbnote.setText("该卡的使用记录如下:");
        }
        k++;
    }
}
```

```
public void searchByCnoItemTime(long cno,String item,int time){
    //卡号+名目+时间 联合查询
    int k=0;
    flag=0;
    while(k<recordlist.size()){
        int ftime=settime(recordlist.get(k).getUseTime())-time;
        //如果卡号、操作名目和时间均符合条件
        if(recordlist.get(k).getCardNo()==cno &&
           recordlist.get(k).getUseItems().equals(item) && ftime<0)
        {
            templist.add(recordlist.get(k));
            flag=1;
            jlbnote.setText("该卡的使用记录如下：");
        }
        k++;
    }
}
```

将查询结果输出到表格的代码如下：

```
public void outputData(){    //将查找结果输出到下方的表格里显示出来
    int k=0;
    if(flag==1){
        reset();                        //首先清空表格中现有记录
        while(k<templist.size()){
            record=templist.get(k);
            Object[] data=new Object[4];
            data[0]=record.getCardNo();
            data[1]=record.getUseItems();
            data[2]=DecF.DecS(record.getMoney());
            data[3]=record.getUseTime();
            recordModel.addRow(data);   //逐行追加查找信息表中的对象到数据模型中
            k++;
        }
        jtbRecord.setModel(recordModel);
        //将表格第4列宽度调整到150
        jtbRecord.getTableHeader().getColumnModel().getColumn(3)
            .setPreferredWidth(150);
    }
    else
        jlbnote.setText("没有找到该卡的使用记录！");
}
```

清空表格数据和计算时间差的代码如下:

```
public void reset(){ //逐行删除表格数据模型中的数据
    for (int index =recordModel.getRowCount() - 1; index >= 0; index--) {
        recordModel.removeRow(index);
    }
}
public int settime(String tm){  //计算操作时间与当前时间之差
    Date date1=null;
    try {
        date1 = new SimpleDateFormat("yyyy-MM-dd hh:mm:ss").parse(tm);
    } catch (ParseException ex) { }
    Date date2 = new Date();
    //用立即数,减少乘法计算的开销
    return (int)(date2.getTime()/86400000 - date1.getTime()/86400000);
}
```

卡使用记录查询类的测试运行结果见图3-15和图3-16。

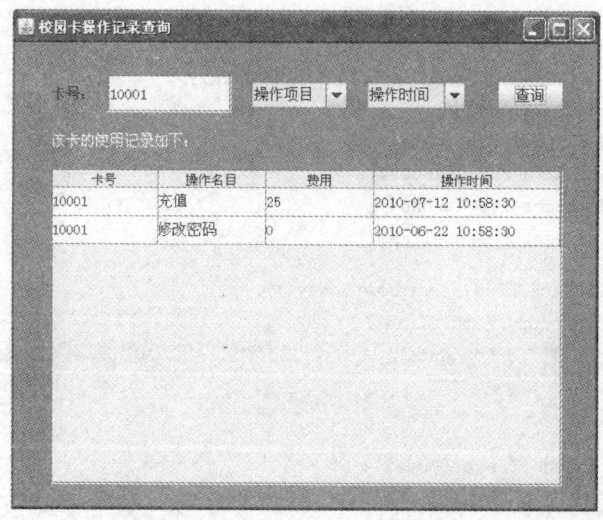

图3-15　使用记录查询类的测试运行效果——单条件查询

第3章 实验3——深入面向对象编程    107

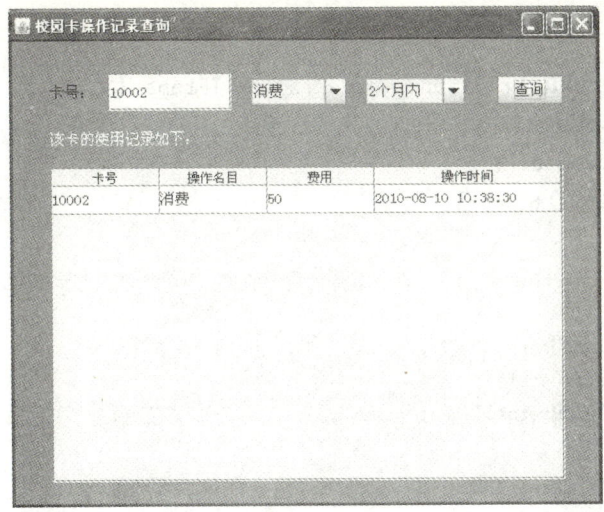

图3-16 使用记录查询类的测试运行效果——联合查询

(3) 编写 SearchUser 类代码

设计 SearchUser 类时,首先在"设计"窗口进行界面设计,将所需要的控件放置到窗体面板上,并设置好相关属性,设计好的界面控件结构见图3-17。

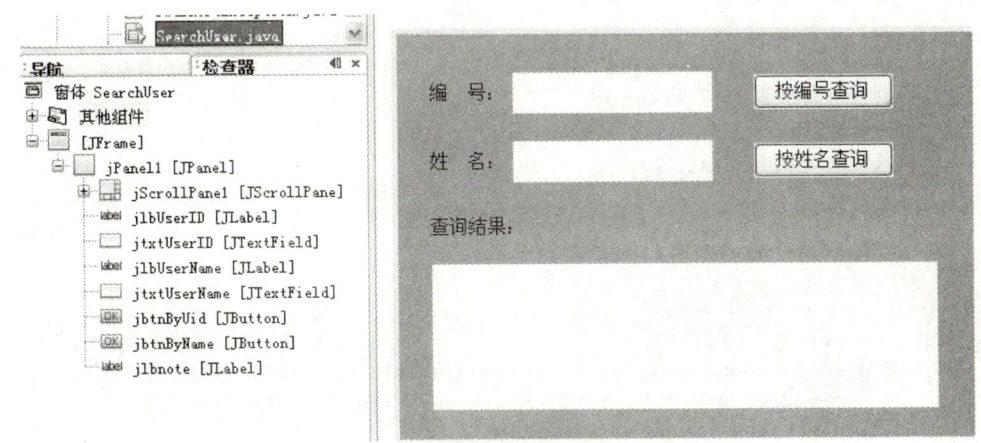

图3-17 用户查询类的界面设计

接下来在源窗口中编写代码。先定义如下实例变量:

```
String uid,uname;        //定义查询变量
CardUsers user;          //查询到的用户
int flag=0;              //查找标记
ArrayList<CardUsers> userlist=new ArrayList<CardUsers>();//存储用户信息的顺序表
DefaultListModel mc=new DefaultListModel();   //列表框的数据模型
```

在构造方法里导入用户信息表：

```java
public class SearchUser extends javax.swing.JFrame {
    public SearchUser() {
        initComponents();
        importData();
    }
public final void importData(){     //加载原始用户信息，可以来自其它界面或数据库
    try{
        user=new CardUsers("1101","jane","女","abc123","管理员");
        userlist.add(user);
        user=new CardUsers("1102","jerry","男","abc123","普通用户");
        userlist.add(user);
        user=new CardUsers("1103","jack","男","abc123","普通用户");
        userlist.add(user);
    }
    catch(PwdShortException e){}
}
```

两个查找按钮的代码设计如下：

```java
private void jbtnByUidActionPerformed(java.awt.event.ActionEvent evt) {
    uid=jtxtUserID.getText();
    searchByUid(uid);
    jtxtUserName.setText("");
}
public void searchByUid(String id){
    int j=0;
    flag=0;
    while(j<userlist.size()){                        //在用户顺序表中逐个查找
        if(userlist.get(j).getUserID().equals(id))  {//如果用户编号相同
            this.user=userlist.get(j);               //将查到的信息赋给用户对象
            outputdata();
            flag=1;
            break;
        }
        j++;
    }
    reset();
}
```

```java
private void jbtnByNameActionPerformed(java.awt.event.ActionEvent evt) {
    uname=jtxtUserName.getText();
    searchByName(uname);
    jtxtUserID.setText("");
}
public void searchByName(String name){    //按用户姓名查找
    int j=0;
    flag=0;
    while(j<userlist.size()){                             //在用户顺序表中逐个查找
        if(userlist.get(j).getUserName().equals(name)){
            this.user=userlist.get(j);       //将查到的信息赋给用户对象
            outputdata();
            flag=1;
            break;
        }
        j++;
    }
    reset();
}
public void outputdata(){   //将查到的信息输出到列表框显示出来

    jlbnote.setText("用户的信息如下：");
    mc.clear();                       //先清空数据模型
    mc.addElement(user.toString());
    jListInfo.setModel(mc);         //列表框数据设置为userlist
}
public void reset(){   //没有找到时清空列表框内容
    if(flag==0){
        jlbnote.setText("没有找到需要的用户！");
        mc.clear();              //清空列表框数据模型内容
        jListInfo.repaint();        //列表框刷新
    }
}
```

代码编写完毕进行测试,其运行结果见图3-18。

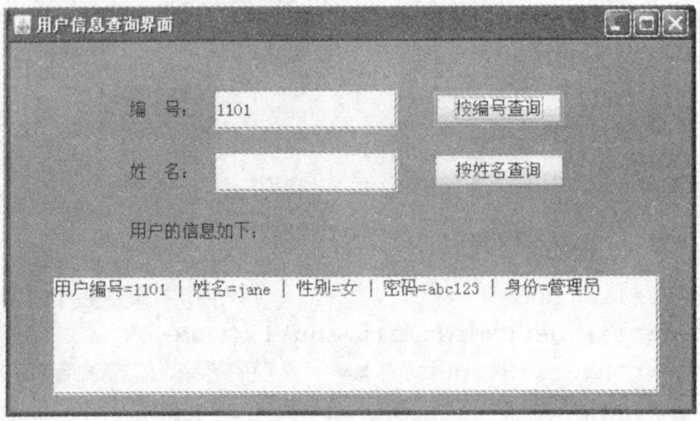

图3-18 用户查询类的测试运行结果

(4) 编写 SearchCard 类代码

设计 SearchCard 类时,由于该界面与 SearchUser 类非常类似,故在"设计"窗口直接将 SearchUser 类界面控件全部复制过来,更改部分控件的名称即可,设计好的界面控件结构见图3-19。

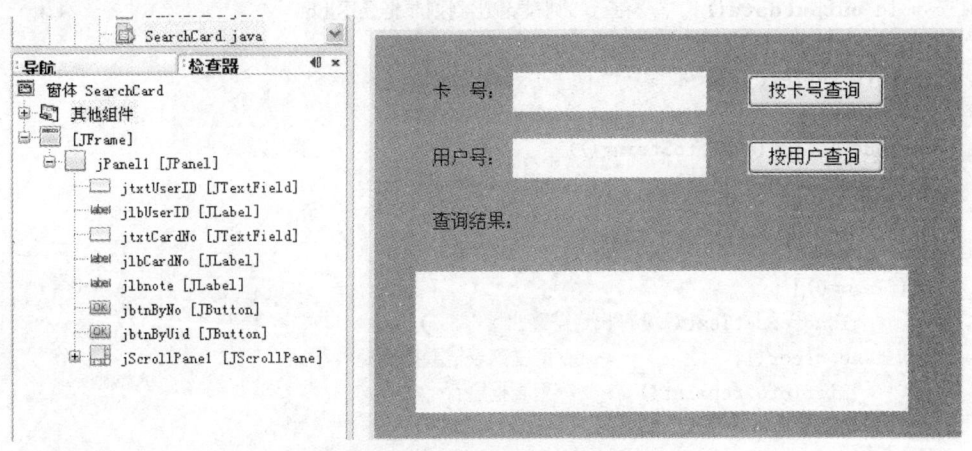

图3-19 校园卡查询类的界面设计

接下来对代码进行相应修改,将用户相关信息改为卡信息即可。所有代码参考设计用户查询类,这里不再重复列出。校园卡查询界面测试运行结果见图3-20。

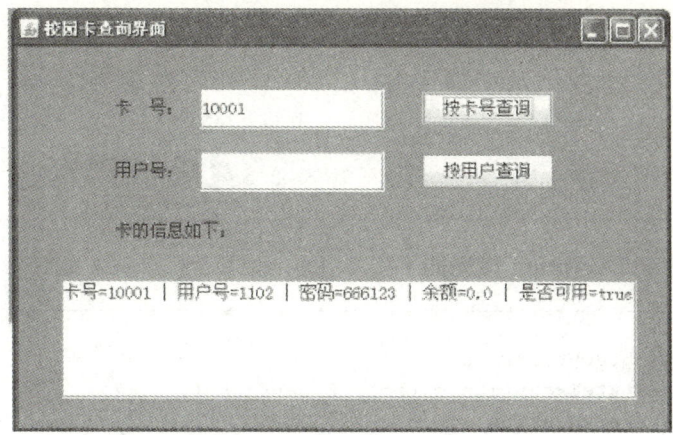

图 3-20 校园卡查询类的测试运行结果

**3. 完善之前编写的各类健壮性**

(1) SchoolCard 类的改进

改写了 SchoolCard 类修改密码、充值和消费这三个方法,增加了异常处理,当卡处于无效状态时,不许进行这几项操作。

```
public void setPassword(String upwd) throws UseStateException{  //修改密码
    if(check())                       //检查卡是否有效,有效才可操作
        this.password = upwd;
    else
        throw (new UseStateException());
}
public void deposit(double money) throws UseStateException{  //充值
    if(check())                       // 检查卡是否有效,有效才可操作
        this.balance = balance+money;
     else
        throw (new UseStateException());
}
public void consume(double money) throws UseStateException{  //消费
    if(check()){                      //检查卡是否有效,有效才可操作
        if(this.balance>=money)       //检查余额是否够本次消费
            this.balance = balance-money;
        else
            JOptionPane.showMessageDialog(null,"卡上余额不够消费,请先充值!");
    }
     else
        throw (new UseStateException());
}
```

```java
public boolean check(){  //检查卡的状态
    if(this.isUsing)
        return true;
    else
        return false;
}
```

异常类 UseStateException 代码如下：

```java
package cardGUI;
import javax.swing.JOptionPane;
public class UseStateException extends Exception {
    public UseStateException() {
        JOptionPane.showMessageDialog(null,"本卡当前处于无效状态，"+
                        "不可进行该操作！");
    }
}
```

(2) CardUsers 类的改进

改写了 CardUsers 类的第二个构造方法和修改密码方法，要求密码长度不得少于 6 位。

```java
public CardUsers(String UserID, String UserName, String UserSex,
        String UserPwd, String UserType) throws PwdShortException {
    if(UserPwd.length()<6)
        throw (new PwdShortException());   //密码长度不足6位则抛出异常
    else{
        this.UserID = UserID;
        this.UserName = UserName;
        this.UserSex = UserSex;
        this.UserPwd = UserPwd;
        this.UserType = UserType;
    }
}
public void setUserPwd(String UserPwd) throws PwdShortException {
    if(UserPwd.length()<6)
        throw (new PwdShortException());  //新密码长度不足6位则抛出异常
    else
        this.UserPwd = UserPwd;
}
```

密码异常类 PwdShortException 代码如下：

```
package userGUI;
import javax.swing.JOptionPane;
public class PwdShortException extends Exception {
    public PwdShortException() {
        JOptionPane.showMessageDialog(null,"密码长度不到6位,"
                +"过短不安全,请重新输入!");
    }
}
```

(3) 对用户信息录入界面类的改进

改写之处如下:

① 定义了列表框的数据模型"DefaultListModel m;",其数据源改为泛型的顺序表结构"ArrayList＜CardUsers＞ userlist",取代之前使用的泛型向量"Vector＜CardUsers＞ userlist",因为 Vector 在 JDK1.5 之后的版本中已报过时,不再推荐使用,相应修改了"添加"和"清空"按钮的代码;

② 新编写了对文本框输入内容进行验证的通用类 CheckValidate,方法 check(0)用于检查文本框是否为空,check(1)用于检查输入的是否均为为非负的数字;

③ 增加了删除、查询按钮,实现了相应的功能。

改写的后用户信息录入界面类名为 UserEditnew,运行效果如图 3-21 所示。

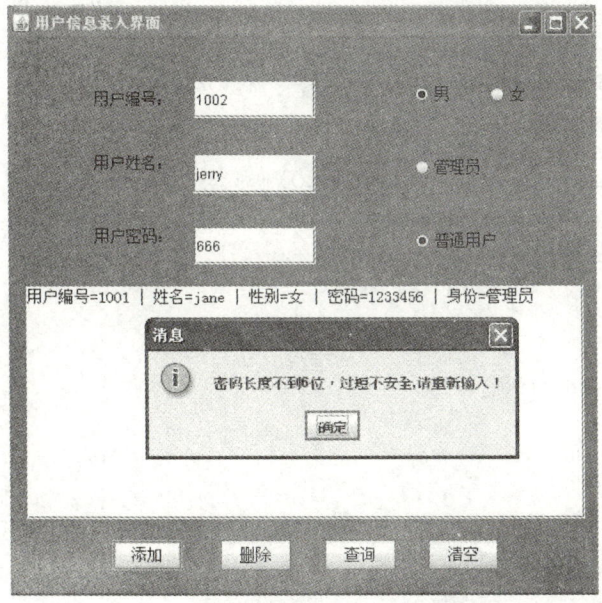

图 3-21 改写后的用户信息录入界面

CheckValidate 代码如下:

```java
package Operation;
import javax.swing.JOptionPane;
import javax.swing.JTextField;
public class CheckValidate {
    JTextField txtS;
    public CheckValidate(JTextField tf){  //tf为待检查的文本框
        txtS=tf;
    }
    public boolean check(int i){   //检查文本框中是否已输入数据
        if(i==0){            //仅判断是否文本框为空
            if(txtS.getText().length()==0){
                JOptionPane.showMessageDialog(null,"请先在文本框中输入数据!");
                return false;
            }
            else
                return true;
        }
        else{            //判断是否为空、负数、数字
            String regex="[^1234567890.]";
            if(txtS.getText().length()==0){
                JOptionPane.showMessageDialog(null,"请先在文本框中输入数据!");
                return false;
            }
            else if(txtS.getText().matches(regex)){//正则表达式,输入必须为数字
                JOptionPane.showMessageDialog(null,"必须输入数字,请重新输入数据!");
                return false;
            }
            else if(Float.parseFloat(txtS.getText())<0){
                JOptionPane.showMessageDialog(null,"不该为负值,请重新输入数据!");
                return false;
            }
            else
                return true;
        }
    }
}
```

"添加"按钮的代码如下:

```java
private void jbtnAddActionPerformed(java.awt.event.ActionEvent evt) {
    CheckValiddate ck=new CheckValiddate(jtxtUserID);//检查文本框是否为空
    if(ck.check(0)){
        String uid=jtxtUserID.getText();        //编号文本框内容赋值给uid
        String uname=jtxtUserName.getText();    //姓名文本框内容赋值给uname
        String upwd=jtxtPwd.getText();          //密码文本框内容赋值给upwd
        try{
            user=new CardUsers(uid,uname,usex,upwd,utype); //新建用户对象
            userlist.add(user);                 //将对象user加入顺序表userlist中
            m=new DefaultListModel();           //创建列表框的数据模型
            for(int j=0;j<userlist.size();j++){
                m.addElement(userlist.get(j));  //将用户顺序表中的对象逐个加入
            }
            jlistUser.setModel(m);              //设置列表框的数据模型
        }
        catch(PwdShortException e){}            //如果密码长度不够6位则抛出异常
    }
}
```

"清空"、"删除"、"查询"按钮的代码如下：

```java
private void jbtnResetActionPerformed(java.awt.event.ActionEvent evt) {
    jtxtUserID.setText("");         //清空用户编号框内容
    jtxtCardNo.setText("");         //清空卡号框内容
    jtxtPwd.setText("");            //清空密码框内容
    jcbCardState.setSelected(false);//卡可用复选框不被勾选
    cardlist.clear();
    mc.removeAllElements();         //清空数据模型中的数据
    jlistCard.repaint();            //列表框刷新
    SchoolCard.NextCardNo=Integer.parseInt(jtxtStartNo.getText());
    card=new SchoolCard();
}

private void jbtnDeleteActionPerformed(java.awt.event.ActionEvent evt) {
    cardlist.remove(i);             //删除顺序表中当前对象
    mc.removeElementAt(i);          //删除当前行
    jlistCard.repaint();            //列表框刷新
}
```

```
private void jbtnSearchActionPerformed(java.awt.event.ActionEvent evt) {
    int j=0;
    mc.removeAllElements();                    //先清空数据模型中的元素
    long cno=Long.parseLong(jtxtCardNo.getText());
    while(j<cardlist.size()){                  //在卡信息顺序表中逐个查找
        if(cardlist.get(j).getCardNo()==cno) { //当卡号相同时
            mc.addElement(cardlist.get(j));    //将查到的卡对象加入数据模型
        }
        j++;
    }
    jlistCard.repaint();                       //卡信息列表框刷新
}
```

(4) 对校园卡信息录入界面类的改进

改写之处如下：

① 定义了列表框的数据模型"DefaultListModel m;"，其数据源改为泛型的顺序表结构"ArrayList<SchoolCard> cardlist"，取代之前使用的定长数组"SchoolCard[] cardlist = new SchoolCard[5]"，因为当新增信息超过数组定长时，原来的信息会被覆盖，相应修改了"添加"和"清空"按钮的代码；

② 为减轻录入工作量，且保障系统信息的一致性，增加了"查看现有用户"功能，用户卡号和密码可以直接从右侧列表框中读取，不再需要手工输入。单击"查看现有用户"按钮自动列出来自"用户信息录入界面"的现有用户顺序表中的对象信息，选中列表框中某行，则该行的用户号、密码自动出现在界面上的对应文本框里；

③ 增加了"删除"、"查询"按钮，实现了对应功能；

④ 增加了"对卡进行其他业务处理"的按钮，可调用校园卡业务管理界面，以便利用本界面创建的卡信息，进行充值、消费、修改密码、挂失等操作。

改写后的校园卡信息录入界面类名为CardEditnew，运行效果如图3-22所示。

类定义窗口变量声明处的代码：

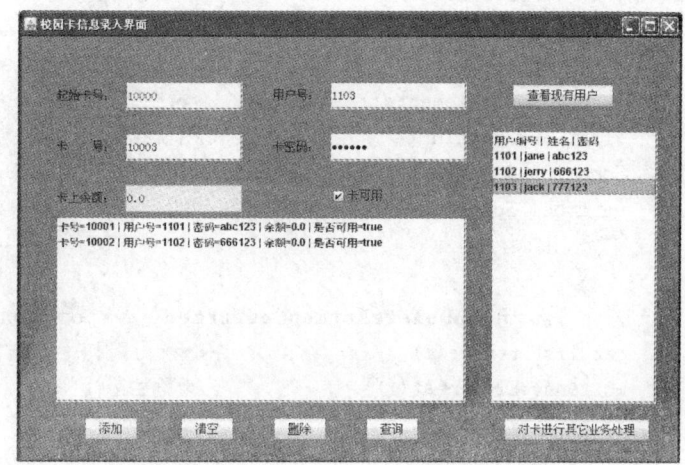

图3-22 改写后的校园卡信息录入界面

```java
SchoolCard card;                  //新建的校园卡对象
//存储卡信息的顺序表
public ArrayList<SchoolCard> cardlist=new ArrayList<SchoolCard>();
boolean cardState=true;           //默认卡状态为可用
DefaultListModel mc,mu;           //列表框的数据模型
int i;                            //列表框当前行号
ArrayList<CardUsers> userlist;    //用户列表
UserEditnew users=new UserEditnew();  //以便引用用户编辑界面的用户列表
```

"添加"和"清空"按钮的代码如下:

```java
private void jbtnAddActionPerformed(java.awt.event.ActionEvent evt) {
    CheckValiddate ck=new CheckValiddate(jtxtUserID);//检查文本框是否为空
    if(ck.check(0)){
        String uid=jtxtUserID.getText();    //获取用户编号文本框内容赋值给uid
        String upwd=String.valueOf(jtxtPwd.getPassword());//获取密码框内容
        card=new SchoolCard(uid,upwd);      //新建一个校园卡对象
        jtxtBalance.setText(String.valueOf(card.getBalance()));
        jcbCardState.setSelected(card.getCardState());
        cardlist.add(card);   //将对象card加入顺序表cardlist中
        mc = new DefaultListModel();
        for (int j = 0; j < cardlist.size(); j++) {
            mc.addElement(cardlist.get(j));
        }
        jlistCard.setModel(mc);      //列表框数据设置为cardlist
    }
}

private void jbtnResetActionPerformed(java.awt.event.ActionEvent evt) {
    jtxtUserID.setText("");           //清空用户编号框内容
    jtxtCardNo.setText("");           //清空卡号框内容
    jtxtPwd.setText("");              //清空密码框内容
    jcbCardState.setSelected(false);  //卡可用复选框不被勾选
    cardlist.clear();
    mc.removeAllElements();           //清空数据模型中的数据
    jlistCard.repaint();              //列表框刷新
    SchoolCard.NextCardNo=Integer.parseInt(jtxtStartNo.getText());
    card=new SchoolCard();
}
```

"查看现有用户"按钮代码如下:

```java
private void jbtnLookUsersActionPerformed(java.awt.event.ActionEvent evt) {
    //数据可以来源于数据库或其它界面
    try{
        user=new CardUsers("1101","jane","女","abc123","管理员");
        userlist.add(user);
        user=new CardUsers("1102","jerry","男","abc123","普通用户");
        userlist.add(user);
        user=new CardUsers("1103","jack","男","abc123","普通用户");
        userlist.add(user);
    }
    catch(PwdShortException e){}
        mu = new DefaultListModel();    //创建列表框数据模型
        mu.addElement("用户编号 | 姓名 | 密码 ");  //为列表框第一行加标头

        //将用户表中所有的户号、姓名、密码逐行加入数据模型
        for (int j = 0; j < userlist.size(); j++) {
            mu.addElement(userlist.get(j).getUserID()+" | "
                +userlist.get(j).getUserName()+" | "
                +userlist.get(j).getUserPwd());
        }
        jlistUsers.setModel(mu);    //列表框数据设置为userlist
}
```

用户列表框选择事件代码如下:

```java
private void jlistUsersValueChanged(javax.swing.event.ListSelectionEvent evt) {
    String s=jlistUsers.getSelectedValue().toString(); //取出当前行的字符串
    //用分隔符" | "来分隔字符串
    StringTokenizer fenxi=new StringTokenizer(s," | ");
    //取出分隔出的第1个字符串
    jtxtUserID.setText(fenxi.nextToken().toString());
    fenxi.nextToken();                          //向下跳过第2个字符串
    jtxtPwd.setText(fenxi.nextToken().toString());//取出分隔出的第3个字符串
}
```

"对卡进行其他业务处理"按钮代码:

```java
private void jbtnMoreWorkActionPerformed(java.awt.event.ActionEvent evt) {
    CardOperation co=new CardOperation();   //创建卡业务处理界面
    co.setVisible(true);                    //让新创建的界面可见
    co.cardlist=this.cardlist;              //将本界面的卡信息传递给业务处理界面
    this.dispose();                         //本界面对象关闭
}
```

"查询"和"删除"按钮的代码如下：

```java
private void jbtnSearchActionPerformed(java.awt.event.ActionEvent evt) {
    int j=0;
    mc.removeAllElements();                             //先清空数据模型中的元素
    long cno=Long.parseLong(jtxtCardNo.getText());
    while(j<cardlist.size()){                           //在卡信息顺序表中逐个查找
        if(cardlist.get(j).getCardNo()==cno) {          //当卡号相同时
            mc.addElement(cardlist.get(j));             //将查到的卡对象加入数据模型
        }
        j++;
    }
    jlistCard.repaint();            //卡信息列表框刷新
}

private void jbtnDeleteActionPerformed(java.awt.event.ActionEvent evt) {
    cardlist.remove(i);             //删除顺序表中当前对象
    mc.removeElementAt(i);          //删除当前行
    jlistCard.repaint();            //列表框刷新
}
```

本实训课题的其他功能留待实验 4 进一步完善。

# 第4章 实验4——基于图形用户界面的JDBC程序开发

> **说明**
> 此实验为综合性实验,建议实验学时为4,分两次完成。

## 4.1 实验目的与要求

### 4.1.1 掌握Java图形界面的设计方法

熟练运用GUI标准组件和布局管理器,正确合理地利用常用AWT和Swing组件进行图形界面的设计;理解Java的事件处理机制,正确运用Java的事件处理机制及事件委托模型,编写图形界面组件的事件处理程序;理解Java多线程机制,掌握线程使用方法。

### 4.1.2 掌握JDBC编程技术

理解JDBC的数据库访问编程原理,正确利用JDBC技术编写以数据库应用为核心的软件系统,并在设计中灵活运用之前所学的Java语言面向对象的编程技术。

## 4.2 实验指导

### 4.2.1 实验例题

本节设计了6道例题,涵盖了基于图形用户界面的JDBC程序开发技术,重点介绍了常用AWT/Swing控件和布局管理器使用、常用控件与接口的事件处理、多线程控制、数据库连接与访问、常用SQL语句的封装等,并列举了常用Java容器类控件的使用方法,知识点覆盖面广,有一定难度。

例题中,第1、2道基础题采用图形用户界面将实验3设计的几个图形类有机整合在一起,并应用线程实现了球形的动态变化;第3道基础题综合利用常用图形控件和线程模拟设计了一个小游戏。2道提高题和1道综合题是对实验2、实验3中的读者类、图书类、图书管理类和图书租阅类的应用,设计了读者管理、图书管理和租阅管理的图形用户界面,增加了数据库支持,形成了一个功能较为完整的图书租阅业务管理系统。

由于例题中涉及的知识点多,较之前几个实验难度加大,为方便实验过程中理解、借鉴,所有例题的源程序中都加了大量注释,力争达到融会贯通所学知识点,并灵活加以应用。

## 【基础题】

**例 4 - 1** 编写一个图形界面程序,调用例 3 - 2 定义的类,根据输入的边长,单击不同按钮分别绘制出圆形、矩形和三角形,同时计算且输出其周长、面积;当输入负数时,或三角形 3 条边长无法组成三角形时,能进行异常处理,给出提示。

**解:**本例演示简单的 Java 图形界面设计与事件处理,展示如何利用常用的 AWT 控件(标签、按钮、文本框等)来进行简单的图形界面设计,如何设置文字属性(字体、字型、字号、颜色),如何设置窗口尺寸,如何进行事件处理。

Java 中编写代码处理动作事件的流程如下:

① 类头定义时实现动作监听器接口: class XXX extends XX implements ActionListiner

② 注册事件监听器对象: btnX. addActionListiner(this)

③ 重载该接口的方法: public void actionPerformed(ActionEvent e){ }

④ 判断事件源: if (e. getSource()==btnX)

⑤ 编写事件响应代码。

本程序采用继承于 Applet 的子类来实现,引用了例 3 - 2 中的相关类,实现了动作事件接口,单击不同按钮可绘制不同图形。

```
/* 例4-1 编写一个图形生成类 Drawing.java,根据输入的边长画出不同图形,
   计算并输出其周长、面积,但输入负数时进行异常处理。
   该类继承于Applet,实现了动作事件接口,响应按钮的单击动作*/
import java.applet.*;      //加载applet包
import java.awt.*;         //加载图形界面需要的awt包
import java.awt.event.*;   //加载事件包
import java.util.*;        //加载常用工具包
import lab3.*;             //加载lab3包中定义的图形类
public class Drawing extends Applet implements ActionListener
{
    Label prompt, result1, result2, errow;  //显示操作提示:输入、周长、面积
    TextField in1, in2, in3;          //用于边长数据输入的三个文本框
    Button btn1, btn2, btn3;          //单击按钮则分别画圆、矩形、三角形
    int a,b,c;                        //将输入的字符数据转换为整型的边长

    Font myFont=new Font("黑体",Font.BOLD, 14);   //自定义字体、字号
    Color myColor=new Color(50,25,200);  //自定义颜色,红、绿、兰3色值
```

```java
        CircleNew mycircle;                  //声明一个圆形对象
        RectangleNew myrectangle;            //声明一个矩形对象
        TriangleNew mytriangle;              //声明一个三角形对象

    public void init()
    {   /*初始化各控件对象*/
        prompt= new Label("请输入半径或边长:");
        in1=new TextField(6);
        in2=new TextField(6);
        in3=new TextField(6);
        result1= new Label("周长:                           ");
        result2= new Label("面积:                                          ");
        errow=new Label("");
        btn1=new Button("画圆");
        btn2=new Button("画矩形");
        btn3=new Button("画三角形");

        result1.setFont(new Font("隶书",Font.PLAIN,16));
        result2.setFont(myFont);
        setForeground(myColor);      //设置前景色,自定义色
    //  setForeground(Color.red);    //设置前景色,红色

        /*将控件加到界面上*/
        add(prompt);
        add(in1);
        add(in2);
        add(in3);
        add(btn1);
        add(btn2);
        add(btn3);
        add(result1);
        add(result2);
        add(errow);

        /*为各按钮注册事件监听器对象*/
        btn1.addActionListener(this);
        btn2.addActionListener(this);
        btn3.addActionListener(this);
        setSize(550,400);  //设置窗口尺寸

        /*初始化图形对象*/
        try                              //启动异常处理
        {
            mycircle=new CircleNew(a);
            myrectangle=new RectangleNew(a,b);
            mytriangle=new TriangleNew(a,b,c);
        }
    catch(SizeException e0)    //捕获异常
    {
        errow.setText(" "+e0.toString());//用标签显示出错信息
    }
    catch(IllegalSizeException e)    //捕获异常2
    {
        errow.setText(" "+e.toString());
    }
}
```

```java
public void paint(Graphics g)    //调用paint()方法在屏幕上显示图形
{
    mycircle.draw(g);                    //画圆形
    mycircle.fillcolor(g,Color.blue);    //用蓝色填充圆形

    myrectangle.draw(g);                 //画矩形
    myrectangle.fillcolor(g,Color.red);  //用红色填充矩形

    mytriangle.draw(g);                  //画三角形
    mytriangle.fillcolor(g,Color.green); //用绿色填充矩形
}

public void actionPerformed(ActionEvent e)  //重载动作事件接口中的方法
{
    if (e.getSource()==btn1)        //如果动作的事件源是"画圆"按钮
    {
        a=Integer.parseInt(in1.getText());  //将第一个文本框值赋给a
        try                         //启动异常处理
        {
            errow.setText(" ");
            mycircle=new CircleNew(a);      //以a为半径构造圆形对象
        }
        catch(SizeException e1)     //捕获异常:半径为负数
        {
            errow.setText(" "+e1.toString());
        }
        mycircle.setCircumference();        //调用圆形对象的求周长方法
        mycircle.setArea();                 //调用圆形对象的求面积方法
        result1.setText("周长: "+mycircle.getCircumference());
        result2.setText("面积: "+mycircle.getArea());
        repaint();                          //刷新界面
    }

    if (e.getSource()==btn2)        //如果动作的事件源是"画矩形"按钮
    {
        a=Integer.parseInt(in1.getText());  //将第一个文本框值赋给a
        b=Integer.parseInt(in2.getText());  //将第二个文本框值赋给b
        try                         //启动异常处理
        {   errow.setText(" ");
            myrectangle=new RectangleNew(a,b); //以a、b为高、宽构造矩形对象
        }
        catch(SizeException e2)     //捕获异常:边为负数
        {
            errow.setText(" "+e2.toString());
        }
        myrectangle.setCircumference();     //调用矩形对象的求周长方法
        myrectangle.setArea();              //调用矩形对象的求面积方法
        result1.setText("周长: "+myrectangle.getCircumference());
        result2.setText("面积: "+myrectangle.getArea());
        repaint();
    }
}
```

```
if (e.getSource()==btn3)        //如果如果动作的事件源是"画三角形"按钮
{
    a=Integer.parseInt(in1.getText()); //将第一个文本框值赋给a
    b=Integer.parseInt(in2.getText()); //将第二个文本框值赋给b
    c=Integer.parseInt(in3.getText()); //将第三个文本框值赋给c
    try                         //启动异常处理
    {
        errow.setText(" ");
        mytriangle=new TriangleNew(a,b,c);//以a、b、c为边构造三角形对象
    }
    catch(SizeException e3)     //捕获异常1：边为负数
    {
        errow.setText(" "+e3.toString());
    }
    catch(IllegalSizeException e4)  //捕获异常2：3条边长不合理
    {
        errow.setText(" "+e4.toString());
    }
    mytriangle.setCircumference();  //调用三角形对象的求周长方法
    mytriangle.setArea();           //调用三角形对象的求面积方法
    result1.setText("周长： "+mytriangle.getCircumference());
    result2.setText("面积： "+mytriangle.getArea());
    repaint();
}
```

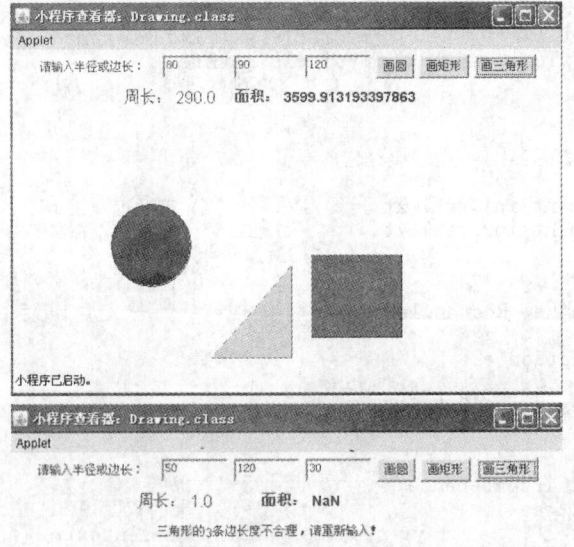

图 4-1　Drawing 类的运行测试结果

**例 4-2**　编写代码实现一个魔幻圆形，要求其颜色、大小、位置不断变化着。

**解：**本例演示 Java 的多线程机制，引用了例 3-1 中定义的圆形类。

```java
/* 例4-2 编写魔幻图形类 MagicShapes.java,用线程实现动态变化效果 */
import java.applet.*;
import java.awt.*;
import lab3.*;            //加载lab3包中的类
public class MagicShapes extends Applet implements Runnable
{
    CircleNew mycircle;                //声明1个圆形对象
    Thread thread1,thread2,thread3;    //声明3个Thread的线程对象
    int tempsize,temp;                 //声明2个整型变量
    Color tempcolor;                   //声明1个颜色变量
    Label prompt;
    String s="魔幻圆^_^";

    public void init()                 //运行界面初始化
    {
        prompt= new Label("    例4-2    操作情况    ");
        add(prompt);
        tempsize=20;                              //初始圆的半径
        temp=5;
        tempcolor=new Color(200,100,150); //初始颜色
        try
        {
            mycircle=new CircleNew(tempsize);  //构造圆形对象
        }
        catch(SizeException e0)     //捕获异常1:边长为负数
        {
            prompt.setText("\n "+e0.toString());
        }
    }
public void paint(Graphics g) //调用paint()方法在屏幕上显示图形
{
    mycircle.draw(g);                       //画圆形
    mycircle.fillcolor(g,tempcolor);        //用变色填充圆形
    g.drawString(s,5*temp,100);    //文字位置左右移动
}
public void run() //实现Runnable接口的run()方法,在该线程启动时自动执行
{
    String currentRunning;
    while(true)    //无限循环
    {
        try
        {        //使当前活动线程休眠0到2秒
            Thread.sleep((int)(Math.random() * 2000));
        }
        catch(InterruptedException e){}
        currentRunning = Thread.currentThread().getName();
```

```
if(currentRunning.equals("ColorThread"))   //控制变色的线程
{
    int a=(int)(Math.random() * 200);    //随机生成红颜色值
    int b=(int)(Math.random() * 100);    //随机生成绿颜色值
    int c=(int)(Math.random() * 50);     //随机生成兰颜色值
    tempcolor=new Color(a,b,c);
    repaint();
}
else if(currentRunning.equals("SizeThread"))
{
    tempsize=(int)(Math.random() * 100);   //随机生成半径尺寸
    try
    {
        mycircle=new CircleNew(tempsize);
    }
    catch(SizeException e1)      //捕获异常1：边长为负数
    {
        prompt.setText("\n "+e1.toString());
    }
    repaint();
}
if(currentRunning.equals("PositionThread"))   //控制变色的线程
{
    temp=(int)(Math.random() * 50);
    repaint();
}
```

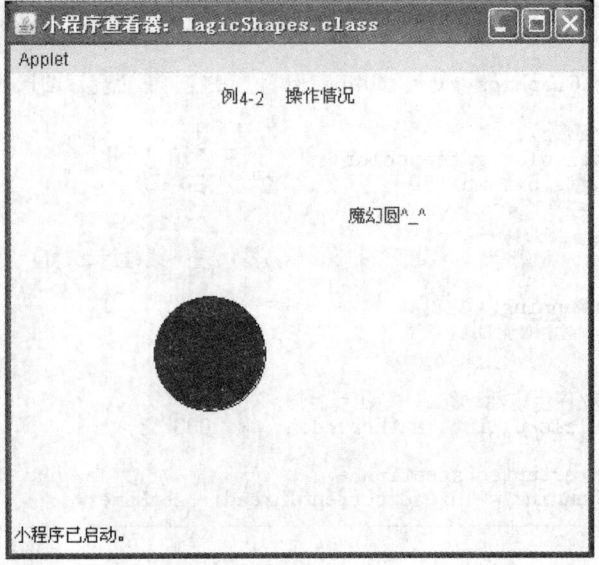

图 4-2  MagicShapes 类的运行测试结果

**例 4-3** 编写代码实现一个图形用户界面的 Application 程序,综合运用常用控件。

**解**:本例设计了一个简单的竞猜游戏,演示 Java 中常用 AWT 和 Swing 组件的用法,以及布局管理器、对话框、线程的使用。

```java
/*例4-3 图形用户界面设计示例类 GUIshow.java
    该类继承于窗口,实现了多个接口,能实现对按钮的动作事件、
    复选框和组合框的选择事件和滚动条的变化事件的响应*/
import java.awt.*;            //加载awt图形工具包
import java.awt.event.*;      //加载awt控件对应的事件包
import javax.swing.*;         //加载swing图形工具包
import javax.swing.event.*;   //加载swing控件对应的事件包
class GUIshow extends JFrame implements ActionListener, ItemListener,
           ChangeListener, Runnable
{
    JPanel pNorth=new JPanel();        //显示问题和答案的面板,放在界面上部
    JPanel pBottom=new JPanel();       //显示按钮和滚动条的面板,放在界面下部
    JPanel pTime=new JPanel();         //显示计时和得分的面板,放在界面右侧
    JLabel pic;                        //显示图片的标签
    ImageIcon img;                     //标签上显示的图片
    Thread thread1;                    //答题计时用的线程
    Label prompt,ptime,pscore;         //提示信息的标签
    TextField question,score,time;     //显示问题、得分、计时的文本框
    JPasswordField answer;             //显示答案的密码框
    Checkbox look;                     //是否公布答案的复选框
    JComboBox size;                    //排列题号的组合框
    Container c;                       //定义了一个容器
    JSlider jslcolor;                  //下部区域背景调色用的滚动条
    int cValue;                        //保存颜色值

    String[][] game=new String[3][3];  //存放问题、答案、得分的字符串数组
    int i;                             //保存当前题号
    int scores=0,score0=0;             //保存得分的成员变量
    int times=50;                      //保存计时剩余时间的成员变量

GUIshow()
{
    this.setTitle("图形界面设计示例———竞猜小游戏"); //设置窗体标题
    thread1 = new Thread(this,"timing");      //创建计时用线程对象
    c=getContentPane();                       //初始化容器c
    c.setLayout(new BorderLayout());          //设置为BorderLayout布局

    /* 初始化上部答题面板区域中的所有控件*/
    prompt=new Label("**** 有奖竞猜啦!*****");
    size = new JComboBox();
    size.addItem("1");         //添加题号1
    size.addItem("2");         //添加题号2
    size.addItem("3");         //添加题号3
    question=new TextField(20);
    look=new Checkbox("明码显示答案",false);
    answer=new JPasswordField(10);
```

```java
/*初始化右侧计时面板区域中的所有控件*/
pTime.setFont(new Font("黑体",Font.PLAIN,18));
pTime.setForeground(Color.red);
ptime=new Label("剩余时间：");
time=new TextField(6);
pscore=new Label("目前得分： ");
score=new TextField(" 0    ");

  /*将以上控件布置到上部面板中*/
pNorth.add(prompt);
pNorth.add(size);
pNorth.add(question);
pNorth.add(look);
pNorth.add(answer);

look.addItemListener(this);    //为复选框注册事件监听器
size.addItemListener(this);    //为组合框注册事件监听器

c.add(pNorth,BorderLayout.NORTH);  //将答题面板布局在界面上部

pTime.setLayout(new GridLayout(8,1));
pTime.add(ptime);
pTime.add(time);
pTime.add(pscore);
pTime.add(score);
c.add(pTime,BorderLayout.EAST);

/*初始化中部显示的图片标签*/
img=new ImageIcon("normal.gif");   //初始化一张图片
pic=new JLabel(img);               //初始化一个图片标签对象
c.add(pic,BorderLayout.CENTER);    //将图片标签放在界面中部

/*初始化下部面板区域中的所有按钮控件*/
  //定义一个水平滚动条，最小值0,最大值10,默认值10
jslcolor= new JSlider(JSlider.HORIZONTAL,0,255,100);
jslcolor.setMajorTickSpacing(50);   //滚动条刻度间隔
jslcolor.setPaintLabels(true);      //显示滚动条刻度标签

Button btStart=new Button("开始游戏");
Button btOk=new Button("确定");
Button btCancel=new Button("退出");
Button btReward=new Button("奖品");

pBottom.add(jslcolor);
pBottom.add(btStart);
pBottom.add(btOk);
pBottom.add(btReward);
pBottom.add(btCancel);

jslcolor.addChangeListener(this); //为滚动条注册事件监听器
btStart.addActionListener(this);  //为按钮注册事件监听器
btOk.addActionListener(this);
```

```java
    btCancel.addActionListener(this);
    btReward.addActionListener(this);

    c.add(pBottom,BorderLayout.SOUTH);    //将按钮面板布局在界面下部

    thread1.start();              //启动线程对象,进入就绪状态

     /*  采用匿名类实现了窗体标题栏上"X"按钮的关闭功能*/
     addWindowListener(new WindowAdapter(){
         public void windowClosing(WindowEvent ew)
         {
             System.exit(0);   //退出系统
         }
     });

     this.setBounds(200,50,600,400);//设置窗体在屏幕位置、宽度、高度
     this.setVisible(true);         //让窗体可见
     this.setResizable(false);      //让窗口不可改动大小
}

 /* 重载组合框和复选框的状态改变事件,实现选题和查看答案 */
 public void itemStateChanged(ItemEvent e)
   {
    if(e.getItemSelectable() instanceof JComboBox) //换选题目的组合框
     {
        JComboBox temp;
        temp=(JComboBox)(e.getItemSelectable());   //获取组合框对象
        String s=temp.getSelectedItem().toString();//获取列表项代号
        i= Integer.parseInt(s);                    //转换为对应题号,从1开始
        i=i-1;                    //数组下标从0开始
        question.setText(getQuestion(i));//读取当前问题并显示在文本框中

        switch(i)
         {
           case 0:
              img=new ImageIcon("lfg.jpg");     //换另外一张图片
              break;
           case 1:
              img=new ImageIcon("hhit.jpg");    //换另外一张图片
              break;
           case 2:
              img=new ImageIcon("jsj.jpg");     //换另外一张图片
              break;
         }
       pic.setIcon(img);
    }
  if(e.getItemSelectable() instanceof Checkbox) //看答案的复选框
   {
      Checkbox ch=(Checkbox)(e.getItemSelectable());//获取复选框对象
      if(ch.getState())             //如果复选框是选中的
       {
          answer.setEchoChar((char)0); //将答案明码显示
          answer.setText(game[i][1]);  //文本框内容设为答案
       }
      else
```

```java
        {
            answer.setEchoChar('*');    //恢复文本框的掩码显示
        }
    }
}
/* 重载滚动条的状态改变事件,实现屏幕下方区域的背景色变化 */
public void stateChanged(ChangeEvent es)
{
        if(es.getSource()==jslcolor)
        {
            cValue = ((JSlider)es.getSource()).getValue();//读取滚动条当前值
            pBottom.setBackground(new Color(cValue,250,cValue));
            pBottom.repaint();          //下方区域重绘
        }
}

public void run()   //实现Runnable接口的run()方法,在线程启动时自动执行
{
    try
    {
        while(times>0)                  //还有剩余计时
        {
            Thread.sleep(1000);         //使当前活动线程休眠1秒
            times=times-1;              //倒计时,每次减1秒
            time.setText(""+times);     //在文本框里显示剩余时间
        }
        note();
    }
    catch(InterruptedException e){}
}

public void actionPerformed(ActionEvent evt)    //动作事件,各按钮响应
{
if(evt.getActionCommand().equals("开始游戏"))
{
    question.setText(getQuestion(i));   //读取当前问题并显示在文本框中
    img=new ImageIcon("1fg.jpg");       //换另外一张图片
    pic.setIcon(img);
    answer.setEchoChar((char)0);        //输入答案时明码显示
    times=50;
    scores=0;
    time.setText(""+times);
    score.setText(""+scores);
}

else if(evt.getActionCommand().equals("确定"))//判断答案是否正确
{
    if(String.valueOf(answer.getPassword()).equals(getAnswer(i)))
    {
        JOptionPane.showMessageDialog(null,"恭喜你回答正确!","友情提醒",1);
        score0=getScore(i);
        scores=scores+score0;
        score.setText(""+scores);
    }
    else
```

```java
            JOptionPane.showMessageDialog(null,"对不起，回答错误！","友情提醒",0);
}
else if(evt.getActionCommand().equals("退出"))
{
    System.exit(0);    //系统退出
}
else if(evt.getActionCommand().equals("奖品"))
{
    img=new ImageIcon("gift.gif");
    pic.setIcon(img);
}

public String getQuestion(int i)        //提取问题的方法
{
    game[0][0]="凌风阁是哪年建立的？";
    game[1][0]="淮海工学院是哪年成立的？";
    game[2][0]="计算机系是哪年成立的？";
    return game[i][0];
}
public String getAnswer(int i)        //提取答案的方法
{
    game[0][1]="2001";
    game[1][1]="1985";
    game[2][1]="2000";
    return game[i][1];
}
public int getScore(int i)        //提取得分的方法
{
    game[0][2]="40";
    game[1][2]="30";
    game[2][2]="30";
    return Integer.parseInt(game[i][2]);
}
public void note()        //友情提醒
{

//计时已到且答案没有填写正确时，提示用户，并显示出正确答案
if(times==0 && !(String.valueOf(answer.getPassword()).equals(getAnswer(i))))
{
    JOptionPane.showMessageDialog(null,"已经超时,请看答案!","友情提醒",1);
    answer.setEchoChar((char)0);    //将答案明码显示
    answer.setText(game[i][1]);     //文本框内容设为答案
}
if(scores==100)                     //如果得分达到100表明3题都回答正确
    JOptionPane.showMessageDialog(null,"全部回答正确，你真棒!","友情提醒",1);

    public static void main(String args[])    //程序入口
    {
        new GUIshow();              //构造一个新窗体对象
    }
}
```

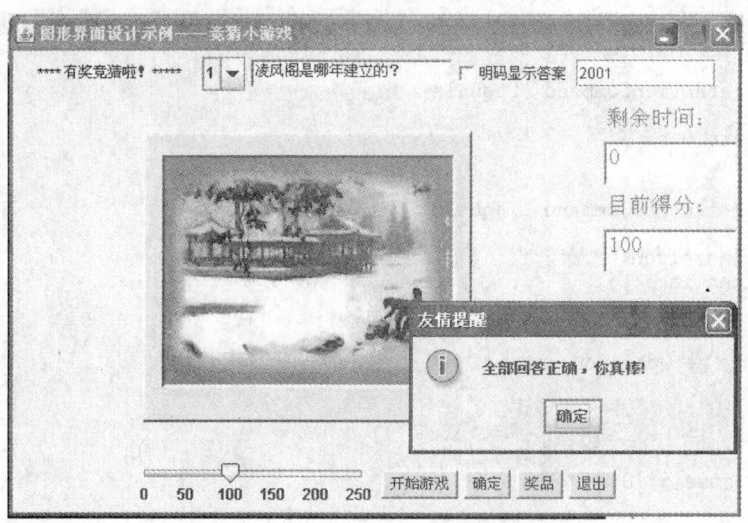

图 4-3 GUIshow 类的运行测试结果

## 【提高题】

**例 4-4** 为实验 2、实验 3 中编写的读者类 Reader 与 VIPReader、图书类 Book 设计图形用户操作界面。

**解**：本例演示如何运用 Java 中的 AWT 和 Swing 控件进行用户图形界面的设计，实现对前面实验中定义的单个实体类的操作，完成对象的创建与修改功能。

根据读者类编写的读者管理类用户界面设计成果如下。

```
/*例4-4 对读者类进行操作的ReaderGUI.java
    该类继承于窗口,实现了多个接口,能实现对按钮的动作事件、
    复选框和组合框的选择事件的响应*/
package userGUI;                //定义该类属于userGUI包
import rentbook.*;              //引入rentbook包中的所有类

import java.awt.*;              // 加载awt图形工具包
import java.awt.event.*;        // 加载awt图形工具包
import javax.swing.*;           // 加载swing图形工具包
import javax.swing.event.*;     //加载swing控件对应的事件包
import java.util.*;

class ReaderGUI extends JFrame implements ActionListener,ItemListener,
        FocusListener,ListSelectionListener
{
```

```java
    LinkedList<VIPReader> readerlist;    //保存读者信息的泛型链表
    JList jlreader;                       //用列表框显示读者信息
    Vector<VIPReader> data=new Vector<VIPReader>(2,1);  //为列表框提供数据源
    VIPReader viprd,temprd;
    String readertype="非会员";           //保存读者身份的字符串
    Reader r;
    Iterator<VIPReader> it;               //泛型遍历器,用于遍历链表查找对象
    int i=0;
    CheckEmpty cktxt;   //用于检查文本框输入的类,不许为空或负数

    /* 定义几个输入、输出提示标签 */
    JLabel lblPrompt;          //操作提示信息
    JLabel lblReaderID;        //读者编号
    JLabel lblReaderName;      //读者姓名
    JLabel lblReaderPwd;       //读者密码
    JLabel lblNewPassword;     //读者新密码
    JLabel lblBalance;         //账户余额
    JLabel lblPay;             //支付
    JLabel lblDeposit;         //充值
    JLabel lblReaderType;      //用户身份

    /* 定义几个接受用户输入的文本框 */
    JTextField   txtReaderID;
    JTextField   txtReaderName;
    JTextField   txtReaderPwd;
    JTextField   txtNewPassword;
    JTextField txtDeposit;
    JTextField txtPay;
    JTextField txtBalance;
    ButtonGroup btngReaderType=new ButtonGroup();   //读者身份单选按钮组
    JRadioButton jrbReaderType1,jrbReaderType2,jrbReaderType3;

    /* 定义几个用户操作按钮 */
    JButton btnCreateReader;   //创建读者
    JButton btnResetPWD;       //修改密码
    JButton btnGetBalance;     //账户查询
    JButton btnDeposit;        //充值
    JButton btnPay;            //支付
    JButton btnEdit;           //更正基本信息
    JButton btnDisplay;        //列出所有读者
    JButton btnReset;          //清空所有读者
    JButton btnDelete;         //删除读者

ReaderGUI()
{
    this.setTitle("读者类操作的图形用户界面");  //设置窗体标题

    /* 读者链表初始化 */
    readerlist=new LinkedList<rentbook.VIPReader>();
    jlreader=new JList();                    //显示读者信息的列表框
    jlreader.setForeground(Color.blue);      //列表框字体设为蓝色
    jlreader.setAutoscrolls(true);           //自动带滚动条
    jlreader.addListSelectionListener(this); //为列表框注册选择事件监听器
    JScrollPane scrollPane = new JScrollPane(jlreader);

    r=new Reader();
```

```java
/*  初始化所有标签  */
lblPrompt       =new JLabel("操作提示：单击姓名文本框可自动获取默认信息");
lblReaderID     =new JLabel("读者编号:");
lblReaderName   =new JLabel("读者姓名:");
lblReaderPwd    =new JLabel("读者密码:");
lblNewPassword  =new JLabel("新  密  码:");
lblBalance      =new JLabel("账户余额:");
lblPay          =new JLabel("支        付:");
lblDeposit      =new JLabel("充        值:");
lblReaderType   =new JLabel("用户身份:");

/*  初始化所有文本框  */
txtReaderID     =new JTextField(10);
txtReaderName   =new JTextField(10);
txtReaderPwd    =new JTextField(10);
txtNewPassword  =new JTextField(10);
txtDeposit      =new JTextField(10);
txtPay          =new JTextField(10);
txtBalance      =new JTextField(10);
txtReaderID.setEditable(false);     //读者编号框不可编辑

/*为读者姓名文本框注册焦点事件监听器
    当该文本框得到焦点时，自动产生默认读者信息*/
txtReaderName.addFocusListener(this);

/*  初始化读者身份的3个单选钮组，并注册事件监听器  */
jrbReaderType1=new JRadioButton("VIP",false);
jrbReaderType2=new JRadioButton("普通会员",false);
jrbReaderType3=new JRadioButton("非会员",true);

btngReaderType.add(jrbReaderType1);
btngReaderType.add(jrbReaderType2);
btngReaderType.add(jrbReaderType3);

/*  为单选钮注册事件监听器  */
jrbReaderType1.addItemListener(this);
jrbReaderType2.addItemListener(this);
jrbReaderType3.addItemListener(this);

/*  初始化所有按钮  */
btnCreateReader=new JButton("创建读者");
btnResetPWD    =new JButton("修改密码");
btnSearch      =new JButton("查询读者");
btnDeposit     =new JButton("充值");
btnPay         =new JButton("支付");
btnEdit        =new JButton("更正基本信息");
btnDisplay     =new JButton("列出读者");
btnReset       =new JButton("清空重来");
btnDelete      =new JButton("删除读者");

/*  为按钮注册事件监听器  */
btnCreateReader.addActionListener(this);
btnResetPWD.addActionListener(this);
btnSearch.addActionListener(this);
btnDeposit.addActionListener(this);
btnPay.addActionListener(this);
```

```
        btnDisplay.addActionListener(this);
        btnReset.addActionListener(this);
        btnEdit.addActionListener(this);
        btnDelete.addActionListener(this);
/* 为控件定义外观和显示位置*/
    Container c=getContentPane();
    c.setLayout(null);    //采用空布局,以便调用setBounds()方法

        /* 将标签加到容器里 */
        c.add(lblPrompt);
        c.add(lblReaderID);
        c.add(lblReaderName);
        c.add(lblReaderPwd);
        c.add(lblNewPassword);
        c.add(lblBalance);
        c.add(lblPay);
        c.add(lblDeposit);
        c.add(lblReaderType);

        /* 将文本框加到容器里 */
        c.add(txtReaderID);
        c.add(txtReaderName);
        c.add(txtReaderPwd);
        c.add(txtNewPassword);
        c.add(txtDeposit);
        c.add(txtPay);
        c.add(txtBalance);

        c.add(jrbReaderType1);    //将单选钮组加到容器里
        c.add(jrbReaderType2);    //将单选钮组加到容器里
        c.add(jrbReaderType3);    //将单选钮组加到容器里
        c.add(scrollPane);        //将列表框加到容器中

        /* 将按钮加到容器里 */
        c.add(btnCreateReader);
        c.add(btnResetPWD);
        c.add(btnSearch);
        c.add(btnDeposit);
        c.add(btnPay);
        c.add(btnEdit);
        c.add(btnDisplay);
        c.add(btnReset);
        c.add(btnDelete);

        /*给各个界面元素定位,显示位置和外观尺寸(x, y, width, height */
        btnEdit.setBounds(30,280,130,40);    //为各按钮定义
        btnResetPWD.setBounds(170,280,100,40);
        btnDeposit.setBounds(280,280,100,40);
        btnPay.setBounds(390,280,100,40);
        btnCreateReader.setBounds(530,40,90,40);
        btnSearch.setBounds(530,100,90,40);
        btnDelete.setBounds(530,160,90,40);
        btnDisplay.setBounds(530,220,90,40);
        btnReset.setBounds(530,280,90,40);

        lblReaderID.setBounds(50,10,100,40);    //为各标签定义
```

```
    lblReaderName.setBounds(50,60,100,40);
    lblReaderPwd.setBounds(50,110,100,40);
    lblNewPassword.setBounds(50,160,100,40);
    lblBalance.setBounds(300,10,100,40);
    lblDeposit.setBounds(300,60,100,40);
    lblPay.setBounds(300,110,100,40);

    lblReaderType.setBounds(50,220,80,40);
    jrbReaderType1.setBounds(140,220,50,40);
    jrbReaderType2.setBounds(220,220,80,40);
    jrbReaderType3.setBounds(340,220,80,40);

    txtReaderID.setBounds(120,10,100,40);        //为各文本框定义
    txtReaderName.setBounds(120,60,100,40);
    txtReaderPwd.setBounds(120,110,100,40);
    txtNewPassword.setBounds(120,160,100,40);
    txtBalance.setBounds(370,10,100,40);
    txtDeposit.setBounds(370,60,100,40);
    txtPay.setBounds(370,110,100,40);

    scrollPane.setBounds(50,380,550,150);
    lblPrompt.setBounds(50,330,550,40);       //操作结果提示标签
    lblPrompt.setForeground(Color.red);
    /* 采用匿名类实现了窗体标题栏上"X"按钮的关闭功能*/
    addWindowListener(new WindowAdapter(){
        public void windowClosing(WindowEvent ew)
        {
            dispose();           //关闭窗口并释放所占屏幕资源
            //System.exit(0);   //系统退出,多窗口操作时不要此句
        }
    });

    this.setBounds(300,50,650,600);//设置窗体在屏幕位置、宽度、高度
    this.setVisible(true);           //让窗体可见
    this.setResizable(false);        //让窗口不可改动大小
}

/* 重载选项事件的状态改变方法,实现点选单选钮改变读者身份 */
public void itemStateChanged(ItemEvent e)
{
    if(e.getItemSelectable() instanceof JRadioButton)

    {
        JRadioButton ck=(JRadioButton)(e.getItemSelectable());
        if(ck.isSelected())                //如果单选钮是选中的
        {
            readertype=ck.getText();        //读者身份设为单选钮标签文本
            lblPrompt.setText(readertype);//提示信息标签上显示所选的身份
        }
        else
        {
            readertype="";                  //没有按钮选中时身份为空白
        }
    }
}
```

```java
/* 重载列表框的列表选择事件的值改变方法,当点选某行时当前读者对象随之改变 */
public void valueChanged(ListSelectionEvent e)
{
    temprd=(VIPReader)jlreader.getSelectedValue();//获取当前选中的行对象

    i=readerlist.indexOf(temprd);        //获取当前对象在读者链表中的位置

    txtReaderID.setText(""+temprd.readerID);        //显示当前读者的编号
    txtReaderName.setText(temprd.getReaderName());  //显示当前读者姓名
    txtReaderPwd.setText(temprd.getReaderPwd());    //显示读者的密码
    txtBalance.setText(""+temprd.getBalance());     //显示读者的账上余额

    /* 根据当前读者身份,让对应的单选钮选中*/
    readertype=viprd.getReadergrade();
    if(readertype.equals("VIP"))
        jrbReaderType1.setSelected(true);
    else if(readertype.equals("普通会员"))
        jrbReaderType2.setSelected(true);
    else
        jrbReaderType3.setSelected(true);

    txtReaderID.setEditable(true);    //让读者编号框可编辑
    txtBalance.setEditable(false);    //让账户余额不可编辑
}
/* 重载文本框的获得焦点事件,光标进入姓名框时,自动显示读者相关信息简化输入 */
public void focusGained(FocusEvent e)
{
    if(e.getSource()==txtReaderName)
    {
        txtReaderID.setText(""+r.readerID);
        txtReaderPwd.setText(r.getReaderPwd());
        txtBalance.setText(""+r.getBalance());
        txtReaderName.setText(r.getReaderName());
    }
}
public void focusLost(FocusEvent e)//重载焦点接口的失去焦点方法
{
    //此处没用到
}

public void actionPerformed(ActionEvent evt) //动作事件,各按钮响应
{
    try
    {
        if(evt.getActionCommand().equals("创建读者"))
        {
            /* 根据界面上各文本框内容新建一个读者对象,编号自动递增*/
            viprd=new VIPReader(txtReaderName.getText(),readertype);
            r.readerID=viprd.readerID;
            viprd.readerID=Integer.parseInt(txtReaderID.getText());
            viprd.setReaderPwd(txtReaderPwd.getText());
            viprd.setBalance(Double.parseDouble(txtBalance.getText()));

            readerlist.add(viprd);    //将新建的读者对象加入链表
```

```java
            data.addElement(viprd);    //将新建的读者对象加入向量
            jlreader.setListData(data);  //将向量设定为列表框的数据源
    }
else if(evt.getActionCommand().equals("查询读者"))
{
        int findflag=0;
        String rdneme=txtReaderName.getText();
        it=readerlist.iterator();  //遍历查找法
        data.removeAllElements();
        while(it.hasNext())       //遍历器中还有记录时
        {
            temprd=it.next();   //逐个取回读者对象,查到的都会输出
            if(temprd.getReaderName().equals(rdneme))//比较书名
            {
                findflag=1;
                lblPrompt.setText("\n读者信息如下: ");
                data.addElement(temprd);
            }
        }
        if(findflag==0)
            lblPrompt.setText("\n没有查到所要的读者。");
        txtReaderID.setText(""+temprd.readerID);
        txtReaderPwd.setText(temprd.getReaderPwd());
        txtBalance.setText(""+temprd.getBalance());
        jlreader.setListData(data);
}
else if(evt.getActionCommand().equals("删除读者"))
{
        temprd=readerlist.remove(i);//删除读者链表中的当前对象
        data.removeElementAt(i);     //删除向量中的相因对象
        jlreader.setListData(data);  //列表框重新设定数据源
}
else if(evt.getActionCommand().equals("清空重来"))
{

    Reader.nextReaderID=1000;  //回复初始计数
    r.readerID=1000;            //回复初始状态
    reset();                    //清空界面
    readerlist.clear();         //清空读者链表
    data.removeAllElements();   //清空读者向量
    jlreader.setListData(data); //清空列表框内容
}

else if(evt.getActionCommand().equals("更正基本信息"))
{
    temprd.readerID=Integer.parseInt(txtReaderID.getText());
    temprd.setReaderName(txtReaderName.getText());
    temprd.setReadergrade(readertype);
    temprd.setReaderPwd(txtReaderPwd.getText());
    reset();
}
```

```java
else if(evt.getActionCommand().equals("列出读者"))
{
    data.removeAllElements();  //先清空列表框中的所以对象
    it=readerlist.iterator();  //遍历查找法
     while(it.hasNext())       //遍历器中还有记录时
      {
          temprd=it.next();  //逐个读取读者对象
          data.addElement(temprd);//将链表中的读者对象逐个加入向量
      }
    jlreader.setListData(data);
}

else if(evt.getActionCommand().equals("修改密码"))
{
    cktxt=new CheckEmpty(txtNewPassword);
    if(cktxt.check(0))
    {
        /* 原密码正确才可以设置新密码 */
       if(txtReaderPwd.getText().trim().equals(temprd.getReaderPwd()))
       {
            temprd.setReaderPwd(txtNewPassword.getText().trim());
             lblPrompt.setText(temprd.note);
       }
       else
            lblPrompt.setText("原密码不对,不可以修改新密码!");
       reset();
     }
}

else if(evt.getActionCommand().equals("充值"))
{
    cktxt=new CheckEmpty(txtDeposit);
    if(cktxt.check(1))
    {
      temprd.setBalance(Double.parseDouble(txtDeposit.getText().trim()));
      reset();    //界面信息刷新
    }
}


    else if(evt.getActionCommand().equals("支付"))
     {
        cktxt=new CheckEmpty(txtPay);
        if(cktxt.check(1))       //检查支付文本框是否为空或为负数
        {
          temprd.payRent(Double.parseDouble(txtPay.getText().trim()));
          lblPrompt.setText(temprd.note);

          reset();
        }
     }
    }
    catch(Exception e){}
}
```

```
/* 将界面刷新,各文本框内容清空,列表框显示操作后的结果*/
public void reset()
{
    txtReaderID.setText("");
    txtReaderName.setText("");
    txtReaderPwd.setText("");
    txtNewPassword.setText("");
    txtBalance.setText("");
    txtPay.setText("");
    txtDeposit.setText("");
    txtReaderID.setEditable(false);    //恢复读者编号框不可编辑
    txtBalance.setEditable(true);
    readerlist.set(i,temprd);    //修改读者链表中对应位置的对象
    data.set(i,temprd);          //修改读者向量中对应位置的对象
    jlreader.setListData(data);  //设定列表框的数据源为读者向量
}
/*调试本界面程序使用,应用程序有其它入口时,注释掉此方法*/
 public static void main(String args[])    //程序入口
{
    new ReaderGUI();          //构造一个新窗体对象
}
}
```

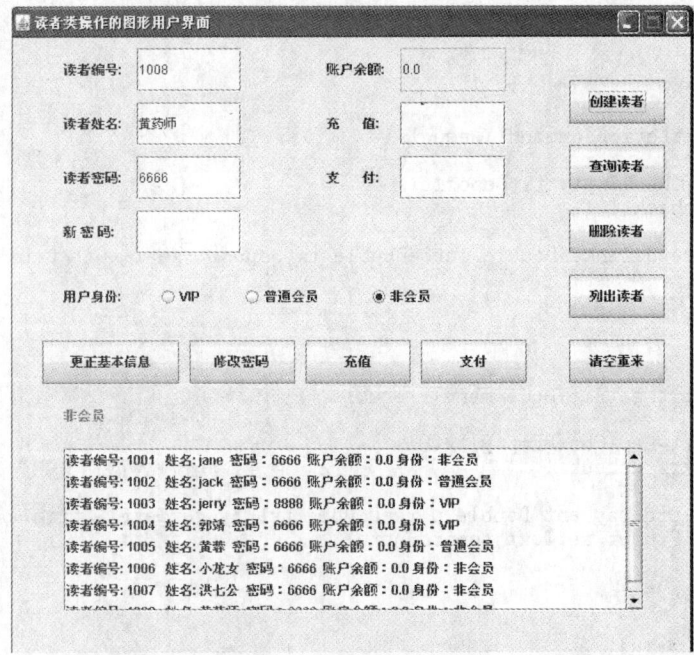

图 4-4 读者管理类运行测试结果——创建读者

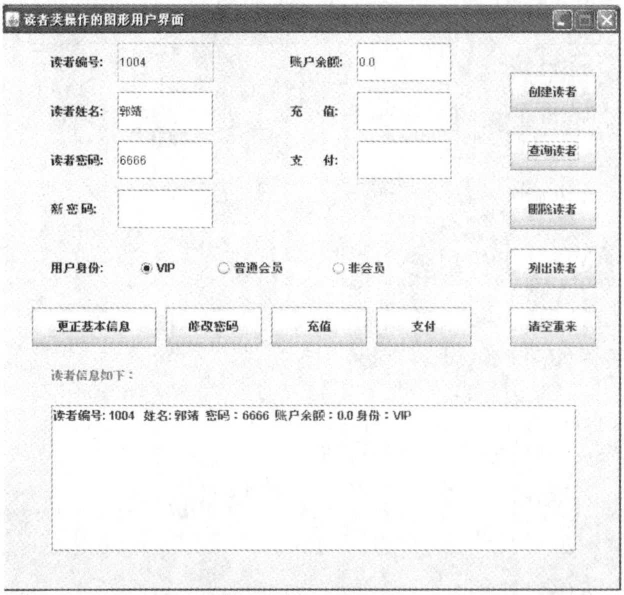

图 4-5 读者管理类运行测试结果——查询读者

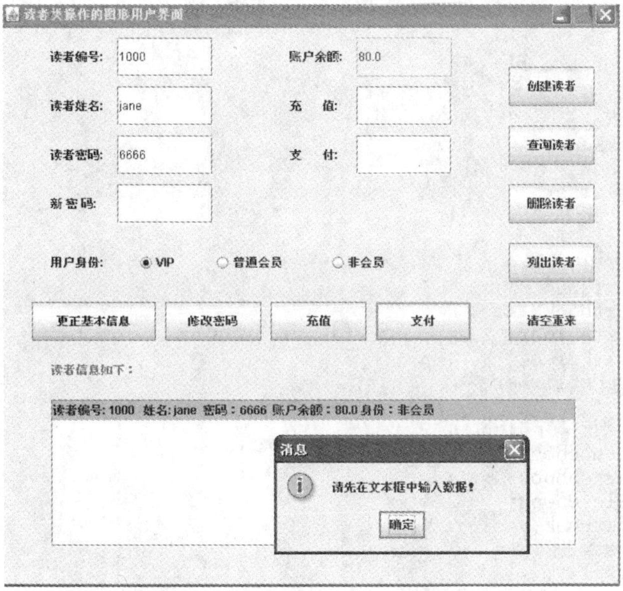

图 4-6 例 4-4 读者类运行测试结果——支付操作

根据图书类编写的图书管理用户界面设计成果如下。

```java
/*例4-4 对图书类进行操作的BookManageGUI.java
    该类继承于窗口,实现了多个接口,能实现对按钮的单击事件、
    组合框的选择事件和表格行选择事件的响应。
    与读者类用户界面主要不同之处是采用表格替代列表框显示数据存储*/
package userGUI;            //定义该类属于userGUI包
import rentbook.*;          //引入rentbook包中的所有类

import java.awt.*;          // 加载awt图形工具包
import java.awt.event.*;    // 加载awt图形工具包
import javax.swing.*;       // 加载swing图形工具包
import javax.swing.table.*; //加载swing下的table包中的类
import javax.swing.event.*; //加载swing控件对应的事件包
import java.util.*;
class BookManageGUI extends JFrame implements ActionListener,
       ItemListener, ListSelectionListener
{
    LinkedList<Book> booklist;       //保存图书信息的泛型链表
    Iterator<Book> it;               //泛型遍历器,用于遍历链表查找对象
    Book book;                       //图书对象,中间传递引用

    JTable booktable;                //定义一个显示图书信息的表格
    DefaultTableModel dModel;        //默认表格模型,内部使用Vector存储数据
    CheckEmpty cktxt;                //自定义的用于检查文本框输入不许为空或负数的类
    String publisher="高等教育出版社"; //保存出版社的字符串
    String bname;                    //保存书名
    int i=0;                         //表格中当前行号

    /* 定义几个输入、输出提示标签 */
    JLabel lblPrompt;      //操作提示信息
    JLabel lblISBN;        //图书统一编号
    JLabel lblBookName;    //书名
    JLabel lblAuthor;      //作者
    JLabel lblPublisher;   //出版社
    JLabel lblPrice;       //定价

    /* 定义几个接受用户输入的文本框 */
    JTextField  txtISBN;
    JTextField  txtBookName;
    JTextField  txtAuthor;
    JTextField  txtPrice;
    JComboBox   cbPublisher;

    /* 定义几个用户操作按钮 */
    JButton btnCreateBook;   //创建新书
    JButton btnSearchBook;   //查询
    JButton btnDeleteBook;   //删除
    JButton btnEditBook;     //修改
    JButton btnReset;        //清空界面
    JButton btnDisplay;      //列出图书

BookManageGUI()
{
    /* 图书链表初始化 */
```

```java
booklist=new LinkedList<rentbook.Book>();

this.setTitle("图书管理类操作的图形用户界面");//设置窗体标题

/* 初始化所有标签 */
lblPrompt     =new JLabel("操作信息提示 ");
lblISBN       =new JLabel("图书ISBN:");
lblBookName   =new JLabel("书    名:");
lblAuthor     =new JLabel("作    者:");
lblPrice      =new JLabel("定    价:");
lblPublisher  =new JLabel("出 版 社:");

/* 初始化所有文本框 */
txtISBN       =new JTextField();
txtBookName   =new JTextField();
txtAuthor     =new JTextField();
txtPrice      =new JTextField();
cbPublisher   =new JComboBox();

cbPublisher.addItem("高等教育出版社");
cbPublisher.addItem("清华大学出版社");
cbPublisher.addItem("南京大学出版社");
cbPublisher.addItem("中国铁道出版社");
cbPublisher.addItem("中国邮电出版社");
cbPublisher.addItem("机械工业出版社");
cbPublisher.addItem("电子工业出版社");
cbPublisher.addItem("其它出版社");

/* 初始化所有按钮 */
btnCreateBook=new JButton("创建新书");
btnSearchBook=new JButton("查询");
btnDeleteBook=new JButton("删除");
btnEditBook=new JButton("修改");
btnReset=new JButton("清空信息");
btnDisplay=new JButton("列出图书");

/* 为按钮注册事件监听器 */
btnCreateBook.addActionListener(this);
btnSearchBook.addActionListener(this);
btnDeleteBook.addActionListener(this);
btnEditBook.addActionListener(this);
btnReset.addActionListener(this);
btnDisplay.addActionListener(this);

/* 定义一个显示图书信息的表格,采用DefaultTableModel表格数据模型,
   当组件内容大于显示区域时会自动产生滚动条 */
String[] columnNames={"ISBN","书名","作者","定价","出版社"};//表格列名
String[][] data0=new String[0][0];                //表格数据源,初始化为空白

dModel=new DefaultTableModel(data0,columnNames); //定义表格的默认数据模型

booktable=new JTable(dModel);             //用默认的数据模型新建一个表格对象
booktable.setAutoscrolls(true);           //支持自动产生滚动条
booktable.setGridColor(Color.blue);       //设置表格线条颜色
booktable.setRowHeight(25);               //设置表格行高
booktable.setSelectionForeground(Color.red);//设置当前选中内容的颜色
booktable.setShowVerticalLines(false);    //Horizontal 不显示行或列分隔线
JScrollPane jstb=new JScrollPane(booktable); //将表格放入带滚动条面板中
```

```
/* 表格注册列表选取模型事件监听器 */
booktable.getSelectionModel().addListSelectionListener(this);

/* 下拉组合框注册事件监听器 */
cbPublisher.addItemListener(this);

/* 为控件定义外观和显示位置*/
Container c=getContentPane();
c.setLayout(null);    //采用空布局,调用setBounds()方法

/* 将标签加到容器里 */
c.add(lblPrompt);
c.add(lblISBN);
c.add(lblBookName);
c.add(lblAuthor);
c.add(lblPrice);
c.add(lblPublisher);

/* 将文本框加到容器里 */
c.add(txtISBN);
c.add(txtBookName);
c.add(txtAuthor);
c.add(txtPrice);
c.add(cbPublisher);

c.add(jstb);       //将表格加到容器中

/* 将按钮加到容器里 */
c.add(btnCreateBook);
c.add(btnSearchBook);
c.add(btnDeleteBook);
c.add(btnEditBook);
c.add(btnReset);
c.add(btnDisplay);

/*给各个界面元素定位 (x, y, width, height) */
btnCreateBook.setBounds(10, 280, 90, 40);   //各按钮
btnDisplay.setBounds(110, 280, 90, 40);
btnSearchBook.setBounds(210, 280, 80, 40);
btnEditBook.setBounds(300, 280, 80, 40);
btnDeleteBook.setBounds(390, 280, 80, 40);
btnReset.setBounds(480, 280, 90, 40);

lblISBN.setBounds(50, 10, 100, 40);         //各标签
lblBookName.setBounds(50, 60, 100, 40);
lblAuthor.setBounds(50, 110, 100, 40);
lblPrice.setBounds(50, 160, 100, 40);
lblPublisher.setBounds(50, 210, 100, 40);

txtISBN.setBounds(120, 10, 200, 40);        //各文本框
txtBookName.setBounds(120, 60, 400, 40);
txtAuthor.setBounds(120, 110, 400, 40);
txtPrice.setBounds(120, 160, 120, 40);
cbPublisher.setBounds(120, 210, 120, 40);   //组合框

jstb.setBounds(50, 380, 500, 150);    //带滚动条的表格外观
```

```java
        lblPrompt.setBounds(20,330,550,40);    //操作结果提示标签
        lblPrompt.setForeground(Color.red);

     /* 采用匿名类实现了窗体标题栏上"X"按钮的关闭功能*/
        addWindowListener(new WindowAdapter(){
            public void windowClosing(WindowEvent ew)
            {
                dispose();          //关闭窗口并释放所占屏幕资源
            //    System.exit(0); //系统退出,多窗口操作时不要此句
            }
        });

        this.setBounds(300,50,600,580);//设置窗体在屏幕位置、宽度、高度
        this.setVisible(true);         //让窗体可见
        this.setResizable(false);      //让窗口不可改动大小
}

/* 重载ItemListener接口的方法,组合框选择改变时,则出版社不同 */
public void itemStateChanged(ItemEvent e)  //ItemListener接口
{
    if(e.getItemSelectable() instanceof JComboBox)  //换选出版社
    {
        JComboBox cb=(JComboBox)(e.getItemSelectable());//获取组合框对象
        publisher=cb.getSelectedItem().toString();      //取得选项字符串
        lblPrompt.setText(publisher);
    }
}
/*重载ListSelectionListener接口的方法,取出表格当前行号*/
public void valueChanged(ListSelectionEvent e)
{
        i=booktable.getSelectedRow();//获取当前选中的行对象
}
public void actionPerformed(ActionEvent evt) //动作事件,各按钮响应
{
    if(evt.getActionCommand().equals("创建新书"))
    {
        cktxt=new CheckEmpty(txtPrice);
        if(cktxt.check(1))
        {
        /* 根据界面上各文本框内容新建一个图书对象,编号自动递增*/
            bname=txtBookName.getText();     //获取书名
            String isbn=txtISBN.getText();   //获取书号
            String au=txtAuthor.getText();   //获取作者
            double p=Double.parseDouble(txtPrice.getText()); //获取定价
            book=new Book(isbn,bname,au,p,publisher); //新建一个书对象
            booklist.add(book);       //将新建的图书对象加入链表
            inputData();              //将图书信息显示在下面的表格中
        }
    }
    else if(evt.getActionCommand().equals("列出图书"))
    {
        display();  //在表格中显示所有图书对象
    }
    else if(evt.getActionCommand().equals("查询"))//按书名查询, ok
```

```java
{
    cktxt=new CheckEmpty(txtBookName);
    if(cktxt.check(0))
    {
        int findflag=0;
        bname=txtBookName.getText();
        String bau=txtAuthor.getText().trim();
        it=booklist.iterator();  //遍历查找法
        reset();
        while(it.hasNext())      //遍历器中还有记录时
        {
            book=it.next();      //逐个取回图书对象,查到的都会输出
            if(book.getBookName().equals(bname))//比较书名作者名
            {
                findflag=1;
                lblPrompt.setText(" 图书信息如下: ");
                inputData();
                outputData();
            }
        }
        if(findflag==0)
            lblPrompt.setText(" 没有查到所要的图书。");
    }
}
else if(evt.getActionCommand().equals("修改"))
{
        book=booklist.get(i);        //在读者链表中获取当前位置的对象
        outputData();                //在文本框中显示对象信息
        btnEditBook.setText("保存"); //将按钮标签改为"保存"
}
else if(evt.getActionCommand().equals("保存"))
{
    cktxt=new CheckEmpty(txtPrice);
    if(cktxt.check(1))
    {
        book.setISBN(txtISBN.getText());
        book.setBookName(txtBookName.getText());
        book.setAuthor(txtAuthor.getText());
        book.setPrice(Double.parseDouble(txtPrice.getText()));
        book.setPublisher(publisher);
        booklist.set(i,book);   //修改图书链表中对应位置的对象
        display();
        lblPrompt.setText(" 成功修改图书。");
        btnEditBook.setText("修改"); //将按钮标签重新设为"修改"
    }
}
        else if(evt.getActionCommand().equals("删除"))
        {
            if(booklist.size()==0)
                lblPrompt.setText("没有图书可删! ");
            else
            {
                book=booklist.remove(i);
                dModel.removeRow(i);
                i=0;            //避免未选中表格行而点此按钮出错
                lblPrompt.setText("成功删除图书! ");
```

```java
            }
        }
        else if(evt.getActionCommand().equals("清空信息"))
        {
            booklist.clear();    //清空链表中的所有图书对象
            reset();             //清空用户界面
        }
}

/*将界面清空，各文本框及表格内容被清除*/
    public void reset()
    {
        txtISBN.setText("");
        txtBookName.setText("");
        txtAuthor.setText("");
        txtPrice.setText("");
        for (int index =dModel.getRowCount() - 1; index >= 0; index--)
        {
            dModel.removeRow(index);
        }
    }

    /*将所有图书对象的信息显示在表格中*/
    public void display()
    {
        reset();                        //清空用户界面
        it=booklist.iterator();         //遍历查找法
        while(it.hasNext())             //遍历器中还有记录时
        {
            book=it.next();             //逐个取出图书对象
            inputData();                //将图书对象逐行显示在表格里
        }
    }

/*将新建的图书对象逐行加入向量，显示在表格中*/
public void inputData()
{
  Vector<String> data=new Vector<String>();
    data.addElement(book.getISBN());
    data.addElement(book.getBookName());
    data.addElement(book.getAuthor());
    data.addElement(Double.valueOf(book.getPrice()).toString());
    data.addElement(book.getPublisher());

    dModel.addRow(data);     //将向量加入表格数据模型
}

/* 将当前图书对象的信息显示在对应文本框中，以便查看、编辑*/
public void outputData()
{
    txtBookName.setText(book.getBookName());
    cbPublisher.setSelectedItem(book.getPublisher());
    txtISBN.setText(""+book.getISBN());
    txtAuthor.setText(book.getAuthor());
    txtPrice.setText(""+book.getPrice());
}
```

```
/*调试本界面程序使用,应用程序有其它入口时,注释掉此方法*/
    public static void main(String args[])  //程序入口
    {
        new BookManageGUI();          //构造一个新窗体对象
    }
}
```

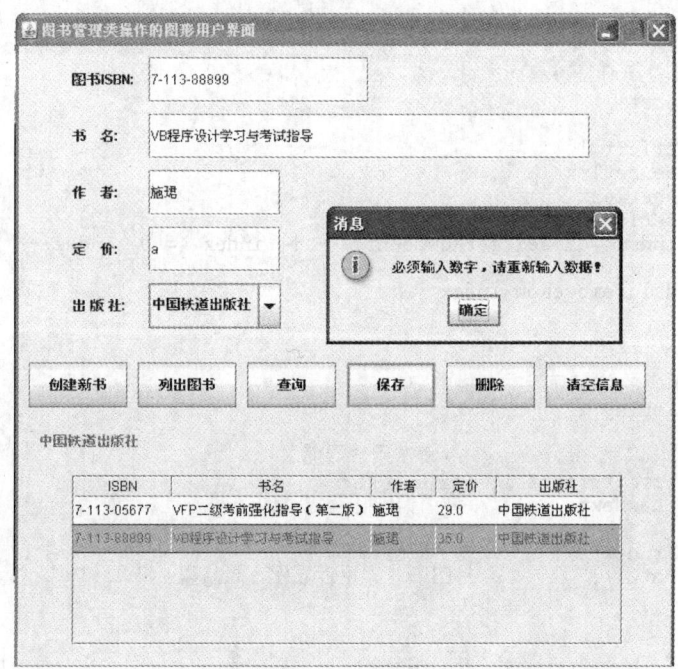

图4-7 例4-4图书管理类运行测试结果——图书信息修改

为统一进行文本框输入信息的检查,专门编写了一个用于检查文本框内容是否为空、是否为正数的通用类 CheckEmpty,源程序如下。

```
/* 专门用于判断文本框输入是否为空、是否为正数数字的类*/
package userGUI;              //定义该类属于userGUI包
import javax.swing.*;
public class CheckEmpty
{
    JTextField txtS;
    public CheckEmpty(JTextField tf)  //tf为待检查的文本框
    {
        txtS=tf;
    }
    public boolean check(int i)    //检查文本框中是否已输入数据
    {
        if(i==0)  //仅判断是否文本框为空
```

```
            if(txtS.getText().length()==0)
            {
                JOptionPane.showMessageDialog(null,"请先在文本框中输入数据！");
                return false;
            }
            else
                return true;
    else //判断是否为空、负数、数字
    {
        if(txtS.getText().length()==0)
        {
            JOptionPane.showMessageDialog(null,"请先在文本框中输入数据！");
            return false;
        }
        else
        {
            String regex="[^1234567890.]";
            if(txtS.getText().matches(regex))//正则表达式,输入必须为数字
            {
                JOptionPane.showMessageDialog(null,"必须输入数字，请重新输入数据！");
                return false;
            }
            else
            {
                if(Float.parseFloat(txtS.getText())<0)
                {
                    JOptionPane.showMessageDialog(null,"不该为负值，请重新输入数据！");
                    return false;
                }
                else
                    return true;
            }
        }
    }
}
```

**例 4-5** 在例 4-4 编写的读者类基础上，用 Access 设计一个图书数据库，新建一个与读者类属性对应的读者信息表，并通过图形用户界面将读者信息写入数据库。

**解**：本例演示如何进行 JDBC 编程，通过图形用户界面与 SQL 命令的结合，实现对数据表信息的插入、查询、修改和删除操作。

首先建立一个名为 book 的 Access 数据库，其中的 readerInfo 数据表结构如图 4-8 所示。

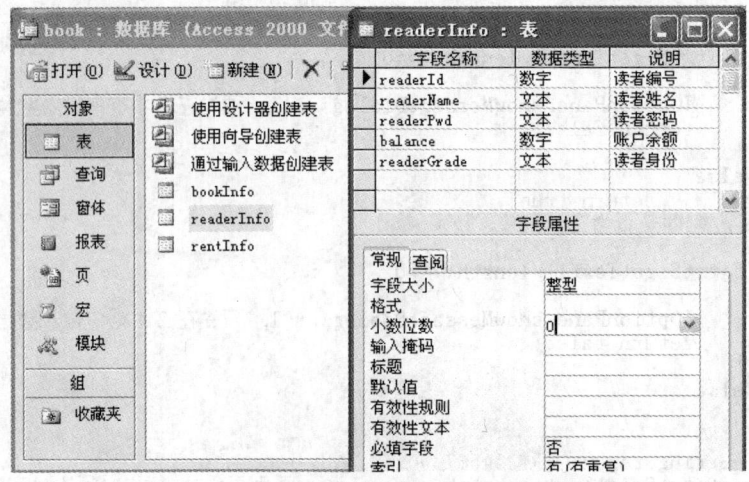

图4-8 book数据库中readerInfo数据表设计示意图

其次编写一个名为DBAccess的通用数据库访问类,实现对数据库的连接、插入、查询、删除、更新和关闭功能。

```
/* 例4-5 一个封装好的对数据库进行操作的通用类 DBAccess.java
   其它用户界面可以直接调用该类,实现查找、插入、删除、更新操作,
   数据库访问可以采用手工配置ODBC数据源方式,也可以直接用连接字符串*/
package userGUI;   // 定义系统所属包名

import java.sql.*;
import java.util.*;
public class DBAccess
{
    private Connection conn=null;
    private Statement stmt=null;
    public ResultSet rs=null;
    private PreparedStatement prestmt=null;

    /* Access数据库连接驱动程序: */
    private String driver="sun.jdbc.odbc.JdbcOdbcDriver";

    /* 数据库连接方式1:采用数据库连接字符串,含数据库类型、文件路径和名称
       private String url="jdbc:odbc:MS Access Database;
                    DBQ=D:\\java\\book.mdb"; */

    /* 数据库连接方式2:采用ODBC数据源名称访问方式 */
    private String url="jdbc:odbc:DBConn";   //自定义数据源名:DBConn

    private String user ="jane";            //数据库访问账号,可为空
    private String pwd = "123456";          //数据库访问密码,可为空
    public String notes="数据库操作提示:";
```

```java
/*实例方法1：实现数据库连接*/
public void dbconn()
{
    try
    {
        Class.forName(driver);      //加载数据库驱动程序
        conn=DriverManager.getConnection(url,user,pwd);//建立连接
        stmt=conn.createStatement();  //向数据库发送SQL语句
    }
    catch (ClassNotFoundException ec)  //捕获类对象异常
    {
        System.out.println(ec);
    }
    catch (SQLException es)         //捕获数据库异常
    {
        System.out.println(es);
    }
    catch (Exception ex)            //捕获其它异常
    {
        System.out.println(ex);
    }
}

/* 实例方法2：查询数据库记录，并返回查询结果的记录集 */
public ResultSet dbSelect(String selString)
{
    try
    {
        rs=stmt.executeQuery(selString);//执行select语句
    }
    catch (SQLException es)
    {
        System.out.println(es);
        notes="数据库查询出现异常！";
    }
    return rs;
}

/* 实例方法3：更新数据库记录，并返回操作结果提示信息 */
public String dbUpdate(String updateString)
{
    try
    {
        prestmt=conn.prepareStatement(updateString);//生成预编译
        prestmt.executeUpdate();    //执行update语句
        notes="记录更新成功！";
    }
    catch (SQLException es)
    {
        System.out.println(es);
        notes="数据库更新出现异常！";
    }
    return notes;
}
```

```java
/* 实例方法4: 插入数据库记录,并返回操作结果提示信息 */
public String dbInsert(String insertString)
{
    try
    {
        prestmt=conn.prepareStatement(insertString);
        prestmt.executeUpdate();    //执行insert语句
        notes="记录插入成功!";
    }
    catch (SQLException es)
    {
        System.out.println(es);
        notes="数据库插入出现异常!";
    }
    return notes;
}

/* 实例方法5: 删除数据库记录,并返回操作结果提示信息 */
public String dbDelete(String delString)
{
    try
    {
        prestmt=conn.prepareStatement(delString);
        prestmt.executeUpdate();    //执行delete语句
        notes="记录删除成功!";
    }
    catch (SQLException es)
    {
        System.out.println(es);
        notes="数据库删除出现异常!";
    }
    return notes;
}

/* 实例方法6: 关闭数据库连接 */
public void dbclose()
{
    if(conn!=null)
    {
        try
        {
            rs.close();         //关闭记录集
            stmt.close();       //关闭SQL语句发送
            conn.close();       //关闭数据库连接
        }
        catch (Exception e){}
    }
}
```

最后,改写了例 4-4 编写的读者类用户操作界面,增加了对数据库进行操作的相关代码,并能自动从数据库的读者信息表中读取现有最大读者编号,以免读者编号被重复添加,源程序如下:

```java
/*例4-5  结合数据库对读者类进行操作的DBReaderGUI.java
        在例4-4所写的 ReaderGUI基础上修改而来*/
package userGUI;                //定义该类属于userGUI包
import rentbook.*;              //引入rentbook包中的所有类

import java.awt.*;              //加载awt图形工具包
import java.awt.event.*;        //加载awt图形工具包
import javax.swing.*;           //加载swing图形工具包
import javax.swing.event.*;     //加载swing控件对应的事件包
import java.util.*;             //加载工具包
import java.sql.*;              //加载数据库操作包
class DBReaderGUI extends JFrame implements ActionListener,
    ItemListener,FocusListener,ListSelectionListener
{
    DBAccess db;                //封装了数据库操作的类
    String sql;                 //对数据库进行各种操作的SQL命令

    JList jlreader;    //用列表框显示读者信息,用data提供数据源

    Vector<VIPReader> data=new Vector<VIPReader>(2,1);
    VIPReader viprd,temprd;         //中间操作的读者对象
    String readertype="非会员";     //保存读者身份的字符串
    Reader r;
    int i=0;        //中间变量i表示当前操作对象在列表框中的行号
    int flag=0;     //各文本框是否要刷新的标记,0表示刷新,1不刷新
    int findflag=0; //查找记录标记,0为未查到指定记录
    CheckEmpty cktxt;//检查文本框输入,0不允许为空,1必须为数字且不为空或负数
界面元素定义见例4-4ReaderGUI类的设计,此处略。
DBReaderGUI()
{
    this.setTitle("读者类操作的图形用户界面"); //设置窗体标题

    /* 读者信息存储初始化 */

    jlreader=new JList();                //显示读者信息的列表框
    jlreader.setForeground(Color.blue);  //列表框字体设为蓝色
    jlreader.setAutoscrolls(true);       //自动带滚动条
    jlreader.addListSelectionListener(this); //为列表框注册选择事件监听器
    JScrollPane scrollPane = new JScrollPane(jlreader);//列表框放滚动面板上
    db=new DBAccess();
    r=new Reader();

控件初始化代码参见例4-4ReaderGUI类的设计,此处略。

  /* 重载选项事件的状态改变方法,实现点选单选钮改变读者身份 */
public void itemStateChanged(ItemEvent e)
{
    if(e.getItemSelectable() instanceof JRadioButton)
    {
        JRadioButton ck=(JRadioButton)(e.getItemSelectable());
        if(ck.isSelected())             //如果单选钮是选中的
        {
            readertype=ck.getText();    //读者身份设为单选钮标签文本
            lblPrompt.setText(readertype);//提示信息标签上显示所选的身份
        }
```

```java
            else
            {
                readertype="";                    //没有按钮选中时身份为空白
            }
        }
    }

    /* 重载列表框的列表选择事件的值改变方法,当点选某行时当前读者对象随之改变 */
    public void valueChanged(ListSelectionEvent e)
    {
        temprd=(VIPReader)jlreader.getSelectedValue();//获取当前选中的行对象
        i=jlreader.getSelectedIndex();                //获取当前行号
        if(flag==0)
        {
            txtReaderID.setText(""+temprd.readerID);        //显示当前读者的编号
            txtReaderName.setText(temprd.getReaderName());  //显示当前读者姓名
            txtReaderPwd.setText(temprd.getReaderPwd());    //显示读者的密码
            txtBalance.setText(""+temprd.getBalance());     //显示读者的账上余额

            /* 根据当前读者身份,让对应的单选钮选中*/
            readertype=temprd.getReadergrade();
            if(readertype.equals("VIP"))
                jrbReaderType1.setSelected(true);
            else if(readertype.equals("普通会员"))
                jrbReaderType2.setSelected(true);
            else
                jrbReaderType3.setSelected(true);

            txtReaderID.setEditable(true);    //让读者编号框可编辑
            txtBalance.setEditable(false);    //让账户余额不可编辑
        }
    }

/* 重载文本框的获得焦点事件,光标进入姓名框时,自动显示读者相关信息简化输入 */
    public void focusGained(FocusEvent e)
    {
        if(e.getSource()==txtReaderName)
        {
            txtReaderID.setText(""+r.readerID);
            txtReaderPwd.setText(r.getReaderPwd());
            txtBalance.setText(""+r.getBalance());
            txtReaderName.setText(r.getReaderName());
        }
    }
public void focusLost(FocusEvent e)//重载焦点接口的失去焦点方法
{
        //此处没用到
}
public void actionPerformed(ActionEvent evt)  //动作事件,各按钮响应
{
    if(evt.getActionCommand().equals("创建读者"))
    {
        /* 根据界面上各文本框内容新建一个读者对象,编号自动递增*/
        viprd=new VIPReader(txtReaderName.getText(),readertype);
        r.readerID=viprd.readerID;
```

```java
            viprd.readerID=Integer.parseInt(txtReaderID.getText());
            viprd.setReaderPwd(txtReaderPwd.getText());
            viprd.setBalance(Double.parseDouble(txtBalance.getText()));

            data.addElement(viprd);        //将新建的读者对象加入向量
            jlreader.setListData(data);    //将向量设定为列表框的数据源

            /*将操作结果写入数据库*/
            sql="insert into readerInfo values("+r.readerID+","
                    +txtReaderName.getText()+"','"+viprd.getReaderPwd()+"','"
                    +viprd.getBalance()+"','"+readertype+"')";
            db.dbconn();
            db.dbInsert(sql);
            lblPrompt.setText(db.notes);    //显示数据库操作结果
            db.dbclose();
        }
else if(evt.getActionCommand().equals("查询读者"))
{
        findflag=0;
        String rdname=txtReaderName.getText().trim();

        /* 从数据库中读取指定数据*/
        sql="select * from readerInfo where readerName='"+rdname+"'";
        display(sql);
        if(findflag==0)
            lblPrompt.setText("\n没有查到所要的读者。");
}
else if(evt.getActionCommand().equals("列出读者"))
{
        /* 从数据库中读取所有数据*/
        sql="select * from readerInfo";
        display(sql);
}
else if(evt.getActionCommand().equals("删除读者"))
{
        viprd=temprd;
        data.removeElementAt(i);    //删除向量中的相应对象
        data.removeElementAt(i);    //删除向量中的相应对象
        flag=1;
        jlreader.setListData(data);    //列表框重新设定数据源
        flag=0;
        /* 在数据库中删除指定数据*/
        sql="delete from readerInfo where readerId="+viprd.readerID;
        db.dbconn();
        db.dbDelete(sql);
        db.dbclose();
        lblPrompt.setText(db.notes);
}
else if(evt.getActionCommand().equals("清空重来"))
{
        Reader.nextReaderID=1000;    //恢复初始计数
        r.readerID=1000;             //恢复初始状态
        reset();                     //清空界面
```

```java
        flag=0;
        data.removeAllElements();    //清空读者向量
        jlreader.setListData(data);  //清空列表框内容

        /* 在数据库中删除所有数据 */
        sql="delete from readerInfo";
        db.dbconn();
        db.dbDelete(sql);
        db.dbclose();
        lblPrompt.setText(db.notes);
    }
    else if(evt.getActionCommand().equals("更正基本信息"))
    {
        temprd.readerID=Integer.parseInt(txtReaderID.getText());
        temprd.setReaderName(txtReaderName.getText());
        temprd.setReadergrade(readertype);
        temprd.setReaderPwd(txtReaderPwd.getText());
        viprd=temprd;
        flag=1;
        reset();
        flag=0;
        /* 在数据库中更新指定数据 */
    sql="update readerInfo set balance="+viprd.getBalance()
                +",readerName='"+viprd.getReaderName()
                +"',readerPwd='"+viprd.getReaderPwd()
                +"' where readerId="+viprd.readerID;
        db.dbconn();
        db.dbUpdate(sql);
        lblPrompt.setText(db.notes);  //显示数据库操作结果
        db.dbclose();
    }
    else if(evt.getActionCommand().equals("修改密码"))
    {
        cktxt=new CheckEmpty(txtNewPassword);
        if(cktxt.check(0))
        {
            /* 原密码正确才可以设置新密码 */
            if(txtReaderPwd.getText().trim().equals(temprd.getReaderPwd()))
            {
                temprd.setReaderPwd(txtNewPassword.getText().trim());
                viprd=temprd;
                flag=1;
                lblPrompt.setText("密码修改成功!");
            }
            else
                lblPrompt.setText("原密码不对,不可以修改新密码!");
            reset();
            flag=0;
        }
        /* 将操作结果写入数据库 */
        sql="update readerInfo set readerPwd='"+viprd.getReaderPwd()
                +"' where readerId="+viprd.readerID;
        db.dbconn();
        db.dbUpdate(sql);
        db.dbclose();
        lblPrompt.setText(db.notes);  //显示数据库操作结果
    }
```

```java
else if(evt.getActionCommand().equals("充值"))
{
    cktxt=new CheckEmpty(txtDeposit);
    if(cktxt.check(1))
    {
        temprd.setBalance(Double.parseDouble(txtDeposit.getText().trim()));
         viprd=temprd;
         flag=1;
         reset();
         flag=0;
        /* 在数据库中更新指定数据*/
        sql="update readerInfo set balance="+viprd.getBalance()
             +" where readerId="+viprd.readerID;
        db.dbconn();
        db.dbUpdate(sql);
        lblPrompt.setText(db.notes);   //显示数据库操作结果
        db.dbclose();
    }
}

    else if(evt.getActionCommand().equals("支付"))
      {
         cktxt=new CheckEmpty(txtPay);
        if(cktxt.check(1))         //检查支付文本框是否为空或为负数
          {
            temprd.payRent(Double.parseDouble(txtPay.getText().trim()));
             viprd=temprd;
             flag=1;
             reset();
             flag=0;
            /* 在数据库中更新指定数据*/
            sql="update readerInfo set balance="+viprd.getBalance()
                    +" where readerId="+viprd.readerID;
            db.dbconn();
            db.dbUpdate(sql);
            lblPrompt.setText(db.notes);   //显示数据库操作结果
            db.dbclose();
          }
      }
}

/* 将界面刷新,各文本框内容清空,列表框显示操作后的结果*/
public void reset()
{
    txtReaderID.setText("");
    txtReaderName.setText("");
    txtReaderPwd.setText("");
    txtNewPassword.setText("");
    txtBalance.setText("");
    txtPay.setText("");
    txtDeposit.setText("");
    txtReaderID.setEditable(false);   //恢复读者编号框不可编辑
    txtBalance.setEditable(true);

    data.set(i,viprd);          //修改读者向量中对应位置的对象
    jlreader.setListData(data);//设定列表框的数据源为读者向量
}
```

```java
public void display(String sql1)
{
    data.removeAllElements();    //清空列表框中的所有对象
    db.dbconn();
    db.dbSelect(sql1);
    try
    {
        while(db.rs.next())        //查到记录时
        {
            findflag=1;
            temprd=new VIPReader(db.rs.getString(2),db.rs.getString(5));
            temprd.readerID=db.rs.getInt(1);
            temprd.setReaderPwd(db.rs.getString(3));
            temprd.setBalance(db.rs.getDouble(4));
            data.addElement(temprd);//将链表中的读者对象逐个加入向量
        }
    }
    catch (SQLException es)
    {
        System.out.println(es);
    }
    lblPrompt.setText(db.notes);    //显示数据库操作结果
    db.dbclose();
    jlreader.setListData(data);
}

/* 从数据库读取最大读者编号 */
public void maxreaderID()
{
    int maxid=0;
    db.dbconn();
    sql="select top 1 readerID from readerInfo order by readerID desc";
    db.dbSelect(sql);
    try
    {
        while(db.rs.next())        //查到记录时
        {
            maxid=db.rs.getInt(1);
        }
    }
    catch (SQLException es)
    {
        System.out.println(es);
    }
    Reader.nextReaderID=maxid+1;
    lblPrompt.setText("数据库现有最大编号="+maxid);    //显示数据库操作结果
    db.dbclose();
}

/*调试本界面程序使用,应用程序有其它入口时,注释掉此方法*/
public static void main(String args[])    //程序入口
{
    new DBReaderGUI();        //构造一个新窗体对象
}
```

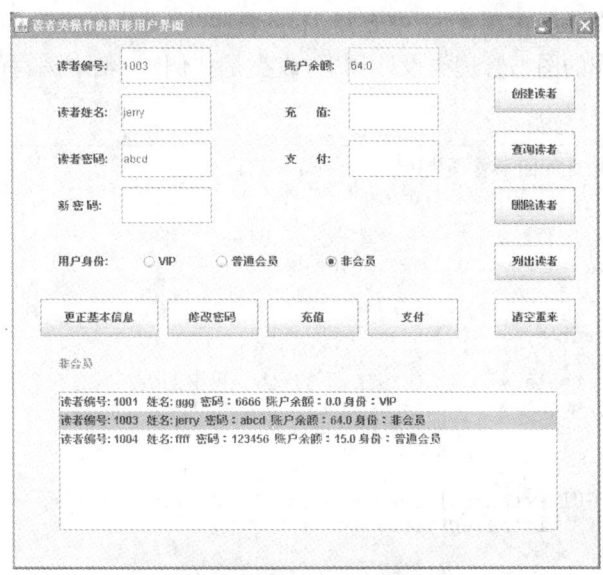

图4-9  例4-5支持数据库的读者管理类运行测试结果——读者信息修改

【综合题】

**例4-6**  在前几例的基础上,设计一个完整的图书借阅管理系统,要求用数据库存储系统信息,并完全采用图形用户操作界面,完成图书借阅各项功能。

**解:**本例演示如何综合应用Java的JDBC技术和图形用户界面控件,设计一个简单的管理信息系统,将相关的用户界面组合起来,形成一个功能较为完整的小型应用软件。

首先设计了一个基本满足图书租阅业务需求的数据库,包括3张表:readerInfo、bookInfo、rentInfo,其结构如图4-10所示。

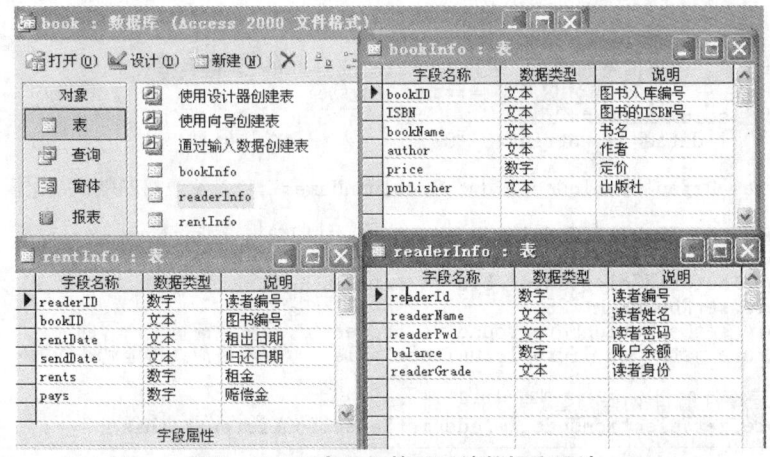

图4-10  图书租阅管理系统数据库设计

读者管理类的设计已在例4-5中介绍,不再赘述。

支持数据库操作的图书管理类设计如下,该类是在例4-4中编写的BookManageGUI基础上修改而成的。

```java
/*例4-6 支持数据库操作的图书管理类DBBookManageGUI.java
       在例4-4编写的BookManageGUI.java改写而成      */
package userGUI;           //定义该类属于userGUI包
import rentbook.*;         //引入rentbook包中的所有类

import java.awt.*;         //加载awt图形工具包
import java.awt.event.*;   //加载awt事件处理包
import javax.swing.*;      //加载swing图形工具包
import javax.swing.table.*;//加载swing下的table包中的类
import javax.swing.event.*;//加载swing控件对应的事件包
import java.sql.*;         //加载数据库操作包
import java.util.*;        //加载工具包

class DBBookManageGUI extends JFrame implements ActionListener,
      ItemListener, ListSelectionListener
{
    DBAccess db;           //封装了数据库操作的类
    String sql;            //对数据库进行各种操作的SQL命令
    RBook book;            //可租图书对象,中间传递引用

    JTable booktable;      //定义一个显示图书信息的表格
    DefaultTableModel dModel;  //默认表格模型,内部使用Vector存储数据
    CheckEmpty cktxt;      //自定义的用于检查文本框输入不许为空或负数的类
    String publisher="高等教育出版社"; //保存出版社的字符串
    String bname;          //保存书名
    int i=0;               //表格中当前行号
    int findflag=0;        //查找到记录标记

界面元素定义参见例4-4Book ManageGUI类的设计,此处略。
DBBookManageGUI()
{
    this.setTitle("图书管理类操作的图形用户界面");//设置窗体标题

    /* 数据库访问初始化 */
    db=new DBAccess();
    /* 定义一个显示图书信息的表格,采用DefaultTableModel表格数据模型,
       当组件内容大于显示区域时会自动产生滚动条 */
    String[] columnNames={"入库号","ISBN","书名","作者","定价","出版社"};
    String[][] data0=new String[0][0];     //表格数据源,初始化为空白

    dModel=new DefaultTableModel(data0,columnNames);//定义表格的默认数据模型

    booktable=new JTable(dModel);     //用默认的数据模型新建一个表格对象
    booktable.setAutoscrolls(true);   //支持自动产生滚动条
    booktable.setGridColor(Color.blue);//设置表格线条颜色
    booktable.setRowHeight(25);       //设置表格行高
    booktable.setSelectionForeground(Color.red);//设置当前选中内容的颜色
    JScrollPane jstb=new JScrollPane(booktable);//将表格放入带滚动条面板中

        /* 表格注册列表选取模型事件监听器 */
    booktable.getSelectionModel().addListSelectionListener(this);
```

控件初始化代码参见例 4-4Book ManageGUI 类的设计，此处略。

```java
/* 重载ItemListener接口的方法，组合框选择改变时，则出版社不同 */
public void itemStateChanged(ItemEvent e)  //ItemListener接口
{
    if(e.getItemSelectable() instanceof JComboBox) //换选出版社
    {
        JComboBox cb=(JComboBox)(e.getItemSelectable()); //获取组合框对象
        publisher=cb.getSelectedItem().toString();      //取得选项字符串
        lblPrompt.setText(publisher);
    }
}
/*重载ListSelectionListener接口的方法，取出表格当前行号*/
public void valueChanged(ListSelectionEvent e)
{
    i=booktable.getSelectedRow();//获取当前选中的行对象
    outputData();
}

public void actionPerformed(ActionEvent evt) //动作事件，各按钮响应
{
    if(evt.getActionCommand().equals("创建新书"))
    {
        cktxt=new CheckEmpty(txtPrice);
        if(cktxt.check(1))
        {
            /* 根据界面上各文本框内容新建一个图书对象，编号自动递增*/
            String bno=txtBookNo.getText();   //获取图书入库编号
            bname=txtBookName.getText();      //获取书名
            String isbn=txtISBN.getText();    //获取书号
            String au=txtAuthor.getText();    //获取作者
            double p=Double.parseDouble(txtPrice.getText()); //获取定价
            book=new RBook(isbn,bname,au,p,publisher,bno); //新建一个书对象

            inputData();          //将图书信息显示在下面的表格中

            /*将操作结果写入数据库*/
            sql="insert into bookInfo values('"+bno+"','"+isbn+"','"
                +bname+"','"+au+"',"
                +p+",'"+publisher+"')";
            db.dbconn();
            db.dbInsert(sql);
            lblPrompt.setText(db.notes);   //显示数据库操作结果
            db.dbclose();
        }
    }
    else if(evt.getActionCommand().equals("列出图书"))
    {
        /* 从数据库中读取所有数据*/
        sql="select * from bookInfo";
        display(sql);  //在表格中显示所有图书对象
    }
    else if(evt.getActionCommand().equals("查询"))//按书名查询，
    {
        cktxt=new CheckEmpty(txtBookName);
```

```java
            if(cktxt.check(0))
            {
                findflag=0;
                bname=txtBookName.getText();

                /* 从数据库中读取指定数据*/
                sql="select * from bookInfo where bookName='"+bname+"'";
                display(sql);

                if(findflag==0)
                    lblPrompt.setText("  没有查到所要的图书。");
            }
            txtBookName.setText(bname);
        }
        else if(evt.getActionCommand().equals("修改"))
        {
            cktxt=new CheckEmpty(txtPrice);
            if(cktxt.check(1))     //对文本框输入数据的有效性进行检查
            {
                /* 修改表格中显示的数据*/
                dModel.setValueAt((Object)txtBookNo.getText(),i,0);
                dModel.setValueAt((Object)txtISBN.getText(),i,1);
                dModel.setValueAt((Object)txtBookName.getText(),i,2);
                dModel.setValueAt((Object)txtAuthor.getText(),i,3);
                dModel.setValueAt((Object)txtPrice.getText(),i,4);
                dModel.setValueAt((Object)publisher,i,5);

                /* 在数据库中更新指定数据*/
                sql="update bookInfo set price="
                        +Double.parseDouble(txtPrice.getText())
                        +",ISBN='"+txtISBN.getText()
                        +"',bookName='"+txtBookName.getText()
                        +"',publisher='"+publisher
                        +"',author='"+txtAuthor.getText()
                        +"' where bookID='"+txtBookNo.getText()+"'";
                db.dbconn();
                db.dbUpdate(sql);
                lblPrompt.setText(db.notes);    //显示数据库操作结果
                db.dbclose();
            }
        }
        else if(evt.getActionCommand().equals("删除"))
        {
            if(dModel.getRowCount()==0)
                lblPrompt.setText("没有图书可删!");
            else
            {
                String dNo=dModel.getValueAt(i,0).toString();
                dModel.removeRow(i);
                i=0;              //避免未选中表格行而点此按钮出错
                sql="delete from bookInfo where bookID='"+dNo+"'";
                db.dbconn();
                db.dbDelete(sql);
                db.dbclose();
                lblPrompt.setText(db.notes);
            }
        }
```

```java
        else if(evt.getActionCommand().equals("清空信息"))
        {
            reset();              //清空用户界面
            sql="delete from bookInfo"; //删除数据库中记录
            db.dbconn();
            db.dbDelete(sql);
            db.dbclose();
            lblPrompt.setText(db.notes);
        }
    }
}
/*将界面清空，各文本框及表格内容被清除*/
    public void reset()
    {
        txtBookNo.setText("");
        txtISBN.setText("");
        txtBookName.setText("");
        txtAuthor.setText("");
        txtPrice.setText("");
        for (int index =dModel.getRowCount() - 1; index >= 0; index--)
        {
            dModel.removeRow(index);
        }
    }

    /* 将所有图书对象的信息显示在表格中*/
    public void display(String sql1)
    {
        reset();              //清空用户界面
        db.dbconn();
        db.dbSelect(sql1);
        try
        {
            while(db.rs.next())      //查到记录时
            {
                findflag=1;
                book=new RBook(db.rs.getString(2),db.rs.getString(3),
                    db.rs.getString(4),db.rs.getDouble(5),
                    db.rs.getString(6),db.rs.getString(1));
                inputData();      //将图书对象逐行显示在表格里
            }
        }
        catch (SQLException es)
        {
            System.out.println(es);
        }
        lblPrompt.setText(db.notes);  //显示数据库操作结果
        db.dbclose();
    }
    /*将新建的图书对象逐行加入向量，显示在表格中*/
    public void inputData()
    {
        Vector<String> data=new Vector<String>();
        data.addElement(book.getBookNo());
        data.addElement(book.getISBN());
        data.addElement(book.getBookName());
        data.addElement(book.getAuthor());
        data.addElement(Double.valueOf(book.getPrice()).toString());
```

```
        data.addElement(book.getPublisher());
        dModel.addRow(data);         //将向量加入表格数据模型
    }
    /* 将当前图书对象的信息显示在对应文本框中,以便查看、编辑*/
    public void outputData()
    {
        txtBookNo.setText(dModel.getValueAt(i,0).toString());
        txtISBN.setText(dModel.getValueAt(i,1).toString());
        txtBookName.setText(dModel.getValueAt(i,2).toString());
        txtAuthor.setText(dModel.getValueAt(i,3).toString());
        txtPrice.setText(dModel.getValueAt(i,4).toString());
        cbPublisher.setSelectedItem(dModel.getValueAt(i,5).toString());
    }
    /*调试本界面程序使用,应用程序有其它入口时,注释掉此方法*/
    public static void main(String args[])   //程序入口
    {
        new DBBookManageGUI();          //构造一个新窗体对象
    }
}
```

为验证租书和还书日期输入的合法性,专门编写了一个检查日期的类 CheckDate.java,代码如下:

```
/* 专门用于判断文本框输入是否为空、是否为正数数字的类*/
package userGUI;              //定义该类属于userGUI包
import javax.swing.*;
public class CheckDate
{
    JTextField txtS;
    public CheckDate(JTextField tf)  //tf为待检查的文本框
    {
        txtS=tf;
    }
    public boolean check()   //检查文本框中是否已输入数据
    {
        String regex="[^1234567890]";
        if(txtS.getText().length()==0)  //判断文本框是否为空
        {
            JOptionPane.showMessageDialog(null,"请先在文本框中输入数据!");
            return false;
        }
        else if(txtS.getText().matches(regex))//正则表达式,输入必须为数字
        {
            JOptionPane.showMessageDialog(null,"必须输入数字,请重新输入!");
            return false;
        }
        else if(txtS.getText().length()!=8)   //判断文本框数字长度是否为8
        {
            JOptionPane.showMessageDialog(null,"日期格式不合法!");
            return false;
        }
        else
            return true;
    }
}
```

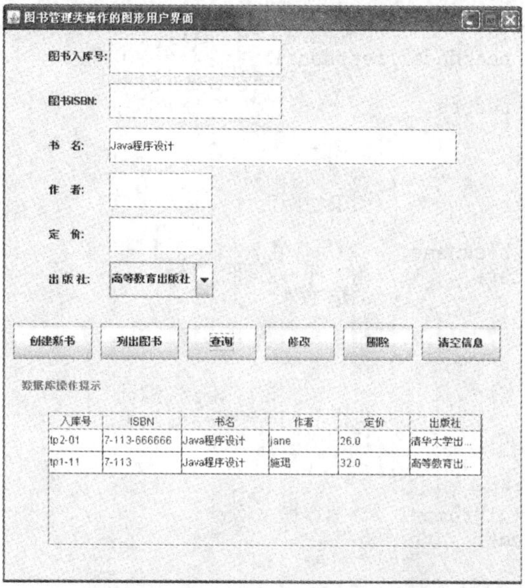

# 第 4 章 实验 4——基于图形用户界面的 JDBC 程序开发

**图 4-11 例 4-6 支持数据库的图书管理类运行测试结果——图书查询**

支持数据库操作的图书租阅管理类设计如下。

```
/*例4-6 支持数据库的图书租阅业务管理界面 DBRentBookGUI.java
    该类参考了RentBookLast.java的业务逻辑,
    并链接了作者管理界面类和图书管理界面类的对象*/
package userGUI;              // 定义该类属于userGUI包
import rentbook.*;            // 引入rentbook包中的所有类

import java.awt.*;            // 加载awt图形工具包
import java.awt.event.*;      // 加载awt事件处理包
import javax.swing.*;         // 加载swing图形工具包
import javax.swing.event.*;   // 加载swing控件对应的事件包
import javax.swing.table.*;   // 加载swing下的table包中的类
import java.util.*;
import java.sql.*;            // 加载数据库操作包
import java.util.*;           // 加载工具包
import java.util.Date;        // 加载工具包中的日期类
import java.text.*;
class DBRentBookGUI extends JFrame implements ActionListener,
      ListSelectionListener,FocusListener
{
    DBAccess db;              //封装了数据库操作的类
    String sql;               //对数据库进行各种操作的SQL命令

    DBReaderGUI dbreader;     //读者管理界面
    DBBookManageGUI dbbook;   //图书管理界面
```

```java
RentBookLast rbookprocess;        //租书管理业务对象
JTable Btable,Rtable;             //分别显示图书、借阅信息的表格
DefaultTableModel bookModel,rentModel;  //默认表格模型
JList RList;                      //显示读者信息的列表框
Vector<VIPReader> rddata;

VIPReader temprd;                 //租阅者
RBook tempbk;                     //被租阅的图书
RentBooks temprent;               //图书租阅记录

String readername,bookname;       //租用者姓名、被租图书名
String outdate,indate;            //租、还书日期
String bno;                       //被租书号
int rid;                          //租阅者编号
double rents;                     //租金
double pays;                      //赔偿金
CheckDate chd;                    //日期输入格式有效性验证
CheckEmpty che;                   //优惠活动折扣输入格式验证
int i,j,findflag;                 //标记当前选择的行号

/* 定义几个输入、输出提示标签 */
JLabel lblPrompt,lblPrompt1;      //操作提示信息
JLabel lblReaderName;             //借阅者姓名
JLabel lblReaderID;               //借阅者编号
JLabel lblBookName;               //书名
JLabel lblBookNo;                 //书入库编号
JLabel lblOutDate;                //借书日期
JLabel lblInDate;                 //还书日期
JLabel lblRentDays;               //借阅天数
JLabel lblRent;                   //租金
JLabel lblPay;                    //赔款
JLabel lblActive;                 //优惠活动

JLabel lblDeadTime;               //类变量,预定租阅期限
JLabel lblNormalRent;             //类变量,正常租阅费率
JLabel lblDelayRent;              //类变量,超期租阅费率
JLabel lblVIPPercent;             //VIP会员折扣率0.85
JLabel lblGPercent;               //普通会员折扣率0.9

/* 定义几个输入输出的文本框 */
JTextField  txtReaderName;
JTextField  txtReaderID;
JTextField  txtBookName;
JTextField  txtBookNo;
JTextField  txtOutDate;
JTextField  txtInDate;
JTextField  txtRentDays;
JTextField  txtRent;
JTextField  txtPay;
JTextField  txtActive;
JTextField  txtDeadTime;
JTextField  txtNormalRent;
JTextField  txtDelayRent;

/* 定义几个用户操作按钮 */
JButton btnReader;                //管理读者
JButton btnBook;                  //管理图书
```

```java
    JButton btnRent;          //租书
    JButton btnSent;          //还书
    JButton btnPay;           //赔书
    JButton btnSearch;        //租阅查询
    JButton btnAvtive;        //优惠活动
    JButton btnSetFee;        //设置费率
    JButton btnReset;         //清空界面与数据库中的租阅记录

    JPanel pFee;              //显示各种费率的面板

DBRentBookGUI()
{
    this.setTitle("图书租阅管理系统用户界面");//设置窗体标题

    /* 数据库访问初始化 */
    db=new DBAccess();

 /* 初始化读者管理界面和图书管理界面,
    以便租书管理时引用其中的一些信息,但初始运行设为不可见 */
    dbreader=new DBReaderGUI();
    dbbook=new DBBookManageGUI();

/* 定义一个显示租阅记录信息的表格,采用DefaultTableModel表格数据模型,
   当组件内容大于显示区域时会自动产生滚动条,表格注册列表选取模型事件监听器 */
    String[] rcolumnNames={"入库号","读者号","租出日期","归还日期",
                           "租金","赔偿金"};
    String[][] rdata=new String[0][0];      //表格数据源,初始化为空白
    rentModel=new DefaultTableModel(rdata,rcolumnNames);
    Rtable=new JTable(rentModel);           //用默认的数据模型新建一个表格对象
    Rtable.setAutoscrolls(true);            //支持自动产生滚动条
    Rtable.setGridColor(Color.blue);        //设置表格线条颜色
    Rtable.setRowHeight(25);                //设置表格行高
    Rtable.setSelectionForeground(Color.red);//设置当前选中内容的颜色
    JScrollPane jstb=new JScrollPane(Rtable);//将表格放入带滚动条面板中
    Rtable.getSelectionModel().addListSelectionListener(this);

    /* 定义一个显示图书信息的表格,直接引用图书管理类中的表格对象 */
    Btable=dbbook.booktable;
    bookModel=dbbook.dModel;
    rddata=new Vector<VIPReader>(2,1);
    JScrollPane jsBook=new JScrollPane(Btable);//将表格放入带滚动条面板中
    Btable.getSelectionModel().addListSelectionListener(this);

    /* 定义一个显示读者信息的列表框,直接引用读者管理类中的列表框对象 */
    RList=dbreader.jlreader;
    rddata=dbreader.data;
    JScrollPane scrollPane = new JScrollPane(RList);//列表框放滚动面板上
    RList.addListSelectionListener(this);

/*   初始化所有文本框 */
    txtReaderName =new JTextField();
    txtReaderID   =new JTextField();
    txtBookName   =new JTextField();
    txtBookNo     =new JTextField();
    txtOutDate    =new JTextField();
```

```java
txtInDate     =new JTextField();
txtRentDays   =new JTextField();
txtRent       =new JTextField();
txtPay        =new JTextField();
txtActive     =new JTextField("折扣格式：0.xx");

txtActive.addFocusListener(this);      //得到焦点时清空内容
txtOutDate.addFocusListener(this);     //得到焦点时显示当天日期
txtInDate.addFocusListener(this);      //得到焦点时显示当天日期

txtReaderName.addActionListener(this);//按回车显示读者详细信息
txtBookName.addActionListener(this);//按回车显示图书详细信息

/* 初始化所有标签 */
lblPrompt =new JLabel("操作提示： 借书时，首先输入读者姓名并按回车、"+
        " 输入图书名并按回车，再从下方列表中选择读者、图书，输入借书日期：");
lblPrompt1=new JLabel("还书时，先选择下方第二个表中的租阅记录，再输入还书"
        +"日期，单击还书按钮；优惠活动时，先输入折扣率，再点按钮。");
lblReaderName =new JLabel("借阅者姓名：");
lblReaderID   =new JLabel("借阅者编号：");
lblBookName   =new JLabel("借阅书名：");
lblBookNo     =new JLabel("借阅书号：");
lblOutDate    =new JLabel("借书日期：");
lblInDate     =new JLabel("还书日期：");
lblRentDays   =new JLabel("借阅天数：");
lblRent       =new JLabel("租      金：");
lblPay        =new JLabel("赔      款：");
lblActive     =new JLabel("优惠活动：");

/* 初始化所有按钮 */
btnReader=new JButton("管理读者");
btnBook  =new JButton("管理图书");
btnRent  =new JButton("租书");
btnSent  =new JButton("还书");
btnPay   =new JButton("赔书");
btnReset =new JButton("清空记录");
btnSearch =new JButton("租阅查询");
btnAvtive =new JButton("优惠活动");
btnSetFee =new JButton("设置费率");

/* 为按钮注册事件监听器 */
btnReader.addActionListener(this);
btnBook.addActionListener(this);
btnRent.addActionListener(this);
btnSent.addActionListener(this);
btnPay.addActionListener(this);
btnReset.addActionListener(this);
btnSearch.addActionListener(this);
btnAvtive.addActionListener(this);
btnSetFee.addActionListener(this);

/* 为控件定义外观和显示位置*/
Container c=getContentPane();
c.setLayout(null);    //采用空布局，以便调用setBounds()方法
```

将控件加到容器中，设置其外观和位置。

```
  c.add(scrollPane);//加入读者信息显示列表框
  c.add(jsBook);    //将图书表格加到容器中
  c.add(jstb);      //将租阅表格加到容器中

scrollPane.setBounds(60,370,740,50);   //读者列表框
jsBook.setBounds(60,430,740,90);       //图书表格
jstb.setBounds(60,530,740,150);        //租阅表格
lblPrompt.setBounds(60,330,730,20);    //操作结果提示标签
lblPrompt.setForeground(Color.red);
lblPrompt1.setBounds(130,350,700,20);  //操作结果提示标签
lblPrompt1.setForeground(Color.blue);

/* 定义一块显示费率的面板区域 */
pFee=new JPanel();
pFee.setLayout(null);
pFee.setBorder(BorderFactory.createTitledBorder("费率设置"));
pFee.setBounds(570,10,240,260);

lblDeadTime    =new JLabel("预定租阅期限:");
lblNormalRent  =new JLabel("正常租阅费率:");
lblDelayRent   =new JLabel("超期租阅费率:");
lblVIPPercent  =new JLabel("VIP会员折扣率:     0.85");
lblGPercent    =new JLabel("普通会员折扣率:    0.9");
txtDeadTime    =new JTextField();
txtNormalRent  =new JTextField();
txtDelayRent   =new JTextField();

txtDeadTime.setFont(new Font("宋体",Font.PLAIN,16));
txtDeadTime.setForeground(Color.blue);
txtNormalRent.setFont(new Font("宋体",Font.PLAIN,16));
txtNormalRent.setForeground(Color.blue);
txtDelayRent.setFont(new Font("宋体",Font.PLAIN,16));
txtDelayRent.setForeground(Color.red);

  pFee.add(lblDeadTime);
  pFee.add(lblNormalRent);
  pFee.add(lblDelayRent);
  pFee.add(txtDeadTime);
  pFee.add(txtNormalRent);
  pFee.add(txtDelayRent);
  pFee.add(lblVIPPercent);
  pFee.add(lblGPercent);

  lblDeadTime.setBounds(10,30,100,40);
  lblNormalRent.setBounds(10,80,100,40);
  lblDelayRent.setBounds(10,130,100,40);
  lblVIPPercent.setBounds(10,180,140,30);
  lblGPercent.setBounds(10,210,140,40);

  txtDeadTime.setBounds(110,30,100,40);
  txtNormalRent.setBounds(110,80,100,40);
  txtDelayRent.setBounds(110,130,100,40);
  txtDeadTime.setText(""+RentBookLast.getDeadTime());
  txtNormalRent.setText(""+RentBookLast.getNormalRent());
  txtDelayRent.setText(""+RentBookLast.getDelayRent());
  c.add(pFee);
```

```java
/* 采用匿名类实现了窗体标题栏上"X"按钮的关闭功能*/
addWindowListener(new WindowAdapter(){
    public void windowClosing(WindowEvent ew)
    {
        dispose();
        System.exit(0);    //退出系统
    }
});

this.setBounds(200,20,860,730);   //设置窗体在屏幕位置、宽度、高度
this.setVisible(true);             //让窗体可见
this.setResizable(false);          //让窗口不可改动大小
}
/*重载ListSelectionListener接口的方法,取出表格\列表框当前行号*/
public void valueChanged(ListSelectionEvent e)
{
    if(e.getSource()==RList)          //读者列表框种某行被选时
    {
        temprd=(VIPReader)RList.getSelectedValue();//获取当前选中的行对象
        rid=temprd.readerID;                    //获得读者编号
        String rtype=temprd.getReadergrade();   //获得读者身份
        txtReaderID.setText(""+rid);            //显示当前读者编号
        txtReaderName.setEditable(false);       //让读者姓名框不可编辑
        lblPrompt.setText("读者身份:"+rtype);
    }

    /* 图书表格中某行被选时,创建一个被租图书对象 */
    else if(e.getSource()==Btable.getSelectionModel())
    {
        i=Btable.getSelectedRow();                  //获取当前选中的行对象
        bno=bookModel.getValueAt(i,0).toString();   //获取图书入库编号
        String bisbn=bookModel.getValueAt(i,1).toString(); //获取图书ISBN
        String bname=bookModel.getValueAt(i,2).toString();  //获取图书名
        String bauthor=bookModel.getValueAt(i,3).toString(); //获取作者
        double bprice=Float.parseFloat(bookModel.getValueAt(i,4).toString());
        String bpublisher=bookModel.getValueAt(i,5).toString(); //获取出版社

        tempbk=new RBook(bisbn,bname,bauthor,bprice,bpublisher,bno);

        txtBookNo.setText(bno);
        txtOutDate.setText(outdate);
        txtBookName.setEditable(false);    //让图书名称不可编辑
    }

        /* 租阅记录表格中某行被选时,输出相关信息,以便进一步操作 */
        else if(e.getSource()==Rtable.getSelectionModel())
        {
            j=Rtable.getSelectedRow();            //获取当前选中的行号
            outputData();

            txtBookNo.setEditable(false);    //让图书入库号不可编辑
            txtReaderID.setEditable(false);  //让读者编号不可编辑
        }
}
```

```java
/* 重载文本框的获得焦点事件，光标进入日期框时自动显示当天日期简化输入 */
public void focusGained(FocusEvent e)
{
    String nt=new SimpleDateFormat("yyyyMMdd").format(new Date());

    if(e.getSource()==txtActive)
    {
        txtActive.setText("");
    }
    else if(e.getSource()==txtOutDate)
    {
        txtOutDate.setText(nt);
    }
    else if(e.getSource()==txtInDate)
    {
        txtInDate.setText(nt);
    }
}
public void focusLost(FocusEvent e)//重载焦点接口的失去焦点方法
{
        //此处没用到
}

/* 重载动作事件的actionPerformed()方法，各按钮响应 */
public void actionPerformed(ActionEvent evt)
{
    if(evt.getSource()==txtReaderName)   //读者姓名框按回车时
    {
        findflag=0;
        readername=txtReaderName.getText().trim();

        /* 从数据库中读取指定数据*/
        sql="select * from readerInfo where readerName='"+readername+"'";
        dbreader.display(sql);
        findflag=dbreader.findflag;
        if(findflag==0)
            lblPrompt.setText("\n没有查到所要的读者。");
    }
    else if(evt.getSource()==txtBookName) //图书名称框按回车时
    {
        findflag=0;
        bookname=txtBookName.getText().trim();

        /* 从数据库中读取指定数据*/
        sql="select * from bookInfo where bookName='"+bookname+"'";
        dbbook.display(sql);

        findflag=dbbook.findflag;
        if(findflag==0)
            lblPrompt.setText("没有查到所要的图书。");
    }
    else if(evt.getActionCommand().equals("管理读者"))
    {
        dbreader=new DBReaderGUI();
        dbreader.setVisible(true);
    }
```

```java
else if(evt.getActionCommand().equals("管理图书"))
{
    dbbook=new DBBookManageGUI();
    dbbook.setVisible(true);
}
else if(evt.getActionCommand().equals("租书"))
{
    chd=new CheckDate(txtOutDate);
    if(chd.check())          //验证租阅日期文本框输入格式
    {
        outdate=txtOutDate.getText();
        rents=0;
        pays=0;
        Vector<String> rdata=new Vector<String>();
            rdata.addElement(Integer.valueOf(rid).toString());
            rdata.addElement(bno);
            rdata.addElement(outdate);
            rdata.addElement(outdate);
            rdata.addElement(DecF.DecS(rents));
            rdata.addElement(DecF.DecS(pays));
            rentModel.addRow(rdata);

        /*将操作结果写入数据库*/
        sql="insert into rentInfo(readerID,bookID,rentDate) values("
                +rid+",'"+bno+"','"+outdate+"')";
        db.dbconn();
        db.dbInsert(sql);
        lblPrompt.setText(db.notes);   //显示数据库操作结果
        db.dbclose();
        txtBookName.setEditable(true);    //让图书名称可编辑
        txtReaderName.setEditable(true);  //让读者姓名框可编辑
    }
}
else if(evt.getActionCommand().equals("还书"))
{
    chd=new CheckDate(txtInDate);
    if(chd.check())                    //验证归还日期文本框输入格式
    {
        indate=txtInDate.getText();

        /* 新建一个租书业务类对象,以便调用其中的方法*/
        rbookprocess=new RentBookLast(tempbk,temprd,outdate,indate);
        txtRentDays.setText(""+rbookprocess.setRentDays(outdate,indate));
        try
        {
            rbookprocess.renting();  //调用图书租阅业务类的租书方法
        }
        catch (MoneyException1 e){}

        rents=rbookprocess.getallowance();//图书租阅业务类计算的优惠后租金
        lblPrompt.setText(rbookprocess.note1);
         rentModel.setValueAt((Object)indate,j,3);
         rentModel.setValueAt((Object)rents,j,4);
         txtRent.setText(""+rents);
```

```java
        /*修改数据库中指定数据*/
        sql="update rentInfo set sendDate='"+indate+"', rents="
                +rents+" where readerID="+rid;
        String sql1="update readerInfo set balance="
                +temprd.getBalance()+" where readerID="+rid;
        db.dbconn();
        db.dbUpdate(sql);
        db.dbUpdate(sql1);
        db.dbclose();
        txtBookName.setEditable(true);    //让图书名称可编辑
        txtReaderName.setEditable(true);  //让读者姓名框可编辑
    }
}
else if(evt.getActionCommand().equals("赔书"))
{
    che=new CheckEmpty(txtReaderID);
    if(che.check(0))
    {
        pays=rbookprocess.setPays();
        txtPay.setText(""+pays);
        try
        {
            rbookprocess.paying();//调用图书租阅业务类的赔偿方法
            rentModel.setValueAt((Object)pays,j,5);
        }
        catch (MoneyException2 e){}
        lblPrompt.setText(rbookprocess.note2);

        /*修改数据库中指定数据*/
        sql="update rentInfo set pays="+pays+" where readerID="+rid;
        db.dbconn();
        db.dbUpdate(sql);
        db.dbclose();
    }
}
else if(evt.getActionCommand().equals("优惠活动"))
{
    che=new CheckEmpty(txtReaderID);
    if(che.check(0))
    {
        float point=Float.parseFloat(txtActive.getText());
        rents=rents*point;
        String rentstring=DecF.DecS(rents);
        lblPrompt.setText("欢迎参加优惠活动,你的租金优惠后为: "+rentstring);
        rentModel.setValueAt((Object)rentstring,i,4);

        /*修改数据库中指定数据*/
        sql="update rentInfo set rents="+rents+" where readerID="+rid;
        db.dbconn();
        db.dbUpdate(sql);
        db.dbclose();
    }
}
```

```java
else if(evt.getActionCommand().equals("清空记录"))
{
    reset();
    if(rddata!=null)
    {
        rddata.removeAllElements(); //清空读者列表框中的所有对象
        RList.setListData(rddata);
    }
    if(bookModel!=null)
        for (int index =bookModel.getRowCount()-1; index >= 0;index--)
        {
            bookModel.removeRow(index); //清空图书表格中的所有对象
        }
    sql="delete from rentInfo"; //删除数据库中记录
    db.dbconn();
    db.dbDelete(sql);
    db.dbclose();
}
else if(evt.getActionCommand().equals("租阅查询"))
{
    che=new CheckEmpty(txtReaderID);
    if(che.check(0))
    {
        findflag=0;
        int rdno=Integer.parseInt(txtReaderID.getText());

        /* 从数据库中读取指定数据*/
        sql="select * from rentInfo where readerID="+rdno;
        display(sql);
        if(findflag==0)
            lblPrompt.setText("\n没有查到所要的租阅信息。");
    }
}

else if(evt.getActionCommand().equals("设置费率"))
{
    che=new CheckEmpty(txtDeadTime);
    if(che.check(1))          //验证预定租阅期限文本框输入格式
    {
        int newDT=Integer.parseInt(txtDeadTime.getText());
        RentBookLast.setDeadTime(newDT);
        lblPrompt.setText("费率修改成功!");
    }
    che=new CheckEmpty(txtNormalRent);
    if(che.check(1))          //验证正常租阅费率文本框输入格式
    {
        double newNR=Double.parseDouble(txtNormalRent.getText());
        RentBookLast.setNormalRent(newNR);
        lblPrompt.setText("费率修改成功!");
    }
    che=new CheckEmpty(txtDelayRent);
    if(che.check(1))          //验证超期租阅费率文本框输入格式
    {
        double newNR=Double.parseDouble(txtDelayRent.getText());
        RentBookLast.setDelayRent(newNR);
        lblPrompt.setText("费率修改成功!");
    }
}
```

```java
/*将新建的租阅记录对象逐行加入向量，显示在表格中*/
public void inputData()
{
   Vector<String> data=new Vector<String>();
   data.addElement(Integer.valueOf(temprent.getRID()).toString());
   data.addElement(temprent.getBno());
   data.addElement(temprent.getOutdate());
   data.addElement(temprent.getIndate());
   data.addElement(DecF.DecS(temprent.getRents()));
   data.addElement(DecF.DecS(temprent.getPays()));
   rentModel.addRow(data);      //将向量加入表格数据模型
}

/* 清空租阅界面信息*/
public void reset()
{
    txtReaderName.setText("");
    txtBookName.setText("");
    txtReaderID.setText("");
    txtBookNo.setText("");
    txtOutDate.setText("");
    txtInDate.setText("");
    txtRent.setText("");
    txtPay.setText("");
    if(rentModel!=null)
        for (int index =rentModel.getRowCount()-1; index>= 0; index--)
        {
            rentModel.removeRow(index); //清空租阅记录表格中的所有对象
        }
    lblPrompt.setText("重新开始操作");
}

/* 显示租阅记录表格当前选中行的信息*/
public void outputData()
{
     /* 获取租阅记录信息 */
     rid=Integer.parseInt(rentModel.getValueAt(j,0).toString());
     bno=rentModel.getValueAt(j,1).toString();       //获取被租书入库编号
     outdate=rentModel.getValueAt(j,2).toString();     //租出时间
     indate=rentModel.getValueAt(j,3).toString();      //归还时间
     rents=Double.parseDouble(rentModel.getValueAt(j,4).toString());
     pays=Double.parseDouble(rentModel.getValueAt(j,5).toString());

     /* 构建租阅记录对象 */
     temprent=new RentBooks(rid,bno,outdate,indate,rents,pays);

     txtReaderID.setText(""+rid);
     txtBookNo.setText(bno);
     txtOutDate.setText(outdate);
     txtInDate.setText(indate);
     txtRent.setText(DecF.DecS(rents));
     txtPay.setText(DecF.DecS(pays));
}

/* 显示从数据库中读取的信息*/
public void display(String sql1)
{
    reset();                      //清空用户界面
```

```java
        db.dbconn();
        db.dbSelect(sql1);
        try
        {
            while(db.rs.next())           //查到记录时
            {
                findflag=1;
                temprent=new RentBooks(db.rs.getInt(1),db.rs.getString(2),
                    db.rs.getString(3),db.rs.getString(4),
                    db.rs.getDouble(5),db.rs.getDouble(6));
                inputData();              //将图书对象逐行显示在表格里
            }
        }
        catch (SQLException es)
        {
            System.out.println(es);
        }
        lblPrompt.setText(db.notes);      //显示数据库操作结果
        db.dbclose();
}

/* 内部类：租阅记录信息实体类*/
class RentBooks
{
    private String outdate,indate;        //租、还书日期
    private String bno;                   //被租书号
    private int rid;                      //租阅者编号
    private Double rents;                 //租金
    private Double pays;                  //赔偿金
    RentBooks(int rid,String bno,String outdate, String indate,
              double rents,double pays)
    {
        this.rid=rid;
        this.bno=bno;
        this.outdate=outdate;
        this.indate=indate;
        this.rents=rents;
        this.pays=pays;
    }
    public int getRID()
    {
        return rid;
    }

    public String getBno()
    {
        return bno;
    }
    public String getOutdate()
    {
        return outdate;
    }
    public String getIndate()
    {
        return indate;
    }
```

```
    public Double getRents()
    {
        return rents;
    }
    public Double getPays()
    {
        return pays;
    }
}

    /* 应用程序入口 */
    public static void main(String args[])
    {
        new DBRentBookGUI();    //构造一个新窗体对象
    }
}
```

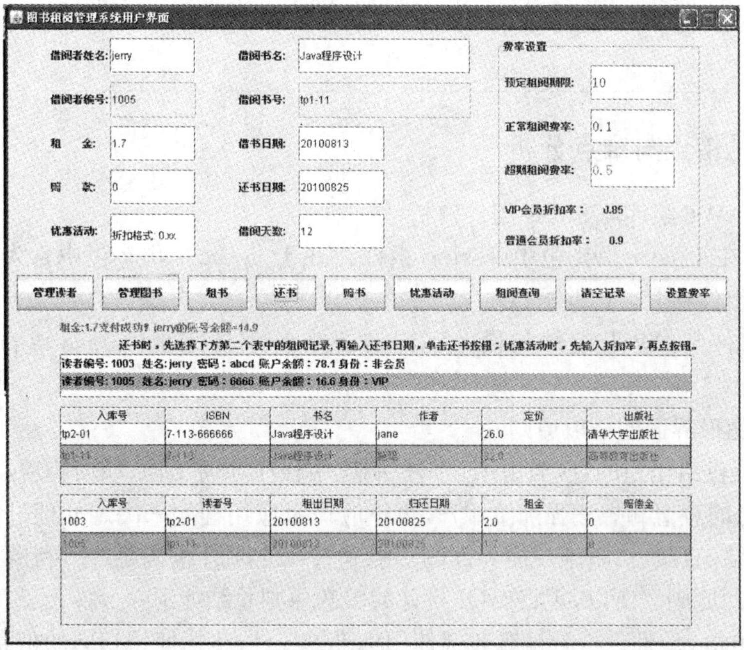

**图 4-12 支持数据库的图书租阅管理系统运行测试结果——租书、还书**

由于 Java 对 double 型数据进行处理时经常出现精度问题,小数点后的数字异常多,为控制小数点的规范显示,专门编写了一个控制 double 型数据只显示 2 位小数点的类,采用静态方法,DecF()方法返回的是字符型,DecD()方法返回的是 double 型,以便直接调用。

```java
/* 一个控制double型数据的小数点只显示2位的专用类 */
package rentbook;               //定义该类属于rentbook包

import java.text.NumberFormat;
import java.math.BigDecimal;
public class DecF
{
    public static String DecS(Double x) //类方法,便于直接调用
    {
        NumberFormat df=NumberFormat.getNumberInstance();
        df.setMaximumFractionDigits(2);
        return df.format(x);
    }
    public static double DecD(Double x)
    {
        x=new BigDecimal(x).
                setScale(2,BigDecimal.ROUND_HALF_UP).doubleValue();
        return x;
    }
}
```

### 4.2.2 常见错误与难点分析

**1. 常用 AWT 组件与 Swing 组件辨析**

AWT 存在于 java.awt 包中,Swing 组件存在于 javax.swing 包中。为了标识 Swing 组件,Swing 组件在其名称前冠以 J 字母。

Swing 组件与 AWT 组件的最大不同是:Swing 组件完全由 Java 语言实现,功能更强大。

**2. 设计图形界面的一般原则**

GUI 是提供给用户的,应当由用户来控制应用程序如何工作、如何响应,而不是由程序设计者将自己的意愿和想法强加给用户,也不应该由应用程序来决定处理过程。设计 GUI 时,应力求简洁、直接、清晰地反应界面的功能和特征。GUI 应满足"宁可让程序多干,不可让用户多干"的原则。所以,现将 GUI 设计的一般原则总结如下:

(1)界面的一致性。一致性既包括使用标准的控件,也指使用相同的信息表现方法,如字体、标签风格、颜色、术语、显示错误信息等方面确保一致。

(2)界面易用性。设计界面时,应力求简洁、直接、清晰地反映界面的功能和特征。

(3)界面规范性。通常界面设计都按 Windows 界面的规范来设计,即包含菜单栏、工具栏、按钮、右键、快捷键等。

**3. 四大布局管理器比较**

Java 的 GUI 界面定义是由 AWT 类包和 Swing 类包来完成的。它在布局管理上采用了容器和布局管理分离的方案。也就是说,容器只管将其他组件放入其中,而不管这些组件

是如何放置的。对于布局的管理交给专门的布局管理器类(LayoutManager)来完成。

Java 提供了四个常用的布局管理器类,分别是:FlowLayout、BorderLayout、GridLayout 和 Cardlayout。

表 4-1  四大布局管理器对比表

| 包 | 类 | 特　点 |
| --- | --- | --- |
| java.awt | CardLayout | 将组件象卡片一样放置在容器中,在某一时刻只有一个组件可见 |
| java.awt | FlowLayout | 将组件按从左到右而后从上到下的顺序依次排列,一行不能放完则折到下一行继续放置 |
| java.awt | GridLayout | 形似一个无框线的表格,每个单元格中放一个组件 |
| java.awt | BorderLayout | 将组件按东、南、西、北、中五个区域放置,每个方向最多只能放置一个组件 |

**4. Java 事件处理机制要点**

(1) Java 控制组件不处理事件,而是交由 java.awt.event 包中的相应类和接口完成。

(2) 委托事件模型:当某个 AWT 组件产生事件后,生成一个特定的事件类对象实例,交由事件监听者加以处理。不同的事件由不同的监听者处理,甚至有些组件可以产生多个不同的事件,即同一个组件可能委托多个监听者。将一个组件委托到特定的监听者可按照下面步骤进行:(xxx 为用户定义的组件名称,YYY 为事件名)

① 创建一个控制组件并将该组件加到某个容器中:xxx = new 组件类名;add(xxx);

② 注册监听者:xxx.add YYYListener(监听者对象);

③ 实现接口并覆盖接口中的全部方法(implements YYYListener)。

(3) Java 的事件处理编程要点

① 引入 java.awt.event 包,即事件类;

② 实现接口,甚至可以实现多个接口;

③ 覆盖接口中的全部方法,将其中不响应的方法屏蔽;

④ 不同的组件可以产生相同的事件即注册到同一个监听者上,从而执行同一个事件方法。为了分辨是哪一个组件产生了该事件,Java 提供了获取事件源的方法 getSource() 和 getActionCommand(),获取事件产生时鼠标器的位置方法 getX() 和 getY();

⑤ 取消事件注册。

**5. Java 与数据库连接方式比较**

用 Java 连接数据库主要有两种方式,一是用 JDBC-ODBC 桥来连接,二是用相关厂商提供的相应驱动程序来连接。

(1) JDBC-ODBC 桥接器:用 JdbcOdbc.Class 和一个用于访问 ODBC 驱动程序的本地库实现的。对于 Windows 平台,该本地库是一个动态连接库 DLL(JdbcOdbc.dll)。

由于 JDBC 在设计上与 ODBC 很接近。在内部,这个驱动程序把 JDBC 的方法映射到 ODBC 调用上。这样,JDBC 就可以和任何可用的 ODBC 驱动程序进行交互了。这种桥接器的优点是:它使 JDBC 目前有能力访问几乎所有的数据库。

具体操作方法为:

首先打开控制面板的管理工具,打开数据源(ODBC),在用户 DSN 里面添加数据源(即要连接的数据库的名字),在这里假定连接 SQL Server 2000 的 GoodsSupply 数据库。名称填写要连接的数据库的名称(GoodsSupply),然后逐步设置,如果选用了使用 SQL Server 密码认证的话,就要输入相应的用户名及密码连接到数据库。点击下一步设置完成。

连接数据库的关键代码:

Class.forName("sun.jdbc.odbc.JdbcOdbcDriver"); //加载驱动

Connection con=DriverManager.getConnection(url,"USER","PASSWORD"); //使用 SQL Server2000 认证

(2) 用有关厂商提供的相应驱动程序来连接:通过直接使用数据库厂商提供的专用网络协议创建的驱动程序,它可以将 JDBC API 调用转换为直接网络调用。这种调用方式一般性能比较好,而且也是实用中最简单的方法,因为它不需要安装其他的库或中间件。几乎所有的数据库厂商都为他们的数据库提供了这种 JDBC 驱动程序,也可以从第三方厂商获得这些驱动程序。

连接数据库的关键代码:

Class.forName("com.microsoft.sqlserver.jdbc.SQLServerDriver"); //加载驱动程序
//SQL Server 的登陆方式必须为使用 SQL Server 密码登录认证方式
con=DriverManager.getConnection("jdbc:microsoft:sqlserver://SERVERNAME:1433","USER","PASSWORD");

(3) Java 连接其他数据库的关键代码

① Oracle8/8i/9i 数据库(thin 模式)

Class.forName("oracle.jdbc.driver.OracleDriver").newInstance();
String url="jdbc:oracle:thin:@localhost:1521:orcl"; //orcl 为数据库的 SID
String user="test";
String password="test";
Connection conn= DriverManager.getConnection(url,user,password);

② DB2 数据库

Class.forName("com.ibm.db2.jdbc.app.DB2Driver").newInstance();
String url="jdbc:db2://localhost:5000/sample"; //sample 为数据库名
String user="admin";
String password="";

Connection conn= DriverManager. getConnection(url,user,password);

③ Sybase 数据库

Class. forName("com. sybase. jdbc. SybDriver"). newInstance();

String url =" jdbc:sybase:Tds:localhost:5007/myDB"; //myDB 为数据库名

Properties sysProps = System. getProperties();

SysProps. put("user","userid");

SysProps. put("password","user_password");

Connection conn= DriverManager. getConnection(url, SysProps);

④ Informix 数据库

Class. forName("com. informix. jdbc. IfxDriver"). newInstance();

String url = "jdbc:informix-sqli://123.45.67.89:1533/myDB:INFORMIXSERVER=myserver;user=testuser;password=testpassword"; //myDB 为数据库名

Connection conn= DriverManager. getConnection(url);

⑤ MySQL 数据库

Class. forName("org. gjt. mm. mysql. Driver"). newInstance();

String url = " jdbc:mysql://localhost/myDB? user = soft&password = soft1234&useUnicode=true&characterEncoding=8859_1" //myDB 为数据库名

Connection conn= DriverManager. getConnection(url);

⑥ PostgreSQL 数据库

Class. forName("org. postgresql. Driver"). newInstance();

String url ="jdbc:postgresql://localhost/myDB" //myDB 为数据库名

String user="myuser";

String password="mypassword";

Connection conn= DriverManager. getConnection(url,user,password);

**7. Java 数据类型与数据库字段类型比较**

表 4 - 2　Java 数据类型与数据库字段类型比较表

| Java 数据类型 | 标准 SQL 数据类型<br>（对于不同的 DB 可能有所差异） |
| --- | --- |
| byte, java. lang. Byte | tinyint |
| short, java. lang. Short | smallint |
| int, java. lang. Integer | integer |

(续表)

| Java 数据类型 | 标准 SQL 数据类型<br>（对于不同的 DB 可能有所差异） |
|---|---|
| long, java.lang.Long | bigint |
| float, java.lang.Float | float |
| double, java.lang.Double | double |
| java.math.BigDecimal | numeric |
| char, java.lang.Character | char(1) |
| boolean, java.lang.Boolean | bit |
| java.lang.String | varchar |
| boolean, java.lang.Boolean | char(1)('y' 或 'n') |
| java.util.Date, java.sql.Date | date |
| java.util.Date, java.sql.Time | time |
| java.util.Date, java.sql.Timestamp | timestamp |
| java.util.Calendar | timestamp |
| java.util.Calendar | date |
| byte[] | varbinary、blob |
| java.lang.String | clob |
| java.io.Serializable | varbinary、blob |
| java.sql.Clob | clob |
| java.sql.Blob | blob |
| java.lang.Class | varchar |
| java.util.Locale | varchar |
| java.util.TimeZone | varchar |
| java.util.Currency | varchar |

**8. 常用数据库操作语句**

Java 数据库操作基本流程：建立数据库连接—>执行 sql 语句—>处理执行结果—>释放数据库连接。操作语句示例如下：

(1) 取得数据库连接

① 用 DriverManager 取得数据库连接：

```
url = "jdbc:oracle:thin:@127.0.0.1:1521:orasvr";
uid = "system";
pwd = "manager";
Class.forName("oracle.jdbc.driver.OracleDriver");
Connection cn = DriverManager.getConnection(url,uid,pwd);
```
② 用jndi(java的命名和目录服务)方式,多用于jsp中:
```
String jndi = "jdbc/db";
Context ctx = (Context) new InitialContext().lookup("java:comp/env");
DataSource ds = (DataSource) ctx.lookup(jndi);
Connection cn = ds.getConnection();
```
(2) 执行sql语句
① 用Statement来执行sql语句:
```
String sql;
Statement sm = cn.createStatement();
sm.executeQuery(sql); // 执行数据查询语句(select)
sm.executeUpdate(sql); // 执行数据更新语句(delete、update、insert、drop等)
sm.close();
```
② 用PreparedStatement来执行sql语句:
```
String sql;
sql = "insert into user (id,name) values (?,?)";
PreparedStatement ps = cn.prepareStatement(sql);
ps.setInt(1,xxx);
ps.setString(2,xxx);
...
ResultSet rs = ps.executeQuery(); // 查询
int c = ps.executeUpdate(); // 更新
```
(3) 处理执行结果
查询语句:返回记录集ResultSet;更新语句:返回数字,表示该更新影响的记录数。
ResultSet的方法:
① next(),将游标往后移动一行,如果成功返回true;否则返回false
② getInt("id")或getSting("name"),返回当前游标下某个字段的值
(4) 释放连接:cn.close();
通常先关闭ResultSet,然后关闭Statement(或者PreparedStatement),最后关闭Connection。

除了基本流程操作外,Java数据库操作还有几个常用的重要技巧,包括可滚动、更新的记录集,批量更新和事务处理。

(1) 可滚动、更新的记录集

① 创建可滚动、更新的Statement:

Statement sm = cn.createStatement(
　　ResultSet.TYPE_SCROLL_ENSITIVE,ResultSet.CONCUR_READ_ONLY);

该Statement取得的ResultSet就是可滚动的。

② 创建PreparedStatement时指定参数:

PreparedStatemet ps = cn.prepareStatement(
　sql,ResultSet.TYPE_SCROLL_INSENSITIVE,ResultSet.CONCUR_READ_ONLY);

ResultSet.absolute(9000);

(2) 批量更新:

① Statement

　　Statement sm = cn.createStatement();

　　sm.addBatch(sql1);

　　sm.addBatch(sql2);

　　…

　　sm.executeBatch()

一个Statement对象,可以执行多个sql语句以后,批量更新。这多个语句可以是delete、update、insert等或兼有。

② PreparedStatement

　　PreparedStatement ps = cn.preparedStatement(sql);

　　{

　　　　ps.setXXX(1,xxx);

　　　　…

　　　　ps.addBatch();

　　}

　　ps.executeBatch();

一个PreparedStatement可以把一个sql语句变换参数多次执行,一次更新。

(3) 事务的处理

① 关闭Connection的自动提交:cn.setAutoCommit(false);

② 执行一系列sql语句

要点:执行每一个新的sql语句前,上一次执行sql语句的Statement(或者Prepared-

Statemet)必须先 close。

 Statement sm ;
 sm = cn. createStatement(insert into user...);
 sm. executeUpdate();
 sm. close();
 sm = cn. createStatement("insert into corp...");
 sm. executeUpdate();
 sm. close();
 ③ 提交：cn. commit();
 ④ 如果发生异常,那么回滚：cn. rollback();

**9. 数据库应用程序开发流程总结**

（1）需求分析。确定系统是用来干什么的,需要实现哪些功能,涉及到哪些数据,涉及到的数据的格式是什么,数据之间的联系是怎么样的,数据之间的约束有哪些等问题。

（2）数据库建模。使用数据库建模工具,如：ERwin、Case Studio 等,对数据库进行建模,并通过手工优化精简数据关系。

（3）数据库编程(后台)。进行数据库端程序设计,包括存储过程,触发器等。主要利用 PL/SQL 等语言工具。

（4）应用程序开发(前台)。利用 Java 语言或其他面向对象程序设计语言,实现应用程序的界面设计、功能设计等。

（5）测试。运用白盒和黑盒测试方法对应用程序的各个模块、整个系统进行测试,发现问题并解决问题。

（6）交付。

**10. 常见错误**

（1）当用 jdbc 向数据库中插入数据或从数据库中提取数据时,有时中文字符会显示为乱码。

解释：目前大多数 jdbc driver 采用本地编码格式来传输中文字符,例如中文字符"0x4175"会被转成"0x41"和"0x75"进行传输。因此我们需要对 jdbc drive 返回的字符以及要发给 jdbc driver 的字符进行转换。当用 jdbc driver 向数据库中插入数据时,需要先将 unicode 转成 native code；当 jdbc driver 从数据库中查询数据时,则需要将 native code 转换成 unicode。

（2）数据库操作过程中,执行 SQL 语句后,没有用"cn. commit();"提交。

（3）事件处理时,注册了事件监听器,但是没有编写对应的事件处理函数。如：利用 addActionListener()注册了某个事件的监听器,但是没有对应的 actionPerformed()方法来实现。

## 4.3 实验任务

**【基础题】**

(1) 选用适当的 AWT 和 Swing 组件,为第 3 章实验任务中的【提高题】第(1)题设计一个简单的图形用户界面,用于设置和显示大学生和小学生这两类学生的信息。

(2) 利用 Java 的 GUI 控件,实现一个简单的计算器应用程序界面,窗口标题为"计算器",窗口布局如图 4-13 所示,在此计算器应用程序中实现"+、一、*、/"运算的功能。

(3) 编程实现简单画图程序,单击"圆形"、"椭圆"、"矩形"、"直线"按钮,实现根据用户输入的半径、边长、颜色来绘制不同大小和颜色的图形。

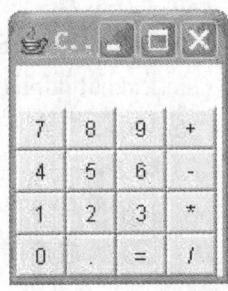

图 4-13 计算器界面

**【提高题】**

(1) 设计一个图文并茂的抢答类智力小游戏程序:单击"录入题目"按钮可通过界面录入题号、题干和答案;单击"保存题目",则将题目保存在数组或顺序表中;单击"开始游戏"按钮,可随机抽取题号并显示题干;用户可以在文本框输入答案,按回车则提交答案;利用线程实现倒计时功能,提交答案后或超时未提交答案,用对话框给出答题是否正确或显示答案。

(2) 为第 3 章实验任务中的【提高题】第(2)题设计一个合理的图形界面,用于设置销售人员各类基本信息和提成比例,并输出销售人员的基本信息、提成数额、基本工资和工资总额的信息。

(3) 参考 ATM 机的界面效果,通过图形界面实现第 3 章实验任务中的【提高题】第(3)题的各项功能。

**【综合题】**

(1) 在【基础题】第(1)题的基础上,通过界面将学生信息处理结果存入到数据库中,并可查询、显示数据库中现有学生的信息。

(2) 在第 3 章实验任务中的【综合题】基础上,选用适当的 AWT 和 Swing 组件,设计一个图形用户界面的员工管理系统,并将系统有关信息存储在数据库中,通过图形界面实现对各项信息的录入、查询、修改、删除等管理功能。

## 【题目完成要求】

同实验1。

## 4.4 实训提高

### 4.4.1 实训题目

同实验1。

### 4.4.2 实训要求

(1) 在实验3的基础上，利用Access设计一个后台数据库，将选题最终开发成与数据库相关的应用程序。每队根据选题需要设计一个Access数据库，数据库中一般不少于3个数据表，表结构与命名由组员根据系统功能自行设计；建议所有团队的数据库名字为DBInfo，JDBC数据源的名字统一用DBConn，用户名user，密码123456；以方便教师批阅。

(2) 利用AWT和Swing组件合理设计用户界面，力求操作友好、美观大方，成员之间注意保持界面风格的一致，建议用菜单组织各用户界面，并根据用户身份设定菜单的可用性。

(3) 各组员利用自己设计的用户界面进行数据采集、处理，主要包括信息录入、维护和查询等，并通过用户界面将前面实验中编写的类、方法与数据库协调调用起来。

### 4.4.3 本阶段重点任务

重点是运用AWT和Swing组件美化系统用户界面，学会运用基于JDBC的数据库编程技术，并用菜单将之前设计的所有类组织起来，形成一个完整的Java图形界面应用程序。通过本次实验全面掌握系统分析和综合运用所学知识解决问题的思路和方法。设计思路提示如下：

(1) 用什么控件接收用户输入的各种信息最简单、方便？
(2) 系统运行结果用什么控件显示最直观、清晰？
(3) 如何用菜单组织系统功能？
(4) 如何提高系统的用户友好性？
(5) 如何运用JDBC技术为系统加数据库？
(6) 全面回顾一下前面所定义的类和实现的方法是否完善？如何设计系统会更合理？
(7) 如何编写系统开发文档？

### 4.4.4 实训例题

**1. 美化设计界面**

本实训课题在各阶段设计时，已经注意保持所有界面风格的统一和美观，力求用户界面操作友好,所以此阶段无需再修改之前设计。

设计图形界面的一般原则如下:

(1) 保持风格的一致性

① 背景颜色耐看,避免黑、大红、艳绿、明黄;

② 采用统一字体,颜色对比清晰、字号大小合理;

③ 布局统一,组件尺寸恰当、外观一致。

(2) 注重操作的友好性

① 必要的操作提示与信息反馈;

② 考虑用户的普遍习惯。

(3) 选用适合主题的色调和风格,简洁明快,重在协调

① 多浏览国外著名公司的网站;

② 参考大公司开发的专业产品;

③ 商业经典色系:蓝色、灰色、蓝白、蓝灰。

(4) 界面的边界一般设为不可调整大小,以免影响布局

各位学习者可参照上述原则开展设计。

**2. 设计系统后台数据库,并编写数据库操作类**

(1) 创建系统数据库

根据实训课题的设计需要,用 MS Access 2003 创建一个名为 SchoolCard 的数据库,其中包括 3 张表:用户表 CardUsers、校园卡表 SchoolCard、校园卡操作记录表 CardUseRecords,字段名称和数据类型与前面设计的实体类完全对应,设计结果如图 4-14 所示。

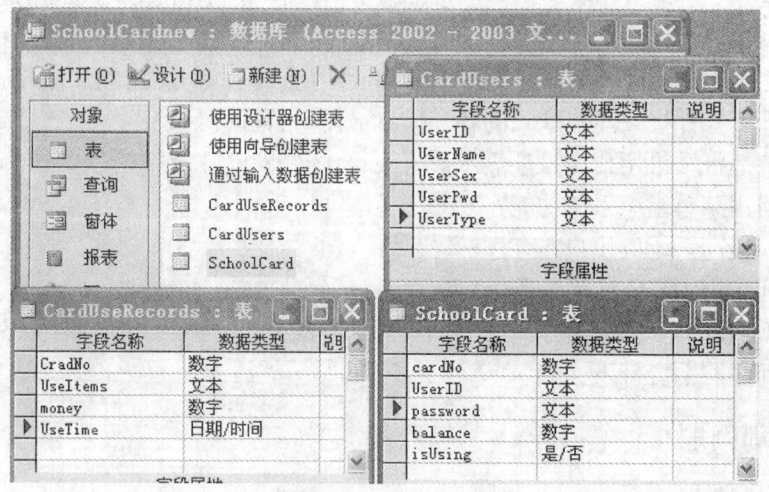

图 4-14 模拟校园卡信息管理系统数据库结构

(2) 编写数据库连接与操作类

系统采用 JDBC－ODBC 桥方式对 Access 数据库进行访问，手工建立了一个名为 CardConn 的 ODBC 数据源，编写了一个专门进行数据库访问的 DBAccess 类，包括了数据库操作的常用方法：数据库连接、查询、插入、更新、删除和关闭。DBAccess 类的代码如下：

```java
package operationGUI;
import java.sql.*;
public class DBAccess {
    private Connection conn=null;
    private Statement stmt=null;
    public ResultSet rs=null;
    private PreparedStatement prestmt=null;
      /* Access数据库连接驱动程序：*/
    private String driver="sun.jdbc.odbc.JdbcOdbcDriver";
      /* 采用ODBC数据源名称访问方式 */
    private String url="jdbc:odbc:CardConn";    //自定义数据源名：CardConn
    private String user = "jane";               //数据库访问账号，可为空
    private String pwd = "123456";              //数据库访问密码，可为空
    public String notes="数据库操作提示";
/*实例方法1：实现数据库连接*/
 public void dbconn() {
     try{
         Class.forName(driver);         //加载数据库驱动程序
         conn=DriverManager.getConnection(url,user,pwd);//建立连接
         stmt=conn.createStatement();   // 向数据库发送SQL语句
     }
     catch (ClassNotFoundException ec){ //捕获类对象异常
         System.out.println(ec);
     }
     catch (SQLException es){           //捕获数据库异常
         System.out.println(es);
     }
     catch (Exception ex){              //捕获其它异常
         System.out.println(ex);
     }
 }
```

```java
    /* 实例方法2：查询数据库记录，并返回查询结果的记录集 */
public ResultSet dbSelect(String selString){
    try {
        rs=stmt.executeQuery(selString);//执行select语句
    }
    catch (SQLException es) {
        System.out.println(es);
        notes="数据库查询出现异常！";
    }
    return rs;
}
/* 实例方法3：更新数据库记录，并返回操作结果提示信息 */
public String dbUpdate(String updateString){
    try {
        prestmt=conn.prepareStatement(updateString);//生成预编译
        prestmt.executeUpdate();    //执行update语句
        notes="记录更新成功！";
    }
    catch (SQLException es){
        System.out.println(es);
        notes="数据库更新出现异常！";
    }
    return notes;
}
/* 实例方法4：插入数据库记录，并返回操作结果提示信息 */
public String dbInsert(String insertString) {
    try{
        prestmt=conn.prepareStatement(insertString);
        prestmt.executeUpdate();   //执行insert语句
        notes="记录插入成功！";
    }
    catch (SQLException es) {
        System.out.println(es);
        notes="数据库插入出现异常！";
    }
    return notes;
}
```

```java
/* 实例方法5: 删除数据库记录,并返回操作结果提示信息 */
public String dbDelete(String delString) {
    try {
        prestmt=conn.prepareStatement(delString);
        prestmt.executeUpdate();    //执行delete语句
        notes="记录删除成功!";
    }
    catch (SQLException es) {
        System.out.println(es);
        notes="数据库删除出现异常!";
    }
    return notes;
}

/* 实例方法6: 关闭数据库连接 */
public void dbclose() {
    if(conn!=null) {
        try {
            rs.close();       //关闭记录集
            stmt.close();     //关闭SQL语句发送
            conn.close();     //关闭数据库连接
        }
        catch (Exception e) {}
    }
}
```

为进一步简化多个界面的多种数据库操作,还编写了统一的数据库操作类,调用时通过 SQL 语句和一个参数区别操作类别"查询=0、更新=1、插入=2、删除=3",代码如下:

```java
package operationGUI;

public class DBOperations {
    public DBAccess db=new DBAccess();    //封装了数据库操作的类
    String sql;                           //对数据库进行各种操作的SQL命令
    public void DBoperation(String sql,int action) {
        db.dbconn();
        switch(action) {
```

```
            case 0:
                db.dbSelect(sql);    //在数据库中查询指定数据
                break;
            case 1:
                db.dbUpdate(sql);    //在数据库中更新指定数据
                db.dbclose();
                break;
            case 2:
                db.dbInsert(sql);    //在数据库中插入指定数据
                db.dbclose();
                break;
            case 3:
                db.dbDelete(sql);    //在数据库中删除指定数据
                db.dbclose();
                break;
        }
    }
}
```

### 3. 设计系统用户登录界面

系统支持两类用户:管理员和普通用户,登录界面设计如图 4-15 所示。

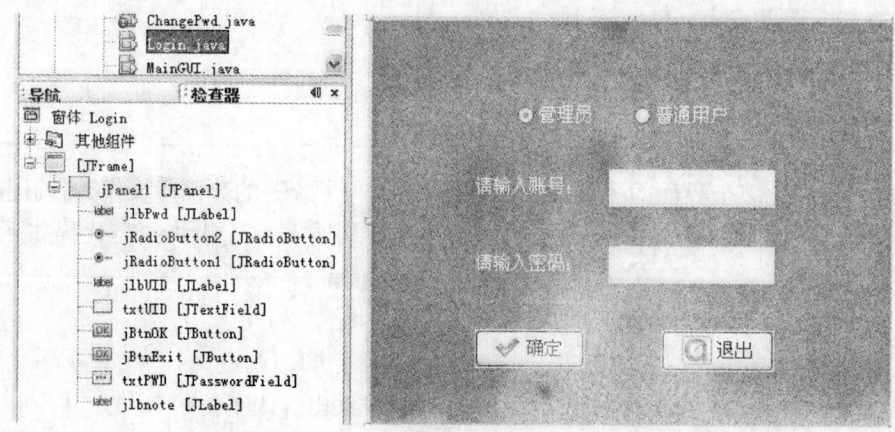

图 4-15 用户登录类的界面设计

登录界面类的实例变量定义如下:

```
DBAccess db=new DBAccess();        //定义一个数据库操作类的对象
String sql;                        //存储数据库操作命令的字符串
String chtype;                     //存储用户身份的字符串
public static CardUsers currentuser;  //存储当前系统用户的对象
```

通过"确定"按钮对用户输入的账号、密码、身份进行验证，验证通过则进入应用程序主界面，其代码如下：

```java
private void jBtnOKActionPerformed(java.awt.event.ActionEvent evt) {
    if(jRadioButton2.isSelected())    //确定用户身份
        chtype="普通用户";
    else
        chtype="管理员";
    db.dbconn();                      //连接上数据库
    sql="select * from CardUsers";    //从数据库中提取现有用户信息
    db.dbSelect(sql);
    try {
        while(db.rs.next()) {
            //如果用户号、密码、身份相符
            if(txtUID.getText().equals(db.rs.getString("UserID"))
                    && String.valueOf(txtPWD.getPassword()).
                    equals(db.rs.getString("UserPwd"))
                    && chtype.equals(db.rs.getString("UserType")))
            {   //显示用户名，并新建当前用户对象，存储有关信息便于后期利用
                currentuser=new CardUsers(txtUID.getText());
                currentuser.UserID=txtUID.getText();
                currentuser.UserPwd= String.valueOf(txtPWD.getPassword());
                currentuser.UserType=chtype;
                currentuser.UserName=db.rs.getString("UserName");
                jlbnote.setText("欢迎你： "+currentuser.UserName+" !");
                new SchoolCardMainGUI(currentuser).setVisible(true);//主界面
                this.dispose();
                db.dbclose();
                break;
            }
            else
                jlbnote.setText("账号、密码、身份不符，请检查所输信息是否正确？");
```

```
        }
    }
    catch (SQLException e)
    {System.err.print(e.toString());}
     db.dbclose();
}
```

"退出"按钮的代码如下:

```
private void jBtnExitActionPerformed(java.awt.event.ActionEvent evt) {
    dispose();
    System.exit(0);
}
```

登录界面的运行测试结果见图 4-16。

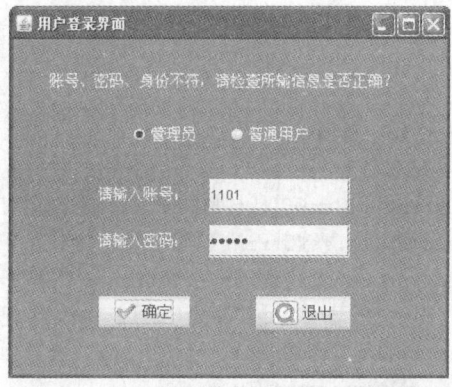

图 4-16 用户登录界面类的测试运行结果

**4. 设计系统的应用程序主窗口和菜单**

系统主窗口主要起导航作用,主菜单栏上设置了"用户管理"、"校园卡管理"、"信息查询"、"帮助"和"退出"菜单,各菜单下设若干菜单项,将之前设计的界面有机组织起来,以实现系统各项功能。系统菜单组成见图 4-17,主窗口的界面设计结果如图 4-18 所示。

在以上菜单设计中,如果登录的用户身份是"普通用户",则"注册新用户"和"办理新卡"菜单

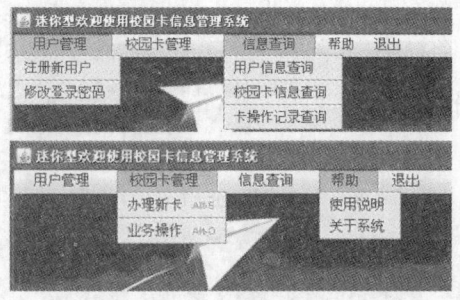

图 4-17 系统菜单组成

项将被灰化,不可进行对应操作;通过其他菜单操作时,涉及的也仅限该用户相关的卡信息。

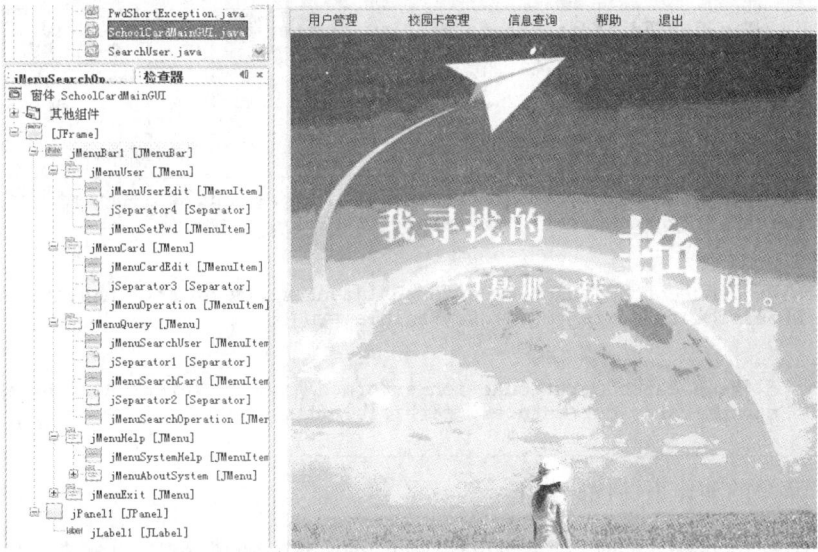

图 4-18 主窗口的界面设计

主窗口类的构造方法如下：

```
public class SchoolCardMainGUI extends javax.swing.JFrame {
    public SchoolCardMainGUI(CardUsers user) {
        initComponents();
        currentuser=user;
        if(currentuser.getUserType().equals("普通用户")){ //对普通用户
            jMenuUserEdit.setEnabled(false); //注册新用户菜单灰化
            jMenuCardEdit.setEnabled(false); //办理新卡菜单灰化
        }
    }
}
```

"用户管理"菜单的动作事件代码如下：

```
private void jMenuUserEditActionPerformed(java.awt.event.ActionEvent evt){
    new DBUserEditnew().setVisible(true);
}
private void jMenuSetPwdActionPerformed(java.awt.event.ActionEvent evt){
    new ChangePwd(currentuser).setVisible(true);
}
```

"校园卡管理"菜单的动作事件代码如下：

```
private void jMenuOperationActionPerformed(java.awt.event.ActionEvent evt){
    new DBCardOperation(currentuser).setVisible(true);
}
```

```
private void jMenuCardEditActionPerformed(java.awt.event.ActionEvent evt){
    new DBCardEditnew().setVisible(true);
}
```

"信息查询"菜单的动作事件代码如下:

```
private void jMenuSearchUserActionPerformed(java.awt.event.ActionEvent evt){
    new DBSearchUser(currentuser).setVisible(true);
}
 private void jMenuSearchCardActionPerformed(java.awt.event.ActionEvent evt){
     new DBSearchCard(currentuser).setVisible(true);
}
 private void jMenuSearchOperationActionPerformed(java.awt.event.ActionEvent evt){
     new DBSearchRecords(currentuser).setVisible(true);
}
```

"帮助"菜单的动作事件代码如下:

```
private void jMenuSystemHelpActionPerformed(java.awt.event.ActionEvent evt){
    new SystemHelp().setVisible(true);
}
private void jMenuAboutSystemActionPerformed(java.awt.event.ActionEvent evt){
    new AboutSystem().setVisible(true);
}
```

"退出"菜单的鼠标单击事件代码如下:

```
private void jMenuExitMouseClicked(java.awt.event.MouseEvent evt) {
    dispose();
    System.exit(0);
}
```

"帮助"菜单中出现的"使用说明"和"关于系统"是关于系统操作的简单说明和系统设计信息,其界面设计效果分别如图4-19、图4-20所示。

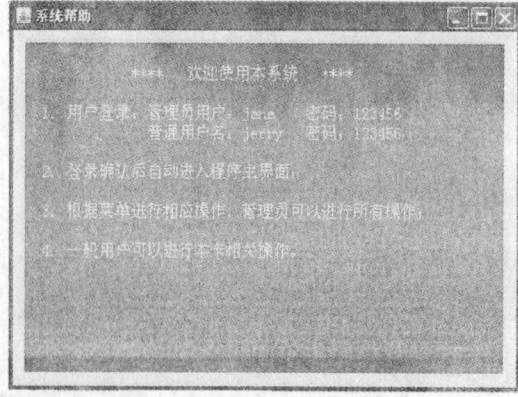

图4-19 系统帮助界面运行结果

图4-20 系统信息界面运行结果

## 5. 修改有关类程序，使其支持数据库操作

（1）用户信息录入界面

该用户界面控件设计无需任何改变，主要增加了用户信息处理过程中和数据库的交互，包括原始数据的读取和更新后数据的存储。为避免与之前的类文件混淆，将修改后的文件命名为 DBUserEditnew。

增加了支持数据库操作的实例变量：

```
//******支持数据库之后的修改
DBOperations dbo=new DBOperations();    //封装了数据库操作的类
String sqls;                            //存储各种sql语句的字符串
```

"添加"按钮的代码如下：

```
private void jbtnAddActionPerformed(java.awt.event.ActionEvent evt) {
    m.removeAllElements();              //清空数据模型中的数据
    CheckValiddate ck=new CheckValiddate(jtxtUserID);//检查文本框是否为空
    if(ck.check(0)){
        String uid=jtxtUserID.getText();        //编号文本框内容赋值给uid
        String uname=jtxtUserName.getText();    //姓名文本框内容赋值给uname
        String upwd=jtxtPwd.getText();          //密码文本框内容赋值给upwd
        try{
            user=new CardUsers(uid,uname,usex,upwd,utype); //新建用户对象
        }
        catch(PwdShortException e){}    //如果密码长度不够6位则抛出异常
        userlist.add(user);             //将对象user加入顺序表userlist中
        for(int j=0;j<userlist.size();j++){
            m.addElement(userlist.get(j));  //将用户顺序表中的对象逐个加入
        }
        jlistUser.setModel(m);          //设置列表框的数据模型
        //****数据库操作******
        sqls="insert into CardUsers values('"+uid+"','"+uname+"','"
            +usex+"','"+upwd+"','"+utype+"')";
        dbo.DBoperation(sqls,2);        //记录插入数据库
    }
}
```

"删除"按钮的代码如下：

```java
private void jbtnDeleteActionPerformed(java.awt.event.ActionEvent evt) {
    String uid=userlist.get(i).getUserID();
    userlist.remove(i);               //删除顺序表中当前对象
    m.removeElementAt(i);             //删除当前行
    jlistUser.repaint();              //列表框刷新
       //****数据库操作******
    sqls="delete from CardUsers where UserID='"+uid+"'";
    dbo.DBoperation(sqls,3);          //从数据库删除记录
}
```

"查询"按钮的代码如下:

```java
private void jbtnSearchActionPerformed(java.awt.event.ActionEvent evt) {
    m.removeAllElements();            //先清空数据模型中的对象
     String uid=jtxtUserID.getText().trim();
     //****数据库操作******
    if(uid.length()==0)
       sqls="select * from CardUsers";
    else
        sqls="select * from CardUsers where UserID='"+uid+"'";
    dbo.DBoperation(sqls,0);          //从数据库查找记录
    try{
        while(dbo.db.rs.next()){      //遍历数据库中的记录
           try{
               user=new CardUsers(dbo.db.rs.getString(1),
                     dbo.db.rs.getString(2),dbo.db.rs.getString(3),
                     dbo.db.rs.getString(4),dbo.db.rs.getString(5));
           }
           catch(PwdShortException e){}
           m.addElement(user);        //将查到的对象逐个加入数据模型
           userlist.add(user);        //将对象user加入顺序表userlist中
        }
    }
    catch(SQLException e){}
    dbo.db.dbclose();
    jlistUser.setModel(m);            //列表框刷新
}
```

其余代码没有变化。
(2) 校园卡信息录入界面

在该界面设计上,仅将"对卡进行其他业务处理"按钮换成了标签,用于提示数据库操作结果,并增加了信息处理过程中和数据库的交互,包括原始数据的读取和更新后数据的存储。为避免与之前的类文件混淆,将修改后的文件命名为 DBCardEditnew。

修改后的实例变量定义如下:

```
SchoolCard card;                //新建的校园卡对象
CardUsers user;                 //用户对象
public ArrayList<SchoolCard> cardlist=new ArrayList<SchoolCard>();//卡列表
ArrayList<CardUsers> userlist=new ArrayList<CardUsers>();   //用户列表
DefaultListModel mc=new DefaultListModel();   //校园卡列表框的数据模型
DefaultListModel mu=new DefaultListModel();   //用户列表框的数据模型
int i;                          //列表框当前行号
boolean cardState=true;         //默认卡状态为可用
//*****支持数据库之后的修改
 DBOperations dbo=new DBOperations();  //封装了数据库操作的类
 String sqls;                   //存储各种sql语句的字符串
```

构造方法如下:

```
public class DBCardEditnew extends javax.swing.JFrame {
    public DBCardEditnew() {
        initComponents();
        maxreaderID();     //从数据库读取现有最大卡号,以免与新卡重复
    }
public final void maxreaderID()   // 从数据库读取最大校园卡编号
{    int maxid=0;
    sqls="select top 1 CardNo from SchoolCard order by CardNo desc";
    dbo.DBoperation(sqls,0);
    try {
        while(dbo.db.rs.next()){       //查到记录时
            maxid=dbo.db.rs.getInt(1);  //获得最大卡号
            SchoolCard.NextCardNo=maxid;
        }
    }
    catch (SQLException es){
```

```
            System.out.println(es);
        }
    dbo.db.dbclose();
    //起始卡号框显示数据库当前最大卡号
    jtxtStartNo.setText(String.valueOf(SchoolCard.NextCardNo));
     card=new SchoolCard();        //以现有最大卡号为起点,继续创建新卡
}
```

"删除"按钮的代码如下:

```
private void jbtnDeleteActionPerformed(java.awt.event.ActionEvent evt) {
    int cno=cardlist.get(i).cardNo;
    cardlist.remove(i);              //删除顺序表中当前对象
    mc.removeElementAt(i);           //删除当前行
    jlistCard.repaint();             //列表框刷新
       //****数据库操作******
    sqls="delete from SchoolCard where CardNo="+cno;
    dbo.DBoperation(sqls,3);         //从数据库删除记录
    jlbNote.setText(dbo.db.notes);
}
```

"查看现有用户"按钮的代码如下:

```
private void jbtnLookUsersActionPerformed(java.awt.event.ActionEvent evt) {
      getUserFromDB();              //从数据库读取现有用户信息
      mu.removeAllElements();       //创建列表框数据模型
      mu.addElement("用户编号 |  姓名 | 密码  ");    //为列表框第一行加标头
       //将用户表中所有的户号、姓名、密码逐行加入数据模型
      for (int j = 0; j < userlist.size(); j++) {
          mu.addElement(userlist.get(j).getUserID()+" | "
                  +userlist.get(j).getUserName()+" | "
                  +userlist.get(j).getUserPwd());
      }
      jlistUsers.setModel(mu);       //列表框数据设置为mu
}
```

```
public void getUserFromDB(){        //从数据库读取现有用户信息
    userlist.clear();
    sqls="select * from CardUsers";
    dbo.DBoperation(sqls,0);        //从数据库查找记录
    try{
        while(dbo.db.rs.next()){    //遍历数据库中的记录
            try{
                user=new CardUsers(dbo.db.rs.getString(1),
                    dbo.db.rs.getString(2),dbo.db.rs.getString(3),
                    dbo.db.rs.getString(4),dbo.db.rs.getString(5));
            }
            catch(PwdShortException e){}
            userlist.add(user);     //将对象user加入顺序表userlist中
        }
    }
    catch(SQLException e){}
    dbo.db.dbclose();
}
```

"添加"按钮的代码如下:

```
private void jbtnAddActionPerformed(java.awt.event.ActionEvent evt) {
    CheckValiddate ck=new CheckValiddate(jtxtUserID);//检查文本框是否为空
    if(ck.check(0)){
        String uid=jtxtUserID.getText();     //获取用户编号文本框内容赋值给uid
        String upwd=String.valueOf(jtxtPwd.getPassword());//获取密码框内容
        card=new SchoolCard(uid,upwd);       //新建一个校园卡对象
        jtxtBalance.setText(String.valueOf(card.getBalance()));
        jcbCardState.setSelected(card.getCardState());
        cardlist.add(card);   //将对象card加入顺序表cardlist中
        mc = new DefaultListModel();
        for (int j = 0; j < cardlist.size(); j++) {
            mc.addElement(cardlist.get(j));
        }
        jlistCard.setModel(mc);      //列表框数据设置为cardlist
        //******数据库操作******
        sqls="insert into SchoolCard values("+card.getCardNo()+",'"+uid+"','"
            +upwd+"',"+card.getBalance()+","+card.getCardState()+")";
```

```
        dbo.DBoperation(sqls,2);       //记录插入数据库
        jlbNote.setText(dbo.db.notes);
    }
}
```

"查询"按钮的代码如下:

```
private void jbtnSearchActionPerformed(java.awt.event.ActionEvent evt) {
    int j=0;
    mc.removeAllElements();                    //先清空数据模型中的元素
    long cno=Long.parseLong(jtxtCardNo.getText());
    //****数据库操作******
    sqls="select * from SchoolCard where CardNo="+cno;
    dbo.DBoperation(sqls,0);      //从数据库查找记录
    try{
        while(dbo.db.rs.next()){     //遍历数据库中的记录
            try{
                card=new SchoolCard(dbo.db.rs.getString(2),
                                    dbo.db.rs.getString(3));
                card.cardNo=dbo.db.rs.getInt(1);
                card.setState(true);  //先将卡置为有效,以便deposit()方法可用
                card.deposit(dbo.db.rs.getDouble(4));  //用此方法设置卡上余额
                card.setState(dbo.db.rs.getBoolean(5));//将卡状态还原为本来状态
            }
            catch(UseStateException e){}
            mc.addElement(card);   //将查到的对象逐个加入数据模型
            cardlist.add(card);    //将对象card加入顺序表cardlist中
        }
    }
    catch(SQLException e){}
    dbo.db.dbclose();
    jlbNote.setText(dbo.db.notes);
    jlistCard.setModel(mc);        //列表框刷新
}
```

其余代码没有变化。

(3) 校园卡业务处理界面

在校园卡业务处理类的界面设计上没有任何改动,仅增加了信息处理过程中和数据库

的交互,包括原始数据的读取和更新后数据的存储。为避免与之前的类文件混淆,将修改后的文件命名为 DBCardOperation。

修改后的实例变量定义如下:

```
SchoolCard card;              //卡对象
CardUseRecords record;        //使用记录对象
ArrayList<CardUseRecords> uselist=new ArrayList<CardUseRecords>();
public ArrayList<SchoolCard> cardlist=new ArrayList<SchoolCard>();
DefaultListModel mu;          // 列表框的数据模型
boolean cardState=false;      // 初始卡状态变量的值
double money=0;               // 初始操作金额变量的值
String item="";               // 初始操作名目的值
String utime;                 // 操作时间
long cno;                     // 卡号变量
int i=0,j=0;                  // 列表框当前行号
//*****支持数据库之后的修改
DBOperations dbo=new DBOperations();  //封装了数据库操作的类
String sqls;                          //存储各种sql语句的字符串
CardUsers currentuser;                //当前用户
```

修改后的构造方法如下:

```
public DBCardOperation(CardUsers cu) {
    initComponents();
    currentuser=cu;
    getDataFromDB(); // 如当前用户为普通用户,则获取其校园卡信息
}

public final void getDataFromDB(){ //从数据库中提取当前普通用户的校园卡信息
    if(currentuser.getUserType().equals("普通用户")){
        sqls="select * from SchoolCard where UserID='"
                +currentuser.getUserID()+"' and isUsing=true";
        dbo.DBoperation(sqls,0);
        try{
            if(dbo.db.rs.next()){
                card=new SchoolCard(dbo.db.rs.getString(2),
                            dbo.db.rs.getString(3));
                card.cardNo=dbo.db.rs.getInt(1);          //获得卡号
                card.deposit(dbo.db.rs.getDouble(4));     //获得账号余额
                card.setState(dbo.db.rs.getBoolean(5));   //获得卡的状态
                cardlist.add(card);
                jtxtUserID.setText(card.getUserID());     //显示用户号
```

```java
                    jtxtPwd.setText(card.getPassword());        //显示密码
                    jtxtBalance.setText(""+card.getBalance());
                    jcbCardState.setSelected(card.getCardState());
                    jtxtCardNo.setText(String.valueOf(card.cardNo));
                    cno=card.cardNo;
                    jtxtCardNo.setEditable(false);
                }
                else
                    JOptionPane.showMessageDialog(null,"数据库中无可用卡，"
                            + "请先办理新卡。");
            }
        catch(UseStateException e){}
        catch (SQLException e){ System.err.print(e.toString());}
        dbo.db.dbclose();
    }
}
```

"查询"按钮的代码如下：

```java
private void jbtnSearchActionPerformed(java.awt.event.ActionEvent evt) {
    cno=Long.parseLong(jtxtCardNo.getText()); //获取待查的卡号
    int k=0,flag=0;
    mu = new DefaultListModel();      //创建列表框数据模型
    sqls="select * from CardUseRecords where CardNo="+cno;
    dbo.DBoperation(sqls,0);          //从数据库中查询记录
     try{
        while(dbo.db.rs.next()){       //遍历数据库中的记录
            record=new CardUseRecords(dbo.db.rs.getInt(1),
                dbo.db.rs.getString(2),dbo.db.rs.getDouble(3),
                dbo.db.rs.getString(4));
            mu.addElement(card); //将查到的对象逐个加入数据模型
            cardlist.add(card); //将对象card加入顺序表cardlist中
            flag=1;
        }
    }
    catch(SQLException e){}
    dbo.db.dbclose();
    if(flag==0)
    jlbNote.setText("没有查到该卡的使用信息！");
    jlistRecord.setModel(mu);    //列表框数据设置为mu
}
```

"删除"按钮的代码如下：

```java
private void jbtnDeleteActionPerformed(java.awt.event.ActionEvent evt) {
    sqls="delete from CardUseRecords where CardNo="+
            uselist.get(i).getCardNo();
    dbo.DBoperation(sqls,3);         //删除数据库中记录
    jlbNote.setText(dbo.db.notes);
    uselist.remove(i);                //删除顺序表的元素
    mu.removeElementAt(i);            //删除当前行
    jlistRecord.repaint();            //列表框刷新
}
```

"修改密码"按钮的代码如下：

```java
private void jbtnChaPwdActionPerformed(java.awt.event.ActionEvent evt) {
  item="修改密码";
  CheckValiddate ck=new CheckValiddate(jtxtPwdnew);//验证消费框输入内容
  if(ck.check(0)){
    try{
            String npwd=String.valueOf(jtxtPwdnew.getPassword());
            card.setPassword(npwd);         //调用卡的修改密码方法
            jtxtPwd.setEchoChar((char)0);   //将密码框恢复为明码显示
            jtxtPwd.setText(card.getPassword()); //显示改后的密码
            money=0;
            sqls="update SchoolCard set password='"+card.getPassword()
                    +"' where CardNo="+cno;
            save(sqls);                     //将操作记录保存下来
        }
    catch(UseStateException e){} //如果卡已挂失,执行时抛出此异常
  }
}
```

"消费"按钮的代码如下：

```java
private void jbtnConsumeActionPerformed(java.awt.event.ActionEvent evt) {
    item="消费";
    CheckValiddate ck=new CheckValiddate(jtxtConsume);//验证消费框输入内容
    if(ck.check(1)){
      try{
          money=Double.valueOf(jtxtConsume.getText());
          card.consume(money);   //调用卡的消费方法
```

```java
        sqls="update SchoolCard set balance="+card.getBalance()
                +" where CardNo="+cno;
        save(sqls);                //将操作记录保存下来
    }
    catch(UseStateException e){}//如果卡已挂失,执行时抛出此异常
}
```

"充值"按钮的代码如下:

```java
private void jbtnDepositActionPerformed(java.awt.event.ActionEvent evt) {
    item="充值";
    CheckValiddate ck=new CheckValiddate(jtxtDeposit); //验证充值框输入内容
    if(ck.check(1)){
        try{
            money=Double.valueOf(jtxtDeposit.getText());
            card.deposit(money); //调用卡的充值方法
            sqls="update SchoolCard set balance="+card.getBalance()
                    +" where CardNo="+cno;
            save(sqls);                //将操作记录保存下来
        }
        catch(UseStateException e){}//如果卡已挂失,执行时抛出此异常
    }
}
```

"挂失"、"激活"按钮的代码如下:

```java
private void jbtnLostActionPerformed(java.awt.event.ActionEvent evt) {
    item="卡挂失";
    money=0;
    card.setState(false); //将卡状态设为false
    jcbCardState.setSelected(false);   //将显示状态的复选框去勾
    sqls="update SchoolCard set isUsing=false where CardNo="+cno;
    save(sqls);                //将操作记录保存下来
}

private void jbtnReuseActionPerformed(java.awt.event.ActionEvent evt) {
    item="卡激活";
    money=0;
    card.setState(true); //将卡状态设为true
    jcbCardState.setSelected(true);    //将显示状态的复选框勾上
```

```java
        sqls="update SchoolCard set isUsing=true where CardNo="+cno;
        save(sqls);                    //将操作记录保存下来
}
//自定义一个search()方法,在卡信息表里查找对应卡号是否存在
public boolean search(long no){
        int flag=0;
        sqls="select * from SchoolCard where CardNo="
                    +no+" and isUsing=true";
         dbo.DBoperation(sqls,0);
         try{
             if(dbo.db.rs.next()){
                 card=new SchoolCard(dbo.db.rs.getString(2),
                                 dbo.db.rs.getString(3));
                  jlbNote.setText(card.toString());
                 card.cardNo=dbo.db.rs.getInt(1);
                 card.deposit(dbo.db.rs.getDouble(4));
                 card.setState(dbo.db.rs.getBoolean(5));
                 flag=1;
             }
          }
        catch(UseStateException e){}
        catch (SQLException e){ System.err.print(e.toString());}
        dbo.db.dbclose();
    if(flag==1)
        return true;
    else
        return false;
}
public void save(String sql){    //保存操作记录的方法
    getTime();
    record=new CardUseRecords(cno,item,money,utime);//新建一个卡使用记录对象
        //将对象record加入数组uselist中
    uselist.add(record);
    mu = new DefaultListModel();          //创建列表框数据模型
    int k=0;
    for (k = 0; k < uselist.size(); k++) { //将使用记录表中记录逐条读出
            mu.addElement(uselist.get(k)); //将每条记录加入数据模型
        }
    jlistRecord.setModel(mu);         //列表框数据设置为uselist
    jtxtBalance.setText(""+card.getBalance()); //将卡上余额显示出来
    cardlist.set(j,card);           //修改卡信息表中被修改的卡信息
```

```
//********数据库操作*******
  dbo.DBoperation(sql,1);      //更新数据库记录
 sqls="insert into CardUseRecords values("+cno+",'"+item
     +"','"+money+"',now())";
  dbo.DBoperation(sqls,2);     //记录插入数据库
  jlbNote.setText(dbo.db.notes);
}
```

需要说明的是：为便于数据库处理，将 CardUseRecords 表中的"操作时间"字段 UseTime 设计为日期时间型，这样各种操作记录保存时直接调用系统函数 now()提取当前时间即可，其他代码没有变化。

(4) 信息查询界面

① 校园卡信息查询界面的修改

修改后的校园卡信息查询界面类更名为 DBSearchCard，其类的实例变量定义如下：

```
SchoolCard card;
long cno;
String uid;
int flag=0;
DefaultListModel mc=new DefaultListModel();  //列表框的数据模型
//*****支持数据库之后的修改
DBOperations dbo=new DBOperations();  //封装了数据库操作的类
String sqls;                          //存储各种sql语句的字符串
CardUsers currentuser;                //当前用户
```

构造方法如下：

```
public DBSearchCard(CardUsers cu) {
    initComponents();
    currentuser=cu;
    importData();
}
public final void importData(){       //加载原始卡信息，可以来自其它界面或数据库
    if(currentuser.getUserType().equals("普通用户")){
        jtxtUserID.setText(currentuser.getUserID());
        jtxtUserID.setEditable(false);
        jbtnByNo.setEnabled(false);
    }
}
```

两个查询按钮调用的查询方法代码如下：

```java
public void searchByCno(long cno){
     flag=0;
    sqls="select * from SchoolCard where CardNo="+cno+"";
    dbo.DBoperation(sqls,0);
    outputdata();
}
public void searchByUid(String uid){
    flag=0;
    sqls="select * from SchoolCard where UserID='"+uid+"'";
    dbo.DBoperation(sqls,0);
    outputdata();
}
public void outputdata(){    //将查到的信息输出到列表框显示出来
    try{
        while(dbo.db.rs.next()){        //遍历数据库中的记录
            try{
                card=new SchoolCard(dbo.db.rs.getString(2),
                                    dbo.db.rs.getString(3));
                card.cardNo=dbo.db.rs.getInt(1);
                card.setState(true);  //先将卡置为有效，以便deposit()方法可用
                card.deposit(dbo.db.rs.getDouble(4));  //用此方法设置卡上余额
                card.setState(dbo.db.rs.getBoolean(5));//将卡还原为本来状态
            }
            catch(UseStateException e){}
            jlbnote.setText("卡的信息如下：");
            mc.clear();                       //先清空数据模型
            mc.addElement(card.toString());
            jListInfo.setModel(mc);         //列表框数据设置为cardlist
            flag=1;
        }
    }
    catch(SQLException e){}
    dbo.db.dbclose();
    if(flag==0){
        jlbnote.setText("没有找到需要的卡！");
        mc.clear();                 //清空列表框数据模型内容
        jListInfo.repaint();     //列表框刷新
    }
}
```

② 用户信息查询界面的修改

修改后的用户信息查询界面类更名为DBSearchUser,其类的实例变量定义如下:

```
String uid,uname;        //定义查询变量
CardUsers user;          //查询到的用户
int flag=0;              //查找标记
ArrayList<CardUsers> userlist=new ArrayList<CardUsers>();
DefaultListModel mc=new DefaultListModel();   //列表框的数据模型
//*****支持数据库之后的修改
DBOperations dbo=new DBOperations();   //封装了数据库操作的类
String sqls;                           //存储各种sql语句的字符串
CardUsers currentuser;                 //当前用户
```

构造方法如下:

```
public class DBSearchUser extends javax.swing.JFrame {
    public DBSearchUser(CardUsers cu) {
        initComponents();
        currentuser=cu;
        importData();
    }
    public final void importData(){   //加载原始用户信息,可以来自其它界面或数据库
        if(currentuser.getUserType().equals("普通用户")){
            jtxtUserID.setText(currentuser.UserID);
            jtxtUserName.setText(currentuser.UserName);
            jtxtUserID.setEditable(false);
            jtxtUserName.setEditable(false);
        }
    }
}
```

两个查询按钮调用的查询方法代码如下:

```
public void searchByUid(String id){
    flag=0;
    sqls="select * from CardUsers where UserID='"+id+"'";
    dbo.DBoperation(sqls,0);
    outputdata();
}
public void searchByName(String name){
    flag=0;
    sqls="select * from CardUsers where UserName='"+name+"'";
    dbo.DBoperation(sqls,0);
    outputdata();
}
```

```
public void outputdata(){    //将查到的信息输出到列表框显示出来
    try{
        while(dbo.db.rs.next()){       //遍历数据库中的记录
            try{
                user=new CardUsers(dbo.db.rs.getString(1),
                    dbo.db.rs.getString(2),dbo.db.rs.getString(3),
                    dbo.db.rs.getString(4),dbo.db.rs.getString(5));
            }
            catch(PwdShortException e){}
            jlbnote.setText("用户的信息如下：");
            mc.clear();                    //先清空数据模型
            mc.addElement(user.toString());
            jListInfo.setModel(mc);        //列表框数据设置为mc
            flag=1;
        }
    }
    catch(SQLException e){}
    dbo.db.dbclose();
    if(flag==0){
        jlbnote.setText("没有找到需要的用户！");
        mc.clear();                    //清空列表框数据模型内容
        jListInfo.repaint();           //列表框刷新
    }
}
```

③ 校园卡操作记录查询界面的修改

修改后的校园卡操作记录查询界面类更名为DBSearchRecords，其类的实例变量定义如下：

```
//存储系统目前所有使用记录的信息表
ArrayList<CardUseRecords> recordlist=new ArrayList<CardUseRecords>();
//存储查到的符合条件的使用记录的信息表
ArrayList<CardUseRecords> templist=new ArrayList<CardUseRecords>();
CardUseRecords record;           //存储卡操作记录的临时对象
long cno;                        //待查询的卡号
DefaultTableModel recordModel;   //表格数据模型
String[] sitems=new String[6];   //存储查询名目字符串的数组
int[] days={0,30,60,90,180,365}; //存储查询时间段的数组
int i=0,flagi=0;                 //是否采用操作名目条件的标记
int t=0,flagt=0;                 //是否采用操作时间条件的标记
int stime=0,flag=0;              //存储查询时间的变量、是否查到所需记录的标记
```

```java
//*****支持数据库之后的修改
DBOperations dbo=new DBOperations();   //封装了数据库操作的类
String sqls;                            //存储各种sql语句的字符串
CardUsers currentuser;
```

构造方法如下:

```java
public DBSearchRecords(CardUsers cu) {
    initComponents();
    currentuser=cu;
    importData();

}
public final void importData(){       //加载原始卡信息,可以来自其它界面或数据库
    if(currentuser.getUserType().equals("user")){
        sqls="select * from SchoolCard where UserID='"
            +currentuser.getUserID()+"'";
        dbo.DBoperation(sqls,0);
         try{
            while(dbo.db.rs.next()){    //遍历数据库中的记录
                jtxtCardNo.setText(String.valueOf(dbo.db.rs.getInt(1)));
                jtxtCardNo.setEditable(false);
            }
        }
        catch(SQLException e){}
        dbo.db.dbclose();
    }
    String[] columnNames={"卡号","操作名目","费用","操作时间"};//表格列名
    String[][] data0=new String[0][0];          //表格数据源,初始化为空白
    //定义表格的默认数据模型
    recordModel=new DefaultTableModel(data0,columnNames);
}
```

几种查找方式的代码如下:

```java
public void searchByCno(long cno){ //仅卡号查询
    flag=0;
    sqls="select * from CardUseRecords where CardNo="+cno;
    dbo.DBoperation(sqls,0);
    getDataFromDB();
}
```

```java
public void searchByCnoItem(long cno,String item){   //卡号+名目 联合查询
    flag=0;
    sqls="select * from CardUseRecords where CardNo="+cno
                +" and UseItems='"+item+"'";
    dbo.DBoperation(sqls,0);
    getDataFromDB();
}
public void searchByCnoTime(long cno,int time){   //卡号+时间 联合查询
    flag=0;
    Date ftime=settime(time);  //计算时间范围
    sqls="select * from CardUseRecords where CardNo="+cno
                +" and UseTime<"+ftime;
    dbo.DBoperation(sqls,0);
    getDataFromDB();
}

//按卡号+名目+时间 联合查询
public void searchByCnoItemTime(long cno,String item,int time){
    flag=0;
    Date ftime=settime(time);  //计算时间范围
    sqls="select * from CardUseRecords where CardNo="+cno
                +" and UseItems='"+item+"' and UseTime<"+ftime;
    dbo.DBoperation(sqls,0);
    getDataFromDB();
}
public void getDataFromDB(){   //从数据库查询记录
    templist.clear();
    try{
            while(dbo.db.rs.next()){     //遍历数据库中的记录
                record=new CardUseRecords(dbo.db.rs.getInt(1),
                    dbo.db.rs.getString(2),dbo.db.rs.getDouble(3),
                    dbo.db.rs.getString(4));
            }
            templist.add(record);
            flag=1;
        }
    catch(SQLException e){}
    dbo.db.dbclose();
    outputData();
}
```

为适应 CardUseRecords 表中"操作时间"字段的日期时间型,修改了对应的计算查询

时间方法,代码如下:

```
public Date settime(int tm){    //计算操作时间与当前时间之差
    Date date1=null;
    Date date2 = new Date();
    String x=String.valueOf(date2.getTime()/86400000 -tm);
    try {
        date1 = new SimpleDateFormat("yyyy-MM-dd hh:mm:ss").parse(x);
    } catch (ParseException ex) { }
    return date1;
}
```

其他代码没有变化。

(5) 新增了登录密码修改页面

系统设计了修改登录密码的功能,所有用户登录后都可以修改本人的用户密码,修改密码界面设计结果见图 4-21。

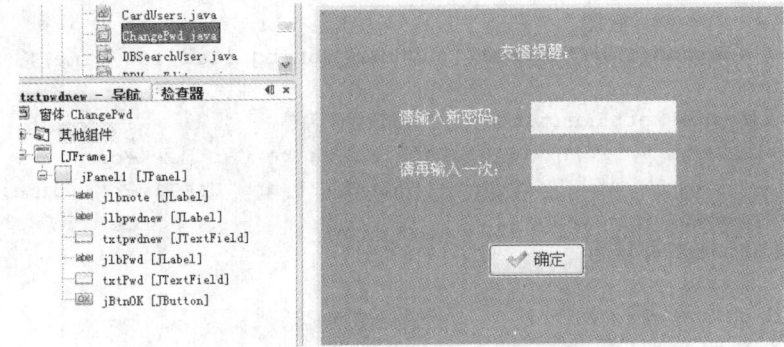

图 4-21 修改登录密码类的界面设计

修改登录密码类的实例变量定义如下:

```
DBAccess db=new DBAccess();    //定义一个数据库操作类的对象
CardUsers currentuser;          //当前用户对象
```

构造方法的代码如下:

```
public class ChangePwd extends javax.swing.JFrame {
    public ChangePwd(CardUsers cu) {
        initComponents();
        this.currentuser=cu;
        jlbnote.setText("友情提醒:"+currentuser.getUserName()
                +",密码长度不得少于6位。");
    }
```

"确定"按钮的代码如下:

```java
private void jBtnOKActionPerformed(java.awt.event.ActionEvent evt) {
    CheckValiddate ck=new CheckValiddate(txtpwdnew);
    if(ck.check(0) && txtpwdnew.getText().length()>=6){
        if(txtpwdnew.getText().equals(txtPwd.getText())){
            db.dbconn();
            String sql="update CardUsers set UserPwd='"+txtpwdnew.getText()
                +"' where UserID='"+currentuser.UserID+"'";
            db.dbUpdate(sql);
            db.dbclose();
            jlbnote.setText("密码修改成功!");
        }
        else
            jlbnote.setText("两次输入不一致!");
    }
}
```

该界面的测试运行情况见图4-22。

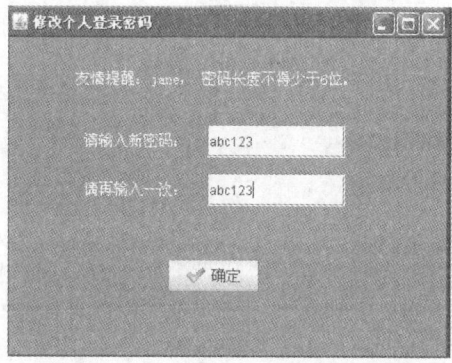

图4-22 修改密码界面运行结果

### 6. 系统集成测试

各组员将分担的系统所有的类设计完成之后,将各自项目src中的文件复制到组长机器上的实训项目所在目录下的src中,注意包名、文件名不要覆盖混淆,即可进行集成调试。

从项目窗口右击项目名称,会弹出快捷菜单,如图4-23所示。

在快捷菜单中选择"属性",在项目属性窗口左侧单击"运行",在其右侧"主类"文本框中选择本项目的主类(即起始运行的那个文件)并点击"确定",如图4-24所示。

再次右击项目名称,从快捷菜单中选择"清理并生成",系统会自动重新编译所有类文件,

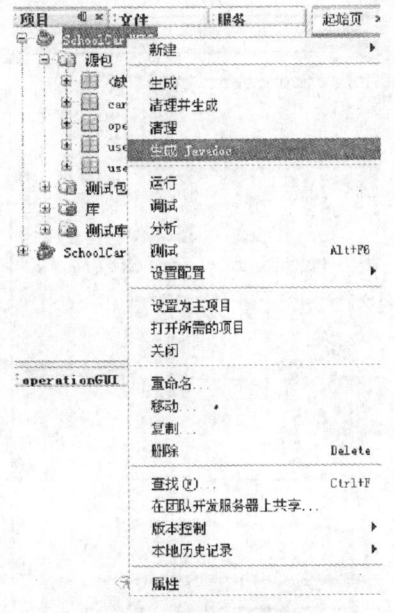

图 4-23 项目快捷菜单

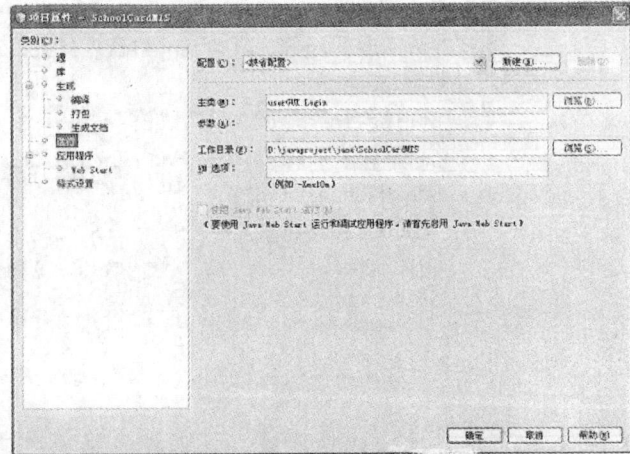

图 4-24 在项目属性窗口设置主类

并在输出窗口显示出错或成功的提示信息,本实训项目成功生成后的信息如图 4-25 所示。

再右击项目名称,从快捷菜单中选择"运行",系统会从主类开始运行,输入有关测试数据,对系统进行全面测试,对发现的问题及时进行修复。

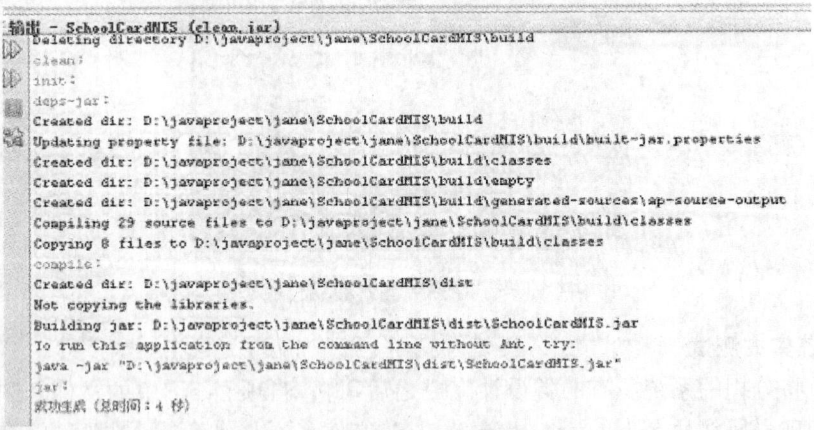

图 4-25 项目生成时的输出信息

### 7. 系统生成与部署

项目集成测试正确后,即可将项目打包压缩进行发布。先通过"项目属性"窗口设置好项目有关版权信息,再右击项目名称,从快捷菜单中选择"生成",系统自动生成压缩包。生成后,通过"文件"窗口可以看到"dist"目录下与项目同名的 jar 文件,如图 4-26 所示。

也可以通过"我的电脑"打开项目所在文件夹,可以看到在其子目录"dist"下有一个与项目同名、扩展名为 jar 的文件,双击该文件即可运行实训课题"校园卡信息管理系统",如图 4-27 所示。

图 4-26 系统生成的项目应用程序压缩包

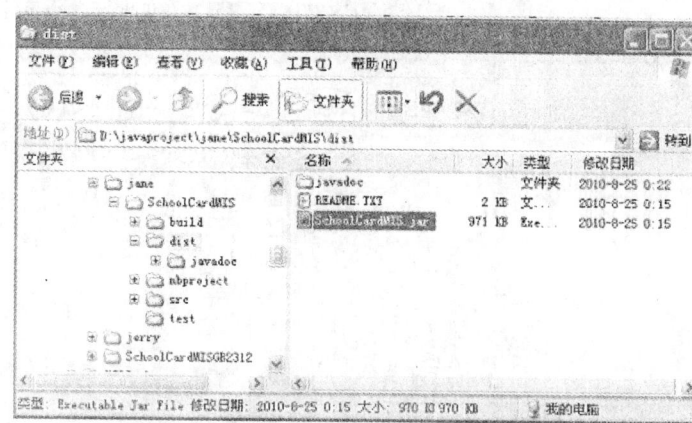

图 4-27 从"我的电脑"中查看生成的项目应用程序压缩包

### 8. 生成系统文档

项目技术文档是软件产品不可分割的组成部分。Java 具有自动生成项目文档的功能,右击项目名称,从快捷菜单中选择"生成 Javadoc",系统会自动生成一份 html 格式的系统文档,直接显示在 IE 浏览器中。本项目生成的文档文件如图 4-28 所示。

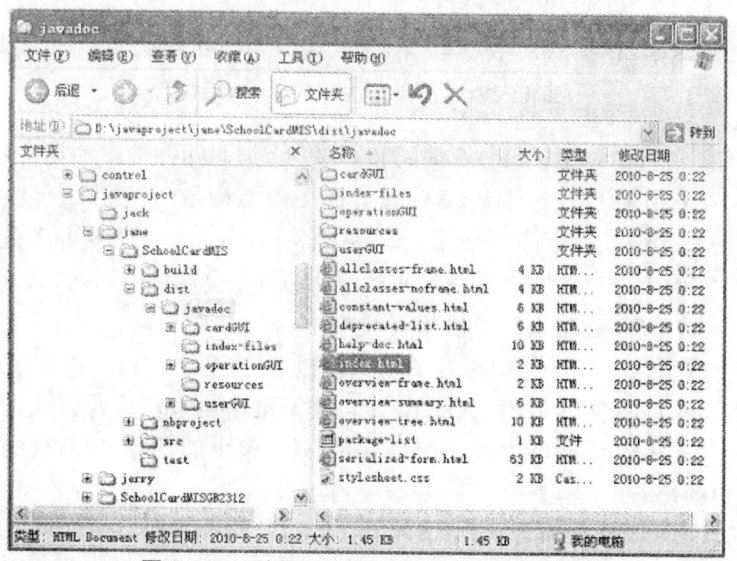

图 4-28 利用 Javadoc 自动生成的项目文档

这些文档位于项目所在文件夹的"dist"子目录下的"javadoc"子目录中,双击其中的 index.html 文件即可在 IE 中打开浏览,如图 4-29 所示。

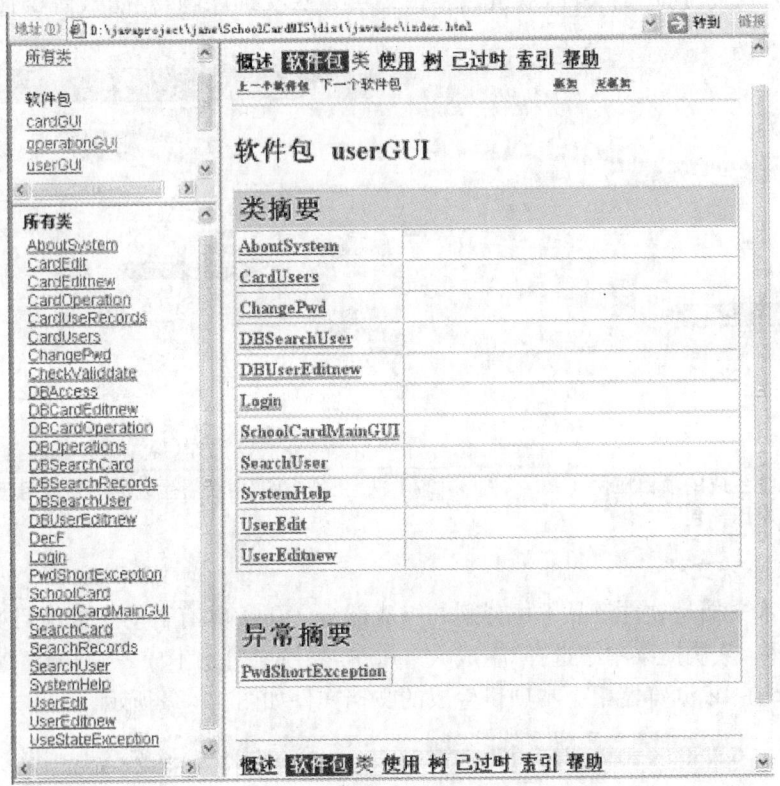

图 4-29　浏览自动生成的 javadoc 文档

说明:本实训项目设计了 UTF-8 编码和 GB2312 编码两种格式的类文件。

图 4-29 为采用 UTF-8 编码编写的项目文档结构,在该项目中包的组织方式为: userGUI(用户相关类包)、cardGUI(校园卡相关类包)、operationGUI(业务处理类相关包), 与第 1-4 章各实验中介绍的实训课题类文件设计结构完全相同,这种方式适合团队成员编程能力相差不大的情况,各包中任务量相差不大。

图 4-30 为采用 GB2312 编码编写的项目文档结构,在该项目中包的组织方式为:GUI (界面类包)、MainClass(实体类包)、Operation(业务操作类包),这种方式适合团队成员编程能力参差不齐的情况,编程能力较差的可承担 GUI 包中的任务,编程能力较强的可承担 MainClass 包中的任务。

本书所有例题的源文件均可从【凌风阁】网站下载,网址:http://sjweb.net.cn/java。

图 4-30 采用 GB2312 编码的实训项目文档结构

# 第二部分 Java 语言课程设计指导

# 第 5 章 案例 1——媒体播放器

## 5.1 设计要求

本系统的核心功能通过 JMF(Java Media Framework)API 实现,要求具有播放视频和音频两个功能。JMF 所支持的媒体格式主要包括 AIFF(.aiff)、AVI(.avi)、GSM(.gsm)、HotMedia(.mvr)、MIDI(.mid)、MPEG-1 Video(.mpg)、MPEG LayerII Audio(.mp2)、QuickTime(.mov)、Sun Audio(.au)、Wave(.wav)、MPEG Layer III Audio(.mp3)。

因采用不同的压缩标准,可能会导致某些音频和视频文件无法正常播放。本设计中视频样例文件采用".mov"和".mpg"格式,音频样例文件采用".mp3"格式。

描述系统功能的用例图如图 5-1 所示。

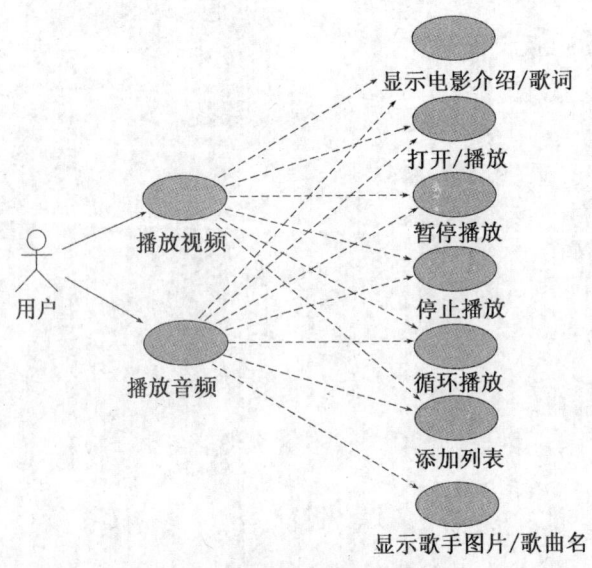

图 5-1 媒体播放系统的用例图

## 5.2 总体设计

在设计媒体播放器时,我们定义了5个类:MyMedia、MediaPlayer、MouseListen、FileListen、WindowListen。除了这5个类以外,还需要 Java 系统所提供的一些重要类,如 JMemuItem、File、Vector、Thread、Player 等和一些重要的接口,如 ActionListener、ControllerListener、Runnable、MouseListener。

### 5.2.1 类的职责划分

**1. MyMedia 类**

该类是系统的主控类,负责创建 MediaPlayer 类的对象,从而显示媒体播放器的运行界面。它含有 main 方法,程序从该类开始执行。

**2. MediaPlayer 类**

负责构建媒体播放器的运行界面,并基于菜单项或 GUI 组件进行事件的驱动,从而实现视频或音频文件的播放。MediaPlayer 类所构建的窗口如图 5-2 所示。

窗口的上方为 JMenuBar 组件,其中包含文件、播放、说明三个菜单,每个菜单包含一定的菜单项,当鼠标点击菜单项时,即可触发相应的事件,如开始播放媒体文件、停止播放等。窗口左侧为 JScollPane 组件,其中包含 JList 组件,用以显示所播放的视频或音频文件的名称。窗口中间为

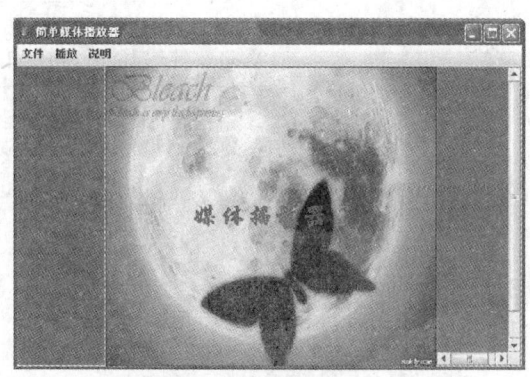

图 5-2 MediaPlayer 类的运行界面

JPanel 组件,初始时显示一行文字和一幅图片,在用户通过菜单选取媒体文件后,在中间区域即显示可视部件和控制部件来支持媒体文件的播放和控制。窗口右侧为 JscrollPane 组件,其中包含 JTextArea 组件,用以显示歌词内容或电影简介。

**3. MouseListen 类**

该类继承了 MouseAdapter 类,重写 mouseClicked()方法来响应鼠标的单击事件。当鼠标在 MediaPlayer 窗口左侧的 JList 组件中单击媒体文件名时,立即在右侧 JTextArea 组件中显示相应的电影简介或歌词内容。

**4. FileListen 类**

该类继承了 WindowAdapter 类,重写了 windowClosing()方法来响应窗口事件,当已经通过打开媒体文件对话框选取媒体文件后,将对话框窗口关闭。

#### 5. WindowListen 类

该类继承了 WindowAdapter 类，主要重写了 windowClosed()方法，当 MediaPlayer 窗口关闭时，分别调用播放器对象 player 的 close()方法和 deallocate()方法实现播放器的关闭，并释放所占的外部资源。

### 5.2.2 类间的关系

以上各个类的关系如图 5-3 所示。

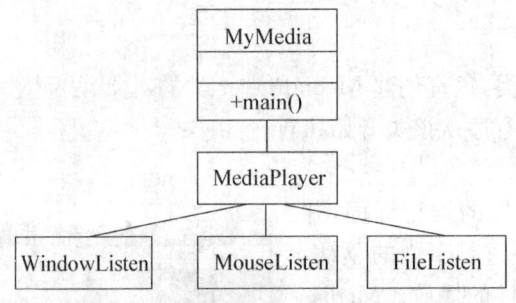

图 5-3 媒体播放器中类之间的关系

## 5.3 详细设计

### 5.3.1 各个类的设计

#### 1. MyMedia 类的设计

这是系统的主控类，其中包含 main()方法。其 UML 类图如图 5-4 所示。

其代码如下：

```
public class MyMedia {
    public static void main(String[] args)
    { new MediaPlayer(); } }
```

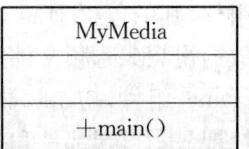

图 5-4 MyMedia 的类图

#### 2. MediaPlayer 类的设计

MediaPlayer 是媒体播放器的核心类，继承了 JFrame 类，并实现 ActionListener、ControllerListener 和 Runnable 接口。图 5-5 标明了该类的主要成员变量和方法。

(1) MediaPlayer 类的主要成员变量

◆ 菜单条、菜单及菜单项：设计了菜单条 menubar 和菜单 File、Play、Help 以及菜单项 Open、Add、Close、Exit、Stop、PlayPause、Repeat、about，并对菜单项注册了动作监

听器,以便响应动作事件。
- JScrollPane 组件:设计了 JScrollPane 组件 p1 和 p2,并分别将其置于窗口的左侧和右侧,在 p1 中加入 JList 组件 L,用于显示媒体文件名,在 p2 中加入 JTextArea 组件 text,用于显示电影简介和歌词内容。
- JPanel 组件:设计了 JPanel 组件 playerPanel,并将其置于窗口的中间。
- 可视组件和控制组件:在 playerPanel 组件中加入可视组件 visualComponent 和控制组件 controlComponent 来实现媒体文件的播放和控制。
- FileDialog 对象:创建了 FileDialog 对象,mode 的取值为 FileDialog.LOAD,保存用户在对话框中所选择的媒体文件目录和文件名。
- Player 对象:设计了 Player 对象 player,对媒体文件进行预取和播放等操作。
- Thread 对象:创建了 Thread 对象 thread,实现多线程操作。
- 事件监听对象:mL、wL、fL 对象分别作为 MediaPlayer 中组件的鼠标和窗口事件监听器。

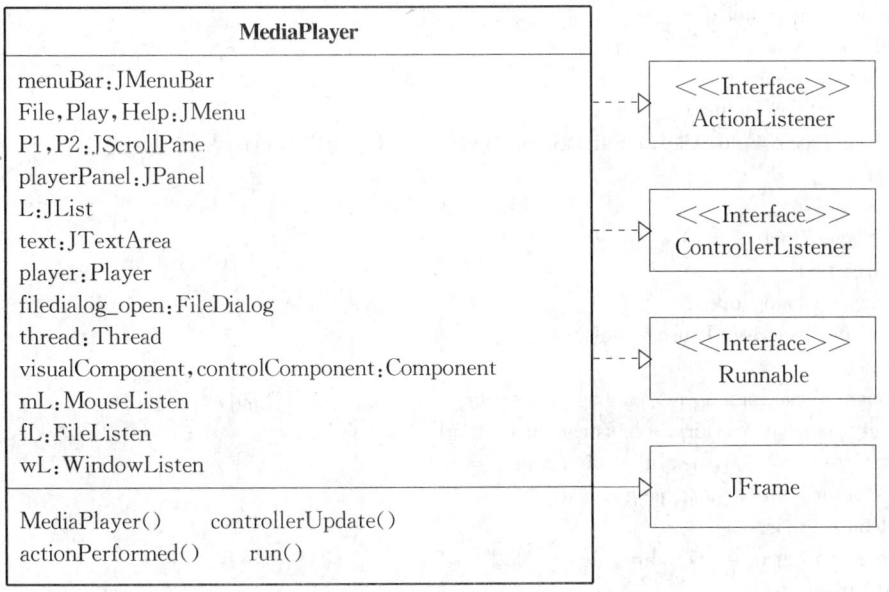

图 5-5  MediaPlayer 类的主要成员变量和方法

(2) MediaPlayer 类的主要方法
- actionPerformed()方法:当各个菜单项被点击时,执行该方法,从而完成视频文件的打开、播放、暂停等操作。
- controllerUpdate()方法:对 ControllerListener 接口中的 controllerUpdate(Control-

lerEvent e)方法具体实现,当 e 为 ControllerClosedEvent 类的对象时,判断可视部件和控制部件是否为空,不为空则移除;当 e 是 EndOfMediaEvent 类的对象时复位开始时间;当 e 为 RealizeCompleteEvent 类的对象时,获取 JMF 播放器的可视部件,如果可视部件存在,则把它加入 playerPanel 容器的中间,获取 player 对象的控制部件,否则若控制部件存在,则把它加入到 playerPanel 容器的下方;当 e 为 PrefetchCompleteEvent 类的对象时,如果预提取媒体内容结束,player 对象开始播放媒体。

◆ run()方法:使用 Manager.createPlayer()方法创建 player 对象,判断 player 是否为空,不为空则为其添加控制监听器,并对需要播放的资源进行预取。

(3) MediaPlayer 类的代码

```java
class MediaPlayer extends JFrame implements ActionListener, ControllerListener, Runnable
{
 FileListen fL=null;
 WindowListen wL=null;
 MouseListen mL=null;
 JScrollPane p1, p2;
 JMenuBar menubar;
 JMenu File, Play, Help;
 JMenuItem Open, Add, Close, Exit, Stop, PlayPause, Repeat, about;
 JList L;
 JLabel stage;
 JPanel playerPanel;
 JTextArea text;
 FileDialog filedialog_open;
 boolean Loop = false, Pause = false;
 Player player;
 Component visualComponent, controlComponent;             // 可视部件,控制部件
 String str, currentDirectory, fileName, currentPath;
 int x = 100, y = 100, height = 400, width = 600;
 public Vector vector, mingcheng;
 ImageIcon icon, icon2;
 ImageIcon imageIcon = new ImageIcon("蝴蝶.jpg");          // 图片路径
 Thread thread;
 MediaPlayer()
 {
     wL=new WindowListen(this);
     mL=new MouseListen(this);
     vector = new Vector();                  // 构造一个 JList,使其显示指定 Vector 中的元素。
```

```
mingcheng = new Vector();
L = new JList(mingcheng);
L.setFixedCellWidth(120);
L.setSelectionMode(ListSelectionModel.SINGLE_SELECTION);
L.setForeground(new Color(149,55,164));
L.setBackground(new Color(0,130,200));
p1 = new JScrollPane(L);
text = new JTextArea(20,9);
text.setForeground(new Color(149,55,164));
text.setBackground(new Color(0,130,200));
p2 = new JScrollPane(text);
stage = new JLabel("          " + "媒体播放器");
stage.setForeground(new Color(149,55,164));
stage.setFont(new Font("华文行楷",Font.BOLD,30));
playerPanel = new JPanel()
{
    Image image1 = imageIcon.getImage();
    Image grayImage = GrayFilter.createDisabledImage(image1);
    {   setOpaque(false);// 设置不透明
    }
    public void paint(Graphics g)
    {
        g.drawImage(imageIcon.getImage(),0,0,this.getWidth(),this
            .getHeight(),this);
        super.paint(g);// Component
    }
};
playerPanel.setLayout(new BorderLayout());
playerPanel.setBackground(Color.BLACK);
add(playerPanel,BorderLayout.CENTER);
playerPanel.add(stage,BorderLayout.CENTER);
menubar = new JMenuBar();
File = new JMenu("文件");
Play = new JMenu("播放");
Help = new JMenu("说明");
Open = new JMenuItem("打开");
Add = new JMenuItem("添加列表");
Close = new JMenuItem("关闭");
Exit = new JMenuItem("退出");
PlayPause = new JMenuItem("开始/暂停");
about = new JMenuItem("关于");
Stop = new JMenuItem("停止");
Repeat = new JMenuItem("循环");
```

```java
            filedialog_open = new FileDialog(this,"打开文件",FileDialog.LOAD);
            fL=new FileListen(filedialog_open);
            filedialog_open.addWindowListener(fL);
            setJMenuBar(menubar);
            menubar.add(File);
            menubar.add(Play);
            menubar.add(Help);
            File.add(Open);
            File.add(Add);
            File.add(Close);
            File.add(Exit);
            Play.add(PlayPause);
            Play.add(Stop);
            Play.add(Repeat);
            Help.add(about);
            add(p1,BorderLayout.WEST);
            add(p2,BorderLayout.EAST);
            Open.addActionListener(this);
            Add.addActionListener(this);
            Close.addActionListener(this);
            Exit.addActionListener(this);
            PlayPause.addActionListener(this);
            Repeat.addActionListener(this);
            Stop.addActionListener(this);
            about.addActionListener(this);
            L.addMouseListener(mL);
            addWindowListener(wL);
            validate();// 保证组件有一种合法的布局,主要用在容器事件的处理上
            setTitle("简单媒体播放器");
            setBounds(x,y,width,height);
            setVisible(true);
    }
    public void actionPerformed(ActionEvent e)
    {
            if (e.getSource() == Open) // 打开播放
            {
                    filedialog_open.setVisible(true);
                    // 保存用户在对话框中选择的媒体文件
                    str = filedialog_open.getFile();
                    currentDirectory = filedialog_open.getDirectory();
                    // 如果用户放弃选择文件,则返回
                    if (filedialog_open.getFile() == null)
                    {
```

```java
            return;
        }
        // 如果以前已经创建 JMF 播放器对象则关闭对象
        if (player != null)
        {
            player.close();
            player.deallocate();
        }
        if (str.endsWith(".mp3") || str.endsWith(".mpg")||str.endsWith(".mov"))
        {
            playerPanel.add(stage, BorderLayout.CENTER);
            stage.setText(str);
            icon2 = new ImageIcon(currentDirectory + str + ".jpg");
            stage.setIcon(icon2);
        } else {
            playerPanel.remove(stage);
        }
        thread = new Thread(this);
        try {
            thread.start();
        }
        catch (Exception ee) { }
        vector.add(currentDirectory);
        mingcheng.add(str);
        text.setText("");
        text.append(currentDirectory);
        text.append(str + "\n");
        L.setListData(mingcheng);
} else if (e.getSource() == Add) {
    filedialog_open.setVisible(true);
    // 保存用户在对话框中选择媒体文件
    fileName = filedialog_open.getFile();
    currentPath = filedialog_open.getDirectory();
    // 如果用户放弃选择文件,则返回
    if (filedialog_open.getFile() == null) {
        return;
    }
    vector.add(currentPath);
    mingcheng.add(fileName);
    text.setText("");
    text.append(currentPath);
    text.append(fileName + "\n");
    L.setListData(mingcheng);
```

```java
        } else if (e.getSource() == Close) {// 关闭当前播放
            if (player != null) {
                player.close();
                player.deallocate();// 释放所占的外部资源
            } else {
                text.append("当前未播放任何文件.");
            }
        } else if (e.getSource() == Exit) {// 退出应用程序
            dispose();
            System.exit(0);
        } else if (e.getSource() == Stop) {// 停止当前播放
            if (str.endsWith(".mp3") || str.endsWith(".mpg") || str.endsWith(".mov")) {
                playerPanel.add(stage, BorderLayout.CENTER);
                icon2 = new ImageIcon(currentDirectory + str + ".jpg");
                stage.setIcon(icon2);
            } else {
                playerPanel.remove(stage);
            }
            if (player == null) {
            } else {
                player.stop();
                player.setMediaTime(new Time(0));
                icon2 = new ImageIcon(currentDirectory + str + ".jpg");
                stage.setIcon(icon2);
                stage.setText(str + "已停止");
                Pause = !Pause;// 切换 PlayPause 被选中状态
            }
        } else if (e.getSource() == PlayPause) {// 播放/暂停
            if (str.endsWith(".mp3") || str.endsWith(".mpg") || str.endsWith(".mov")) {
                playerPanel.add(stage, BorderLayout.CENTER);
            } else {
                playerPanel.remove(stage);
            }
            if (Pause) {
                player.start();
                stage.setText(str);
                icon2 = new ImageIcon(currentDirectory + str + ".jpg");
                stage.setIcon(icon2);
                Pause = !Pause;// 切换 PlayPause 被选中状态
            } else {
                player.stop();
                player.getMediaTime();
                stage.setText(str + "已暂停");
```

```java
            icon2 = new ImageIcon(currentDirectory + str + ".jpg");
            stage.setIcon(icon2);
            Pause = !Pause;
        }
    } else if (e.getSource() == Repeat) {// 循环
        Loop = !Loop;// 切换 Repeat 被选中的状态
    } else if (e.getSource() == about) {
        JOptionPane.showMessageDialog(this,
                "简单媒体播放器,主要支持.mp3,.mpg.mov 等格式!","说明",
                JOptionPane.INFORMATION_MESSAGE);
    }
}
public synchronized void controllerUpdate(ControllerEvent event)
{
    player.getDuration();
    /* 调用 player.close()时 ControllerClosedEvent 事件出现。如果存在视觉部件,则该部件应该
    拆除(为一致起见,我们对控制部件也执行同样的操作)
    */
    if (event instanceof ControllerClosedEvent) {
        if (visualComponent != null) {
            playerPanel.remove(visualComponent);
            visualComponent = null;
        }
        if (controlComponent != null) {
            playerPanel.remove(controlComponent);
            controlComponent = null;
        }
        return;
    } else if (event instanceof EndOfMediaEvent) {
        if (Loop) {
            player.setMediaTime(new Time(0));// 复位开始时间
            player.start();// 让播放器对象开始播放媒体
        }
        return;
    }
    // 当实例化(realize)完成
    else if (event instanceof RealizeCompleteEvent) {
        /* 如果可视部件存在,则把它加入到 playerPanel 容器的中央 */
        if ((visualComponent = player.getVisualComponent()) != null) {
            playerPanel.add(BorderLayout.CENTER, visualComponent);
        }
        /* 如果控制部件存在,则把它加入到 playerPanel 容器的下方 */
        if ((controlComponent = player.getControlPanelComponent()) != null) {
```

```
                playerPanel.add(BorderLayout.SOUTH, controlComponent);
                validate();
            }
        }
        // 当预提取媒体内容结束,JMF 播放器对象开始播放媒体
        else if (event instanceof PrefetchCompleteEvent) {
            player.start();
            return;
        }
    }
    public synchronized void run() {
        try {
            player = Manager.createPlayer(new MediaLocator("file:"
                    + currentDirectory + str));
            if (player != null) {
                player.addControllerListener(this);
            } else
                System.out.println("无法创建播放器");
        } catch (Exception e) {
            System.out.println(e);
        }
        if (player != null) {
            player.prefetch();
        }
    }
}
```

### 3. MouseListen 类的设计

该类继承了 MouseAdapter 类,其类图如图 5-6 所示。

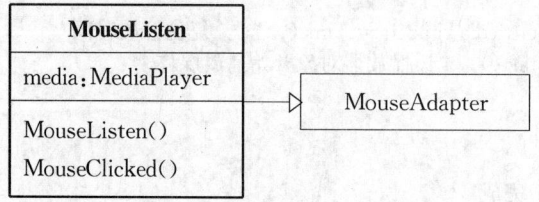

图 5-6 MouseListen 的类图

(1) MouseListen 类的成员变量

media 是 MediaPlayer 类型的成员变量,通过该变量建立 MouseListen 与 MediaPlayer 之间的关联。

(2) MouseListen 类的方法

重写了 mouseClicked() 方法来响应鼠标的单击事件。当鼠标在 MediaPlayer 窗口左侧

的 JList 组件中单击媒体文件名时,立即在右侧 JTextArea 组件中显示相应的电影简介或歌词内容。

(3) MouseListen 类的代码

```java
class MouseListen extends MouseAdapter
{
    MediaPlayer media;
    public MouseListen(MediaPlayer media) {
        this.media = media;
    }
    public void mouseClicked(MouseEvent e) {
        if (e.getClickCount() == 1) {
            media.text.setText("");
            int index = media.L.locationToIndex(e.getPoint());
            String yy = (String) media.mingcheng.get(index);
            String ss = (String) media.vector.get(index);
            File file = new File(ss, yy + ".txt");
            if (file.exists()) {
                FileReader in = null;
                BufferedReader br = null;
                try {
                    in = new FileReader(ss + yy + ".txt");
                    br = new BufferedReader(in);
                }
                catch (FileNotFoundException e1) {
                    media.text.append("找不到指定文件");
                }
                try {
                    String s = br.readLine();
                    while (s != null) {
                        media.text.append(s + "\n");
                        s = br.readLine();
                    }
                    br.close();
                    media.text.append("\n");
                }
                catch (IOException e2) {
                    media.text.append("文件读取错误");
                }
            }
            else {
                media.text.append("找不到指定文件");
            }
```

        }
    }
}

#### 4. FileListen 类的设计

该类继承了 WindowAdapter 类,其 UML 类图如图 5-7 所示。

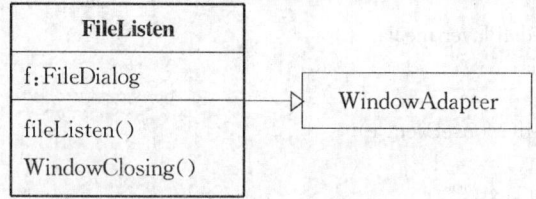

图 5-7  FileListen 的类图

(1) FileListen 类的成员变量

f 是 FileDialog 类型的成员变量,是用于选择媒体文件的对话框。

(2) FileListen 类的方法

重写了 windowClosing()方法来响应窗口事件,当已经通过打开媒体文件对话框选取媒体文件后,将对话框窗口关闭。

(3) FileListen 类的代码

```
class FileListen extends WindowAdapter
{
    FileDialog f;
    public FileListen(FileDialog f)
    { this.f = f; }
    public void windowClosing(WindowEvent e)
    { f.dispose();}
}
```

#### 5. WindowListen 类的设计

该类继承了 WindowAdapter 类,其 UML 类图如图 5-8 所示。

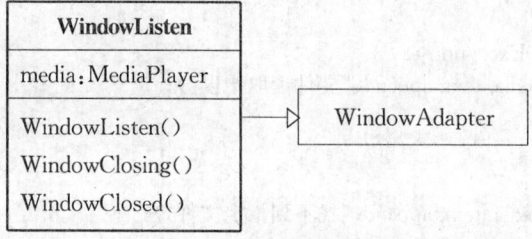

图 5-8  WindowListen 的类图

(1) WindowListen 类的成员变量

media 是 MediaPlayer 类型的成员变量,通过该变量建立 WindowListen 与 MediaPlayer 之间的关联。

(2) WindowListen 类的方法

重写了 windowClosing()方法来响应窗口事件,当已经通过打开媒体文件对话框选取媒体文件后,将对话框窗口关闭。

(3) WindowListen 类的代码

重写了 windowClosing()和 windowClosed()方法,当 MediaPlayer 窗口关闭时,分别调用播放器对象 player 的 close()方法和 deallocate()方法实现播放器的关闭,并释放所占的外部资源。

WindowListen 类的代码如下:

```
class WindowListen extends WindowAdapter
{
    MediaPlayer media;
    public WindowListen(MediaPlayer media) {
        this.media = media;
    }
    public void windowClosing(WindowEvent c) {
        media.dispose();
    }
    public void windowClosed(WindowEvent e) {
        if (media.player! = null) {
            media.player.close();
            media.player.deallocate();    //释放所占的外部资源
            System.exit(0);
        }
    }
}
```

## 5.3.2 所需素材文件

准备名字为"蝴蝶.jpg"的图像文件,这是媒体播放前在 playerPanel 中显示的初始图像。另外,为相应的".mp3"文件分别准备同名的扩展名为".jpg"和".txt"的文件,分别保存歌手照片和歌词内容。如 mp3 文件名为"张杰-看月亮爬上来.mp3",则文件"张杰-看月亮爬上来 mp3.jpg"保存歌手的图像。文件"张杰-看月亮爬上来 mp3.txt"保存歌词内容。同时为".mov"和".mpg"文件准备扩展名为".txt"的文件。

## 5.4 代码调试

将前面对各个类所定义的Java源文件和各种素材文件保存到同一文件夹中,编译Java源文件,然后运行主类,即运行MyMedia类。播放音频文件和视频文件的运行界面分别如图5-9和5-10所示。

## 5.5 程序发布

可以使用jar.exe命令制作JAR文件来发布程序。
(1) 用文本编辑器
如Windows自带的记事本,编写一个ManiFest文件。
MyMf.mf
  Manifest-Version:1.0
  Main Class:MyMedia
  Created-By:1.5(Sun Microsystems Inc.)
将以上MyMf.mf文件保存到和应用程序所用的字节码文件相同的目录中。
(2) 生成JAR文件
Jar cfm mediaPlayer.jar MyMf.mf *.class

其中参数c表示要生成一个新的JAR文件,f表示要生成的JAR文件的名字,m表示清单文件的名字。现在就可以将"mediaPlayer.jar"和所需的素材文件文件复制到任何一个安装了Java运行环境(版本需高于1.5)的计算机上,双击该文件的图标就可以运行该程序。

图5-9 播放音频文件

图5-10 播放视频文件

# 第 6 章　案例 2——基于 C/S 的图书信息管理

## 6.1　设计要求

要求编写基于 C/S 模式的图书信息管理系统，这个系统分为服务器端和客户端两个部分。服务器端主要负责监听客户端的请求，如登录请求、图书查询请求、增加图书请求、删除图书请求、增加用户请求、查询用户请求、删除用户请求等，根据客户的请求类型对数据库做查询、插入、删除等相应操作，并将处理的结果通过网络发回客户端。而客户端主要负责构建图形用户界面，编写事件处理方法，在事件处理的方法体中发送请求并接收服务器端传来的数据。

系统包含两类用户：一般用户和管理员。一般用户仅能查看图书信息，而管理员则可以对图书信息和用户信息进行各类管理。描述系统功能的用例图如图 6-1 所示。

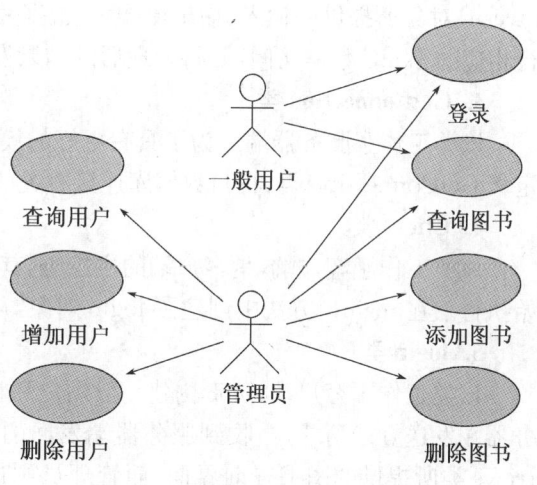

图 6-1　描述系统功能的用例图

## 6.2　总体设计

在设计本系统时，我们在基于对服务器端和客户端进行明确的职责划分的基础上，分别定义了工作于服务器端的 3 个类和客户端的 10 个类，合理划分每个类的工作职责。服务器端的类包括 Server、ServerThread 和 GetConnection 类。客户端的类包括 Client、login、BookRetrieve、ManagerFrame、add_book、del_book、add_user、view_user、del_user 和 SocketIO。除了这 13 个类以外，还需要 Java 系统所提供的一些重要类，如 ServerSocket、Socket、DataInputStream、DataOutputStream、StringTokenizer、Thread 和实现 JDBC 数据访问有关的类，如 Connection、PreparedStatement、ResultSet 等。另外还需用到一些与事件处理有关的重要接口，如 ActionListener、ItemListener、Runnable。

## 6.2.1 类的职责划分

**1. Server 类**

该类工作于服务器端,是服务器端的主控类,其中包含 main()方法,服务器端的程序从该类开始执行。在 main()方法中需要创建 ServerSocket 对象,以便在某个端口监听来自客户端的连接请求,同时创建 Socket 对象以便与客户端进行通信。

**2. ServerThread 类**

该类工作于服务器端,是线程类 Thread 的子类,其中包含方法 run()。该类在 Server 类的 main()方法中被实例化,从而触发 run()方法的自动执行。在 run()方法中,通过 Server 对象所传递过来的 Socket 对象值,借助于 DataInputStream 对象和 DataOutputStream 对象所提供的输入、输出流技术,根据客户端所发送的数据请求类型,在服务器端进行相应的 JDBC 数据访问,并将处理后的结果发回客户端。这是服务器端的核心类。

**3. GetConnection 类**

该类工作于服务器端。为了具有更好的模块结构,保证程序的清晰性和可维护性,专门定义 GetConnection 类,将与数据库连接有关的属性如 URL、Driver 和方法进行封装。

**4. Client 类**

该类工作于客户端,是客户端的主控类,其中包含 main()方法,客户端的程序从该类开始执行。在 main()方法中创建了 login 对象,从而生成一般用户和管理员的登录界面。

**5. login 类**

该类工作于客户端,负责构建一般用户和管理员的登录界面,并在事件处理方法中向服务器端发送登录请求,当收到服务器端发回的登录成功信息后,一般用户进入到 BookRetrieve 类所提供的图书查询界面,而管理员则进入到由 ManagerFrame 类所提供的管理员工作窗口。

**6. BookRetrieve 类**

该类工作于客户端,负责构建对图书信息进行查询的工作界面,一般用户和管理员均可通过该界面依据不同的查询选项(如"作者"、"出版社"、"书名"、"索引号"等)对服务器端发出查询请求,并将服务器端处理后所返回的数据进行接收,然后将其显示于本窗口的某一文本框组件或表格中。

**7. ManagerFrame 类**

该类工作于客户端,是管理员的工作窗口,由菜单项进行命令驱动从而完成 add_book、add_user、view_user、del_user、del_book、BookRetrieve 等类的实例化。

**8. add_book 类**

该类工作于客户端,由 ManagerFrame 对象创建,用来构建进行图书添加的工作界面,并在事件处理方法中向服务器端发送添加图书请求,由服务器端负责添加图书并返回处理结果。

**9. del_book 类**

该类工作于客户端,由 ManagerFrame 对象创建,用来构建进行图书删除的工作界面,并在事件处理方法中向服务器端发送删除图书请求,由服务器端负责图书信息的删除并返回处理结果。

**10. add_user 类**

该类工作于客户端,由 ManagerFrame 对象创建,用来构建进行用户添加的工作界面,并在事件处理方法中向服务器端发送添加用户请求,由服务器端负责用户信息的添加并返回处理结果。

**11. view_user 类**

该类工作于客户端,由 ManagerFrame 对象创建,用来构建进行用户信息查询的工作界面,并在事件处理方法中向服务器端发送查询用户请求,由服务器端负责用户信息的查询并将查询结果返回。

**12. del_user 类**

该类工作于客户端,由 ManagerFrame 对象创建,用来构建进行用户删除的工作界面,并在事件处理方法中向服务器端发送删除用户请求,由服务器端负责删除用户并返回处理结果。

**13. SocketIO 类**

该类工作于客户端,是对 Socket 对象和 DataInputStream、DataOutStream 对象的封装。在客户端程序中,每当需要与服务器端进行数据交换时,都要创建 SocketIO 对象从而取得输入输出流对象 in 和 out,借助于 out 向服务器端发送相应类型的请求和数据,借助于 in 读取从服务器端传来的数据。

## 6.2.2 类间的关系

图 6-2 描述了系统中各个类之间的关系。

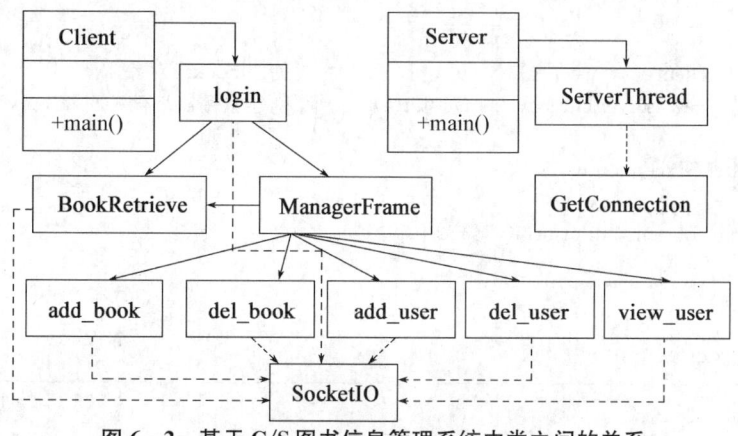

图 6-2 基于 C/S 图书信息管理系统中类之间的关系

## 6.3 详细设计

### 6.3.1 各个类的设计

**1. Server 类的设计**

这是服务器端的主控类,其中包含 main()方法。在 main()方法中创建 ServerSocket 对象,在某个端口监听来自客户端的连接请求,同时创建 Socket 对象与客户端进行通信。该类的类图如图 6-3 所示。

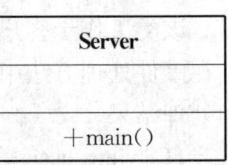

图 6-3 Server 类的类图

其代码如下:

```java
import java.io.*;
import java.net.*;
public class Server
{
    public static void main(String[] args)
    {
        ServerSocket ss=null;
        Socket client=null;
        while(true)
        {
            System.out.println("服务器等待连接.......");
            try
            {
                ss=new ServerSocket(8888);         //创建 ServerSocket 对象
            }
            catch(IOException e){}
            try
            {
                client=ss.accept();                //创建 Socket 对象
                new ServerThread(client).start();  //创建服务器端核心对象 ServerThread
            }
            catch(Exception e)
            {
                System.out.println("客户端离开!");
            }
        }
    }
}
```

## 2. ServerThread 类的设计

该类是线程类 Thread 的子类,其类图如图 6-4 所示。

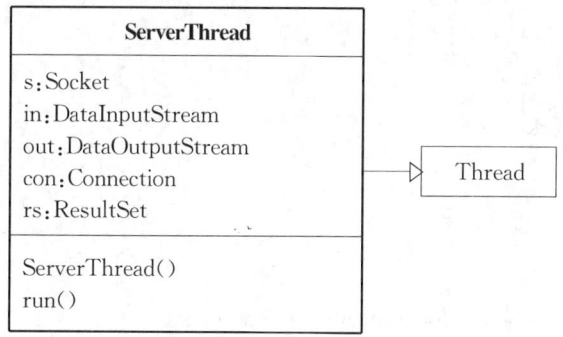

图 6-4　ServerThread 的类图

(1) ServerThread 类的主要成员变量

① s 为 Socket 类型的对象,其值从 Server 对象传入,该变量负责与客户端的通信连接。

② in 为 DataInputStream 的对象,用其 readUTF()方法接收来自客户端的数据。

③ out 为 DataOutputStream 的对象,用其 writeUTF()方法将数据发回客户端。

④ con 为 Connection 的对象,用于建立与数据源的连接。

⑤ rs 为 ResultSet 的对象,用于保存服务器端的数据查询结果。

(2) ServerThread 类的主要方法

① ServerThread()为构造方法,用来初始化 s,并创建 in、out 和 con 成员变量。

② run()方法为 ServerThread 类实现多线程的方法。通过 Socket 对象 s,借助于输入、输出流对象 in、out,完成接收客户端的数据请求,并在服务器端进行 JDBC 数据访问,然后将处理结果发送给客户端。

(3) ServerThread 类的代码

该类接收客户端发来的所有数据请求,并进行处理,然后把处理的结果发回客户端。由于对客户端请求的处理方法基本类似,故以下代码的 run()方法中,只列出处理客户端对于图书查询和添加图书请求部分的代码,在此略去对于其它类型的数据请求部分的代码,请读者自己补充完整。

```java
import java.io.*;
import java.net.*;
import java.sql.*;
import java.util.*;
public class ServerThread extends Thread
{
```

```java
    Socket s=null;
    String str=null;
    DataInputStream in=null;
    DataOutputStream out=null;
    Connection con=null;
    ResultSet rs;
    public ServerThread(Socket s)
    {
        this.s=s;
        try{
            if(s! =null)
                {
                    con=new GetConnection().getConnection();
                    in=new DataInputStream(s.getInputStream());
                    out=new DataOutputStream(s.getOutputStream());
                }
        }
        catch (IOException e) {    }
}
public void run()
{
        try {
             str = in.readUTF();  //读取客户端的数据,str 通过":"进行分隔
            }
        catch (IOException e1) {    }
        //str 的起始字符子串决定了客户端的请求类型
        if(str.startsWith("图书查询"))              //客户端发来的图书查询请求
           {
                String choiceName=null,inputText=null;
                System.out.println("客户发来图书查询请求");
                try {
                    StringTokenizer fenxi=new StringTokenizer(str,":");
                    if(fenxi.hasMoreTokens())
                        {
                          String reqType=fenxi.nextToken();        //取出请求类型
                          System.out.println(reqType);
                        }
                    if(fenxi.hasMoreTokens())                       //取出查询的字段名
                        {
                          choiceName=fenxi.nextToken();
                          System.out.println(choiceName);
                        }
                    if(fenxi.hasMoreTokens())                       //取出查询的字段值
```

```java
            {
                inputText=fenxi.nextToken();
                System.out.println(inputText);
            }
    if(choiceName.equals("作者"))//按作者字段查询
    {
            PreparedStatement ps;
            ps=con.prepareStatement("select * from 图书信息表 where 作者 like ? order by 索
                                    引号");
            ps.setString(1,"%"+inputText+"%");
            rs=ps.executeQuery();
    }
    if(choiceName.equals("书名"))  //按书名字段查询
    {
            PreparedStatement ps;
            ps=con.prepareStatement("select * from 图书信息表 where 书名 like ? order by 索
                                    引号");
            ps.setString(1,"%"+inputText+"%");
            rs=ps.executeQuery();
    }
    if(choiceName.equals("出版社"))              //按出版社字段查询
    {
            PreparedStatement ps;
            ps=con.prepareStatement("select * from 图书信息表 where 出版社 like ? order by
                                    索引号");
            ps.setString(1,"%"+inputText+"%");
            rs=ps.executeQuery();
    }
    if(choiceName.equals("索引号"))              //按索引号字段查询
    {
            PreparedStatement ps;
            ps=con.prepareStatement("select * from 图书信息表 where 索引号 =? ");
            ps.setString(1,inputText);
            rs=ps.executeQuery();
    }
    String backStr="";
    while(rs.next())                              //取出查询结果,保存到backStr中
    {
            String author=rs.getString(1);
            String name=rs.getString(2);
            String publish=rs.getString(3);
            String publishTime=rs.getString(4);
            String price=rs.getString(5);
```

```java
                    String indexno=rs.getString(6);
                    backStr+="\n 作者:"+author+";书名:"+name+";出版社:"+publish+";出版
                            时间:"+publishTime+";定价:"+price+";索引号:"+in-
                            dexno;
               }
               out.writeUTF(backStr);        //将查询结果发回客户端
          }
      catch(Exception e) {   }
    }
    /////////////////////////////////////////////////
    else if(str.startsWith("添加图书"))//客户端发来的添加图书请求
    {
       System.out.println("客户端发来添加图书请求");
       try
       {
            StringTokenizer fenxi=new StringTokenizer(str,":");
            int i=0, number=fenxi.countTokens();
            String[] receiveStr=new String[number];
            while(fenxi.hasMoreTokens())
            {
                receiveStr[i]=fenxi.nextToken();
                System.out.println(receiveStr[i]);
                i++;
            }
            PreparedStatement ps;
            ps=con.prepareStatement("insert into 图书信息表 values (?,?,?,?,?,?)");
            ps.setString(1,receiveStr[1]);
            ps.setString(2,receiveStr[2]);
            ps.setString(3,receiveStr[3]);
            ps.setString(4,receiveStr[4]);
            ps.setString(5,receiveStr[5]);
            ps.setString(6,receiveStr[6]);
            int len=ps.executeUpdate();
            if(len==1)
               {  out.writeUTF("添加成功");
               }
            else{ out.writeUTF("添加失败");}
        }
     catch(Exception e) {   }
    }
    /////////////////////////////////////////////////
    else {///对其它各种请求的处理,在此略去代码.}
    }
}
```

## 3. GetConnection 类的设计

为了让程序具有合理的模块结构和更好的可维护性,我们将与数据源的连接信息通过 GetConnection 类进行封装。该类的类图如图 6-5 所示。

(1) GetConnection 类的成员变量

◆ url 是字符串变量,保存 JDBC 协议的 URL 信息。

◆ Driver 是字符串变量,保存 JDBC 驱动程序名称的信息。

◆ con 是 Connection 的对象,用于建立数据库的连接。

(2) GetConnection 类的方法

◆ GetConnection()是构造方法,用来创建 con 对象。

◆ getConnection()是成员方法,用来返回 con 对象。

| GetConnection |
|---|
| url:String<br>Driver:String<br>con:Connection |
| GetConnection()<br>Connection  getConnection() |

图 6-5  **GetConnection** 的类图

(3) GetConnection 类的代码

```java
import java.sql.*;
public class GetConnection
{
    private final String url="jdbc:odbc:bookinfo";
    private final String Driver="sun.jdbc.odbc.JdbcOdbcDriver";
    private Connection con=null;
    public GetConnection()
    {
        try {
            Class.forName(Driver);
            con=DriverManager.getConnection(url,"","");
        }
        catch (ClassNotFoundException e)
        {
            e.printStackTrace();
        }
        catch (SQLException e)
        {
            e.printStackTrace();
        }
    }
    public Connection getConnection()
    {            return con;
    }
}
```

### 4. SocketIO 类的设计

在客户端的程序中当需要与服务器端进行数据传输时,均是通过创建 SocketIO 对象完成的。该类的类图如图 6-6 所示。

(1) SocketIO 类的成员变量

① s 是 Socket 对象,用于和服务器端进行套接字连接。

② in 是 DataInputStream 对象,用于读取服务器端发来的数据。

③ out 是 DataOutputStream 对象,用于向服务器端发送数据。

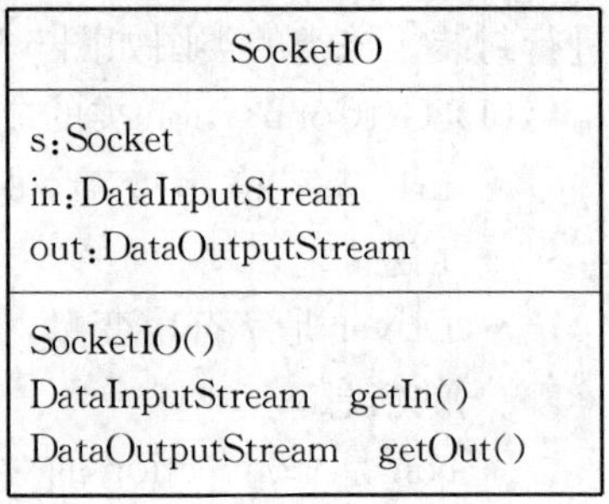

| SocketIO |
| --- |
| s:Socket<br>in:DataInputStream<br>out:DataOutputStream |
| SocketIO()<br>DataInputStream  getIn()<br>DataOutputStream  getOut() |

图 6-6  **SocketIO** 的类图

(2) SocketIO 类的方法

① SocketIO()是构造方法,用来创建 s、in 和 out 对象。

② getIn()是成员方法,用来返回 in 对象。

③ getOut()是成员方法,用来返回 out 对象。

(3) SocketIO 类的代码

```java
import java.io.*;
import java.net.*;
public class SocketIO
{
    public Socket s=null;
    public DataInputStream in=null;
    public DataOutputStream out=null;
    public SocketIO()
    {
        try
        {
            s=new Socket("localhost",8888);
            in=new DataInputStream(s.getInputStream());
            out=new DataOutputStream(s.getOutputStream());
        }
        catch (UnknownHostException e)
        {
            e.printStackTrace();
        }
        catch (IOException e)
        {
            e.printStackTrace();
        }
    }
```

```
    public DataInputStream getIn()
    {
            return in;
    }
    public DataOutputStream getOut()
    {
            return out;
    }
}
```

**5. Client 类的设计**

这是客户端的主控类,其中包含 main()方法,在 main()方法中创建 login 对象。该类的类图如图 6-7 所示。

其代码如下:

| Client |
|---|
|  |
| +main() |

图 6-7 Client 的类图

```
public class Client
{
    public static void main(String[] args)
    {
        new login().setVisible(true);
    }
}
```

**6. login 类的设计**

该类是 JFrame 的子类,并实现 ActionListener 和 ItemListener 接口。该类的类图如图 6-8 所示。

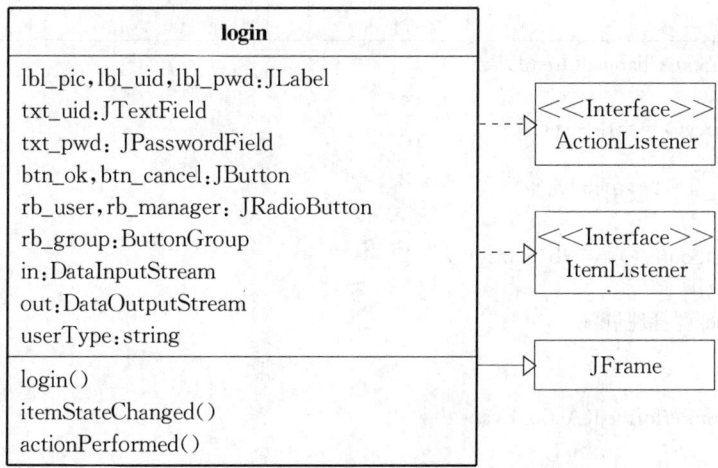

图 6-8 login 的类图

(1) login 类的成员变量
- lbl_pic 是用于显示图像的标签，lbl_uid、lbl_pwd 分别是提示输入帐号和密码的标签。
- txt_uid 和 txt_pwd 分别用于输入帐号和密码。
- btn_ok 和 btn_cancel 分别是"确定"和"取消"按钮。
- rb_user、rb_manager 是用于标识用户类型的单选钮，rb_group 用于对这两者进行成组。
- in 和 out 分别用于输入、输出流操作。
- userType 用来标识用户的类型，即一般用户或管理员。

(2) login 类的方法
- login()是构造方法，用来创建成员变量，并注册监听器。
- itemStateChanged()是 rb_user 和 rb_manager 的事件处理方法。
- actionPerformed()用来将登录请求发送到服务器端验证，并接收服务器端的返回结果。

该类的运行效果如图 6-9 所示。

(3) login 类的代码

此处只附 btn_ok、btn_cancel 和 rb_user、rb_manager 的事件处理方法，代码如下：

图 6-9　login 类的运行效果

```java
public void itemStateChanged(ItemEvent e)
{
    if (e.getSource()==rb_user)
    {
        userType="一般用户";
    }
    else if (e.getSource()==rb_manager)
    {
        userType="管理员";
    }
}
public void actionPerformed(ActionEvent e)
{
    if(e.getSource()==btn_ok)
```

```java
{
    String loginName=txt_uid.getText();
    String passWord=txt_pwd.getText();
    try
    {
    SocketIO socket=new SocketIO();          //创建 SocketIO 对象
    in=socket.getIn();                        //获取输入流对象
    out=socket.getOut();                      //获取输出流对象
    out.writeUTF(userType+"登陆请求"+":"+loginName+":"+passWord); //发送请求向服
                                                                   务器端
    }
    catch(Exception ex) { }
    String s=null;
    try {
        s=in.readUTF();                       //读取服务器端发来的数据
        in.close();
        out.close();
        }
    catch (IOException e1)
        {
        e1.printStackTrace();
        }
    if(s.equals("登陆成功"))
{
    System.out.println("登陆成功");
    if(userType.equals("一般用户"))
    {
        new BookRetrieve().setVisible(true);//进入图书查询界面
        dispose();
    }
    else
    {
        new ManagerFrame().setVisible(true); //进入管理员工作界面
        System.out.println(loginName+"登陆成功");
        dispose();
    }
}
    else
    {
        System.out.println("登陆失败!");
    }
}
    else
```

```
                {
                  txt_uid.setText("");
                  txt_pwd.setText("");
                }
        }
}
```

**7. BookRetrieve 类的设计**

该类是 JFrame 的子类并实现 ActionListener 和 ItemListener 接口。该类的类图如图 6-10 所示。

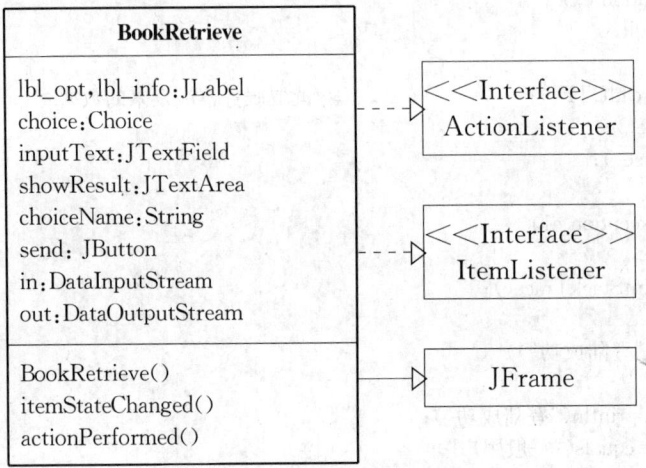

图 6-10　BookRetrieve 的类图

(1) BookRetrieve 类的成员变量
- lbl_opt 和 lbl_info 用于显示提示信息。
- choice 是 Choice 类型的对象,用于存放查询选项,如"书名"、"作者"、"出版社"等。
- showResult 是 JTextArea 类型的对象,用于显示服务器端返回的查询结果。
- choiceName 用于返回 choice 中的选中项。
- in 和 out 分别用于输入、输出流操作。
- send 按钮用于触发 actionPerformed 事件处理方法。

(2) BookRetrieve 类的方法
- BookRetrieve()是构造方法,用来创建成员变量,并注册监听器。
- itemStateChanged()是 choice 对象的事件处理方法。
- actionPerformed()用来向服务器端发送图书查询请求,并接收服务器端的返回结果。

该类的运行效果如图6-11所示。图中showResult组件中显示的是由服务器端返回的对书名进行模糊查询的结果,结果已按索引号升序排列。

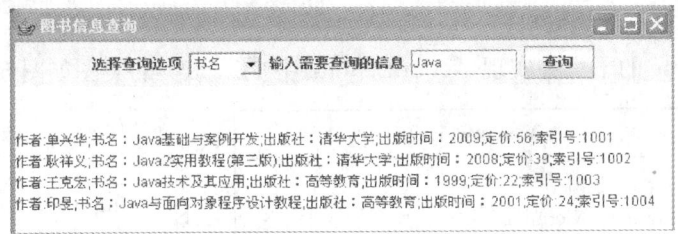

**图6-11 BookRetrieve类的运行效果**

(3) BookRetrieve类的代码

此处只附事件处理方法,代码如下:

```
public void itemStateChanged(ItemEvent e)
{
  choiceName=choice.getSelectedItem();
}
 public void actionPerformed(ActionEvent e)
 {
  if(e.getSource()==send)
  {
   try{
       SocketIO socket=new SocketIO();        //创建SocketIO对象
       in=socket.getIn();                     //创建输入流对象
       out=socket.getOut();                   //创建输出流对象
      }
   catch(Exception ee){}
   showResult.setText(null);
   String s=inputText.getText(); //获取用户输入的信息
   choiceName=choice.getSelectedItem();
   if(s!=null)
   {
      try
      {
         out.writeUTF("图书查询:"+choiceName+":"+s);   //向服务器端发送请求
         s=in.readUTF();                              //接收服务器端返回的数据
         showResult.append("\n"+s);                   //显示服务器端的返回结果
      }
      catch(IOException e1) { }
   }
```

```
    }
}
```

### 8. ManagerFrame 类的设计

该类是 JFrame 的子类并实现 ActionListener 接口。该类的类图如图 6-12 所示。

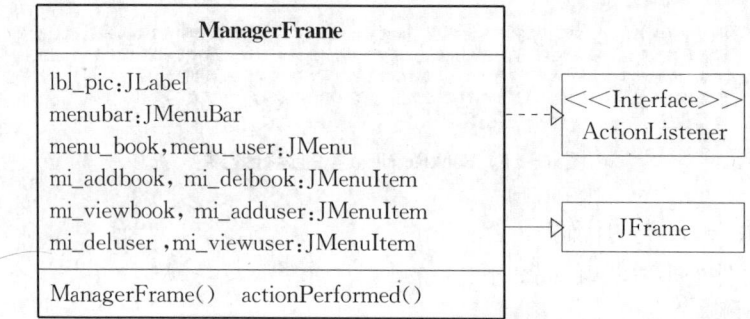

图 6-12  ManagerFrame 的类图

(1) ManagerFrame 类的成员变量
- lbl_pic 是用于显示图像的标签。
- menubar 是窗口的菜单条。
- menu_book 和 menu_user 是包含下级菜单项的菜单。
- mi_addbook、mi_delbook、mi_viewbook 是 menu_book 菜单的下级菜单项。
- mi_adduser、mi_deluser、mi_viewuser 是 menu_user 菜单的下级菜单项。

(2) ManagerFrame 类的方法
- ManagerFrame() 是构造方法,主要用来创建菜单条、菜单和菜单项,并注册动作监听器。
- actionPerformed() 是菜单项被点击后的事件处理方法。

该类的运行效果如图 6-13 所示。

(3) ManagerFrame 类的代码
此处只附事件处理方法,代码如下:

图 6-13  ManagerFrame 的运行效果

```
public void actionPerformed(ActionEvent e)
{
    if(e.getSource()==mi_addbook)
```

```
{
    new add_book().setVisible(true);
}
else if(e.getSource()==mi_delbook)
{
    new del_book().setVisible(true);
}
else if(e.getSource()==mi_viewbook)
{
    new BookRetrieve().setVisible(true);
}
else if(e.getSource()==mi_adduser)
{
    new add_user().setVisible(true);
}
else if(e.getSource()==mi_deluser)
{
    new del_user().setVisible(true);
}
elsc if(e.getSource()==mi_viewuser)
{
    new view_user().setVisible(true);
}
}
}
```

**9. add_book 类的设计**

该类是 JFrame 的子类并实现 ActionListener 接口。该类的类图如图 6-14 所示。

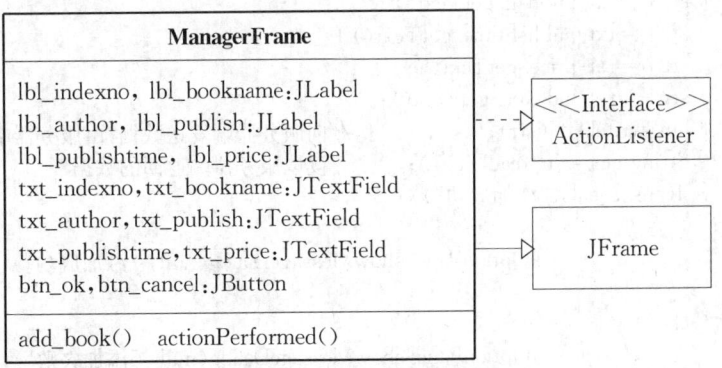

图 6-14 add_book 的类图

(1) add_book 类的成员变量

◆ lbl_indexno 等 6 个 JLabel 对象为显示提示信息的标签。

- txt_indexno 等 6 个 JTextField 对象为提供信息输入的文本框。
- btn_ok 和 btn_cancel 两个按钮,触发 ActionPerformed 方法的执行。

(2) add_book 类的方法
- addbook()是构造方法,用来创建标签、文本框和按钮对象,并注册动作监听器。
- actionPerformed()是按钮被点击后的事件处理方法。

该类的运行效果如图 6-15 所示。

(3) add_book 类的代码

此处只附事件处理方法,代码如下:

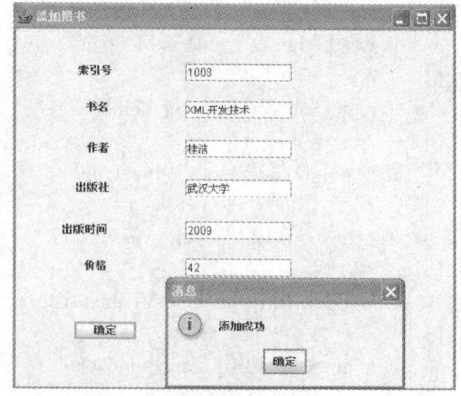

图 6-15 add_book 类的运行效果

```
public void actionPerformed(ActionEvent e)
{
    if(e.getSource()==btn_ok)              //点击"确定"按钮
    {
        SocketIO socket=new SocketIO();    //创建 SocketIO 对象
        DataInputStream in=socket.getIn(); //创建输入流对象
        DataOutputStream out=socket.getOut(); //创建输出流对象
        try {
            String str="";
            str+="添加图书:";
            str+=txt_author.getText()+":";
            str+=txt_bookname.getText()+":";
            str+=txt_publish.getText()+":";
            str+=txt_publishtime.getText()+":";
            str+=txt_price.getText()+":";
            str+=txt_indexno.getText();
            out.writeUTF(str);             //向服务器端发送数据,由服务器端进行添加
            String ans= in.readUTF();      //读取服务器端返回的数据
            if(ans.equals("添加成功"))
            {
                JOptionPane.showMessageDialog(null,"添加成功");
            }
            else
            {
                JOptionPane.showMessageDialog(null,"添加失败");
            }
        }
        catch (IOException e1)
```

```
                {
                                    e1.printStackTrace();
                }
        }
        else                                    //点击取消按钮
        {
            txt_indexno.setText("");
            txt_bookname.setText("");
            txt_author.setText("");
            txt_publish.setText("");
            txt_publishtime.setText("");
            txt_price.setText("");
        }
}
```

**10. add_user 类的设计**

add_user 类是 JFrame 的子类并实现 ActionListener 和 ItemListener 接口。该类的类图如图 6-16 所示。

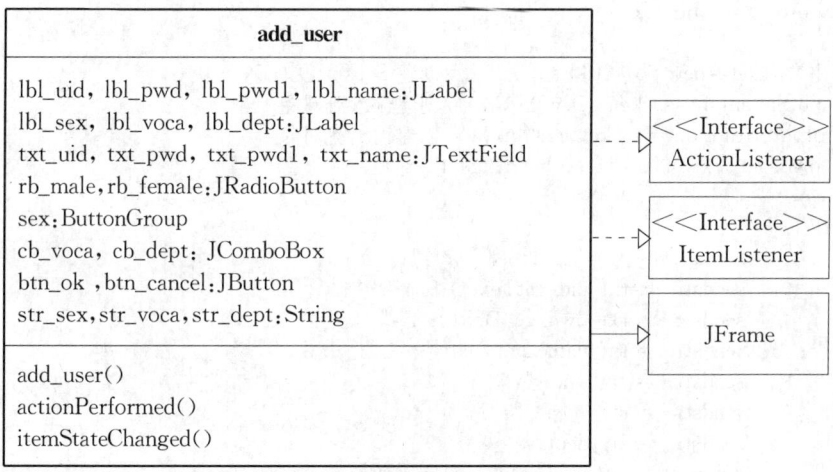

图 6-16　add_user 的类图

(1) add_user 类的成员变量

◆ lbl_uid 等 7 个 JLabel 对象为显示提示信息的标签。

◆ txt_uid 等 4 个 JTextField 对象为提供信息输入的文本框。

◆ rb_male、rb_female 是对性别进行选择的单选按钮，而 sex 用于对这两者进行成组。

◆ cb_voca、cb_dept 是分别提供对职业和部门进行选择的组合框。

◆ btn_ok 和 btn_cancel 两个按钮，触发 ActionPerformed 方法的执行。

- str_sex、str_voca、str_dept 保存用户对于性别、职业和部门的选择信息。

(2) add_user 类的方法

- adduser()是构造方法,用来创建标签、文本框、单选钮、组合框和按钮对象,并注册动作监听器。
- actionPerformed()是按钮被点击后的事件处理方法。
- itemStateChanged()是单选钮和组合框中的选项改变时的事件处理方法。

该类的运行效果如图 6-17 所示。

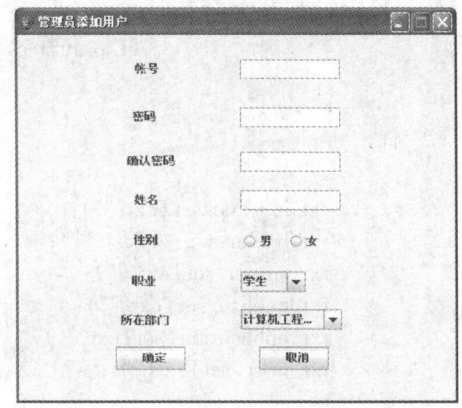

图 6-17 add_user 类的运行效果

(3) add_user 类的代码

此处只附事件处理方法,代码如下:

```java
public void actionPerformed(ActionEvent e)
{
   if(e.getSource()==btn_ok)
   {
       SocketIO socket=new SocketIO();          //创建 SocketIO 对象
       DataInputStream in=socket.getIn();       //创建输入流对象
       DataOutputStream out=socket.getOut();    //创建输出流对象
       if(txt_pwd.getText().equals(txt_pwd1.getText()))
       {
           try {
                  String sendstr="添加一般用户:";
                  sendstr+=txt_uid.getText()+":";
                  sendstr+=txt_pwd.getText()+":";
                  sendstr+=txt_name.getText()+":";
                  sendstr+=str_sex+":";
                  sendstr+=str_voca+":";
                  sendstr+=str_dept;
                  out.writeUTF(sendstr);        //向服务器端发送数据
                  String ans=in.readUTF();      //接收服务器端的返回数据
                  if(ans.equals("添加成功"))
                  {
                        JOptionPane.showMessageDialog(null,"用户添加成功");
                  }
                  else
                  {    JOptionPane.showMessageDialog(null,"用户添加失败");
                  }
```

```
                    }
            catch(IOException e1)
                {
                            e1.printStackTrace();
                }
            }
        else    { JOptionPane.showMessageDialog(null,"两次密码输入不一致!!");}
    }
        else
          {
            txt_uid.setText("");
            txt_pwd.setText("");
            txt_pwd1.setText("");
            txt_name.setText("");
          }
}
public void itemStateChanged(ItemEvent e)
{
  if(e.getSource()==rb_male)
    { str_sex="男";
    }
  if(e.getSource()==rb_female)
    { str_sex="女";
    }
  if(e.getSource()==cb_voca)
    { str_voca=(String)cb_voca.getSelectedItem();
    }
  if(e.getSource()==cb_dept)
    { str_dept=(String)cb_dept.getSelectedItem();            )
    }
}
}
```

## 11. del_book 类的设计

del_book 类是 JFrame 的子类并实现 ActionListener 接口。该类的类图如图 6-18 所示。

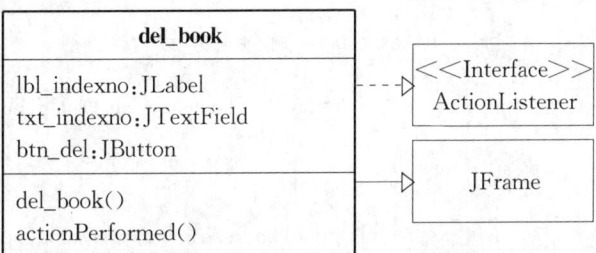

图 6-18　del_book 的类图

(1) del_book 类的成员变量
- lbl_indexno 是提示输入图书索引号的标签。
- txt_indexno 是用于输入图书索引号的文本框组件。
- btn_del 是按钮,点击后触发 actionEvent 事件。

(2) del_book 类的方法
- del_book()是构造方法,用来初始化成员变量。
- actionPerformed()方法向服务器发出请求,并接收服务器端的返回结果。

该类的运行效果如图 6-19 所示。

(3) del_book 类的代码
此处只附事件处理方法,代码如下:

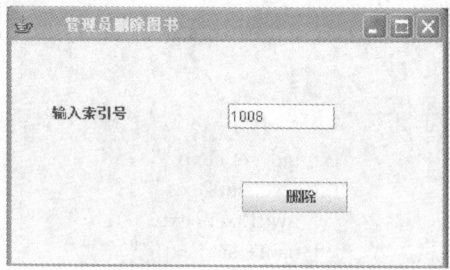

图 6-19　del_book 的运行效果

```java
public void actionPerformed(ActionEvent e)
{
    if(e.getSource()==btn_del)
    {
        SocketIO socket=new SocketIO();           //创建 SocketIO 对象
        DataInputStream in=socket.getIn();        //创建输入流对象
        DataOutputStream out=socket.getOut();     //创建输出流对象
        String indexno=txt_indexno.getText();     //获取输入的索引号
        String ans=null;
        if(indexno!=null)
        {
            try {
                int n=JOptionPane.showConfirmDialog(this,"确认要删除吗?","确认
                    对话框",JOptionPane.YES_NO_OPTION);
                if(n==JOptionPane.YES_OPTION)     //得到确认
                {
                    out.writeUTF("删除图书:"+indexno); //向服务器端发送数据
                    ans=in.readUTF();                 //接收服务器端返回的
                                                      数据
                    if(ans.equals("删除成功"))
                    {
                        JOptionPane.showMessageDialog(null,"删除成功");
                    }
                    else
                    {
                        JOptionPane.showMessageDialog(null,"删除失败");
                    }
```

```
                    }
                }
            catch(Exception ee) { }
            }
        }
}
```

del_book、view_user、del_user 类的设计可仿照前面进行,在此不做介绍,请读者自己完成。

**12. view_user 类的设计**

该类的设计可参照 BookRetrieve 类的设计,在此不做介绍,请读者自己完成。

**13. del_user 类的设计**

该类的设计可参照 del_book 类的设计,在此不做介绍,请读者自己完成。

## 6.3.2 数据库的设计

建立 Access 数据库"图书信息",在其中建立数据表"图书信息表"、"user"表和"manager"表,分别用于存放图书信息、一般用户信息和管理员信息。其设计结果如图 6-20 所示。

| 图书信息表:表 | |
|---|---|
| 字段名称 | 数据类型 |
| 作者 | 文本 |
| 书名 | 文本 |
| 出版社 | 文本 |
| 出版时间 | 文本 |
| 定价 | 文本 |
| 索引号 | 文本 |

| user:表 | |
|---|---|
| 字段名称 | 数据类型 |
| id | 文本 |
| pwd | 文本 |
| name | 文本 |
| sex | 文本 |
| voca | 文本 |
| dept | 文本 |

| manager:表 | |
|---|---|
| 字段名称 | 数据类型 |
| id | 文本 |
| pwd | 文本 |

图 6-20 "图书信息"数据库的设计结果

向 3 个表中录入适量数据,然后配置 ODBC 数据源"bookinfo",与图书信息数据库建立关联,以便在程序中通过 JDBC-ODBC 桥来访问数据。

## 6.3.3 所需素材文件

login 类和 ManagerFrame 类中均通过 JLabel 和 ImageIcon 在窗口中显示一幅图像。所以客户端程序的运行需要命名为"1.jpg"和"2.jpg"的图像文件,将其与客户端源文件保存在同一目录中。

## 6.4 代码调试

对服务器端和客户端的源文件分别进行编译,然后先后运行服务器端和客户端的主类,即 Server 类和 Client 类,即可在客户端和服务器端建立通信连接。用户以合法身份登录进系统后,即可进行权限范围内的操作。

## 6.5 软件发布

(1) 用文本编辑器,如 Windows 自带的记事本,分别编写服务器端和客户端的 Manifest 文件。

服务器端：

Mf1.mf

  Manifest-Version：1.0

  Main-Class：Server

  Created-By：1.5(Sun Microsystems Inc.)

客户端：

Mf2.mf

  Manifest-Version：1.0

  Main-Class：Client

  Created-By：1.5(Sun Microsystems Inc.)

(2) 分别生成服务器端和客户端的 JAR 文件

服务器端：

  Jar cfm server.jar Mf1.mf *.class

客户端：

  Jar cfm client.jar Mf2.mf *.class

其中参数 c 表示要生成一个新的 JAR 文件,f 表示要生成的 JAR 文件的名字,m 表示清单文件的名字。

# 第 7 章 案例 3——日历记事本

## 7.1 设计要求

设计 GUI 界面的日历记事本,系统将日历和记事本结合在一起,可以方便地保存、查看日志,即可以记录与任何日期有关的内容并可以随时查看与某个日期相对应的日志内容。该系统的运行界面如图 7-1 所示。

对于该系统的设计要求如下:

(1) 系统界面的左侧是日历和一幅图像。该日历可以按年前后翻动,用鼠标左键单击"上年"按钮,可将当前日历的年份减一;用鼠标左键单击"下年"按钮,可将当前日历的年份加一。该日历还可以在某年内按月前后翻动,用鼠标左键单击"上月"按钮,可将当前日历的月份减一;用鼠标左键单击"下月"按钮,可将当前日历的月份加一。

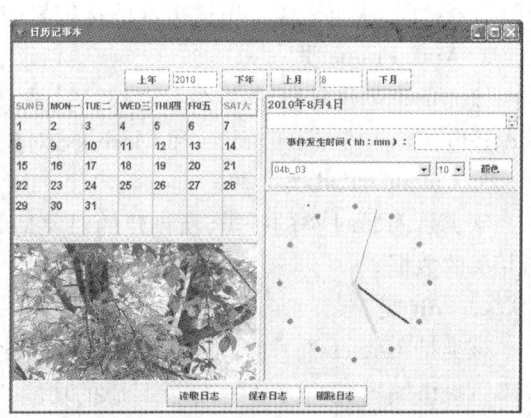

图 7-1 日历记事本的初始运行界面

(2) 系统界面的右侧是记事本和一个时钟。用鼠标单击日历上的某个日期,就可以通过该记事本编辑有关日志,并将日志保存到一个文件中。用户可以读取、删除某个日期的日志,也可以继续向日志中增添新的内容,用户可以为同一天的多个时刻添加日志内容,读取到的日志还可以在窗口上方滚动显示。

(3) 当某个日期有日志时,该日期对应的单元格内就会出现一个小图标作为标记,表明这个日期有日志;当用户删除某个日期的日志后,该日期相对应的单元格内的标记就会消失。

(4) 当系统时钟到达整点或日志时刻到达时,会播放音乐进行提醒。

描述系统功能的用例图如图 7-2 所示。

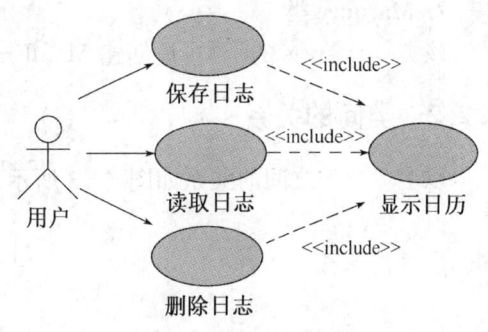

图 7-2 系统用例图

## 7.2 总体设计

在设计日历记事本时,定义了 7 个类:CalendarNotePad、MainFrame、CalendarPad、Clock、Edit、ImageCanvas、Marquee。除了这 7 个类以外,还需要 Java 系统所提供的一些重要类,如 JTextField、JTextArea、File 等。

### 7.2.1 类的职责划分

**1. CalendarNotePad 类**

该类是系统的主类,包含 main() 方法,程序从此方法开始执行。在该方法中,创建 MainFrame 对象,从而生成日历记事本的运行界面。

**2. MainFrame 类**

该类负责创建日历记事本主窗口。其成员变量中有 5 种重要类型的对象:CalendarPad、Edit、Clock、ImageCanvas 和 Marquee 对象。

**3. CalendarPad 类**

该类是 JPanel 类的子类,所创建的对象是 MainFrame 类的重要成员之一,用来记录日历相关的数据。

**4. Edit 类**

该类是 JPanel 的子类,是创建 MainFrame 类的重要成员之一,所创建的对象表示"记事本",提供编辑、读取、保存、删除日志的功能。

**5. Clock 类**

该类是 Canvas 的子类,是创建 MainFrame 类的重要成员之一,负责时钟以及闹铃。

**6. ImageCanvas 类**

该类是 Canvas 的子类,是创建 MainFrame 类的重要成员之一,用来绘制图像。

**7. Marquee 类**

该类是 Canvas 的子类,是创建 MainFrame 类的重要成员之一,用来滚动字幕。

### 7.2.2 类间的关系

以上 7 个类之间的关系如图 7-3 所示。

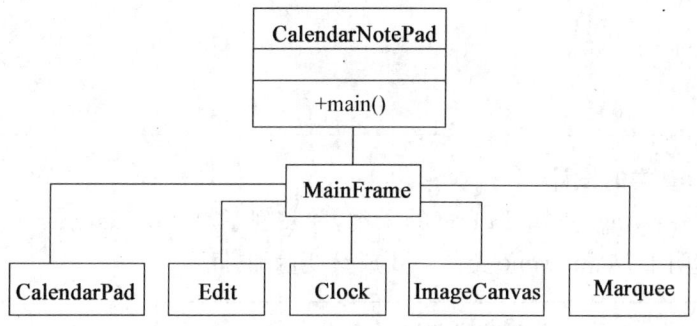

图 7-3 日历记事本系统中类间的关系

## 7.3 详细设计

### 7.3.1 各个类的设计

**1. CalendarNotePad 类的设计**

该类是系统的主控类,其中包含 main()方法,其类图如图 7-4 所示。

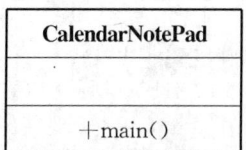

图 7-4 CalendarNotePad 的类图

其代码如下:

```
import javax.swing.*;
import java.awt.event.*;
import java.awt.*;
import java.util.*;
import java.io.*;
import javax.swing.Timer;
import java.awt.geom.*;
import java.net.*;
import java.applet.*;
public class CalendarNotePad
{
    public static void main(String[] args)
```

```
        {
           new MainFrame();
        }
}
```

### 2. MainFrame 类的设计

该类是 javax.swing 包中 JFrame 的子类,并实现了 ActionListener 和 MouseListener 接口,图 7-5 标明了 MainFrame 类的主要成员变量和方法。

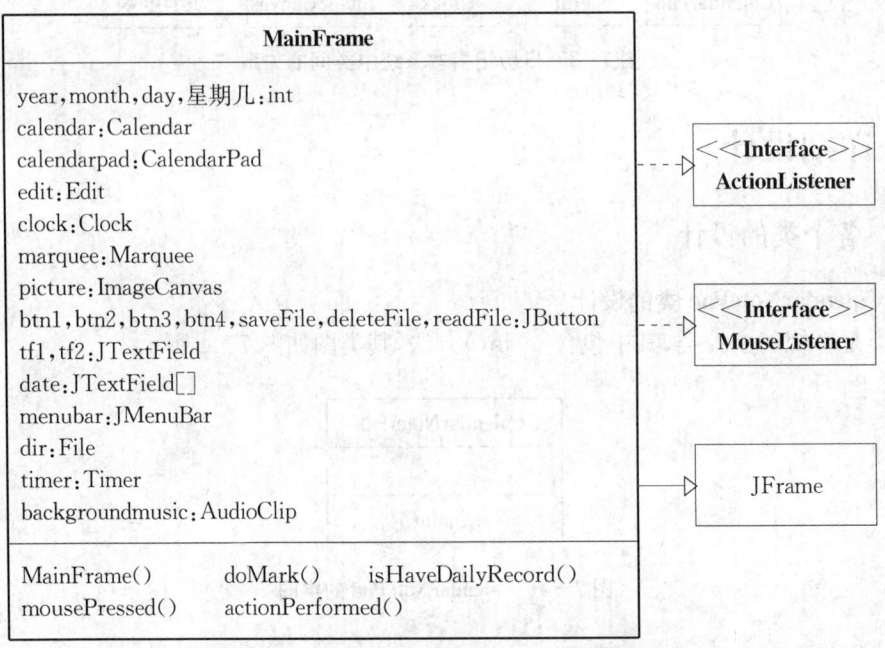

图 7-5　MainFrame 类的主要成员变量和方法

(1) MainFrame 类的主要成员变量

- year,month,day 和星期几是 int 型数据,它们的值分别确定年、月、日和月的第一天是星期几。
- calendar 是 Calendar 类型的对象,创建日历时间。
- calendarpad 是 CalendarPad 类型的对象,可以处理和日期有关的数据。
- edit 是 Edit 类型的对象,具有编辑、保存、读取和删除日志的功能。
- clock 是 Clock 类型的对象,用来显示时钟。
- marquee 是 Marquee 类型的对象,负责创建滚动字幕。
- picture 是 ImageCanvas 类型的对象,负责绘制图像。
- btn1,btn2,btn3,btn4,saveFile,deleteFile,readFile 都是 JButton 创建的按钮对象,

名字依次为"上年"、"下年"、"上月"、"下月"、"保存日志"、"删除日志"、"读取日志"。这些按钮都将当前窗口注册为自己的 ActionEvent 事件监听器。
- tf1,tf2 是 JTextField 类型的对象,用来显示年份和月份。
- date 数组的每个元素是 JTextField 类型的对象,用来显示日期的文本框。
- menubar 是 JMenuBar 创建的对象,用来显示滚动字幕。
- dir 是 File 类型的对象,用于存放日志信息。
- timer 是 Timer 类型的对象,用于计时。
- backgroundmusic 是 java.applet 包中 AudioClip 类的对象,存放背景音乐。

(2) MainFrame 类的方法
- MainFrame()是构造方法,用于初始化窗口。
- doMark()方法负责对有日志的日期做标记。
- isHaveDailyRecord(int)方法判断当前日期有没有相应的日志信息。
- actionPerformed(ActionEvent)方法是 btn1,btn2,btn3,btn4,saveFile,deleteFile, readFile 按钮和 timer 的事件处理方法
- mousePressed(MouseEvent)方法是 MainFrame 类实现 MouseListener 接口的方法, 是 date 数组中 JTextField 文本框的鼠标事件处理程序。当用户在日期文本框上面按下鼠标左键时,将执行 mousePressed(MouseEvent)方法的相应操作。

(3) MainFrame 类的代码

```
class MainFrame extends JFrame implements ActionListener,MouseListener
{
    int year,month,day,星期几;         //year,month,day 表示年,月,日
    Calendar calendar;
    CalendarPad calendarpad;            //定义 CalendarPad 的对象
    Clock clock;                        //定义 Clock 的对象
    Edit edit;                          //定义 Edit 的对象
    Marquee marquee;                    //定义 Marquee 的对象
    ImageCanvas picture;
    ImageIcon icon;
    JPanel p1,p2;
    JButton btn1,btn2,btn3,btn4;
    JButton saveFile,deleteFile,readFile;
    JTextField tf1,tf2;
    JTextField[] date;
    JMenuBar menubar;
    File dir;
    String sstring;
    int slength;
```

```java
String[] s;
String[] str;
URL url1;
AudioClip backgroundmusic;
Timer timer;
Date datem;
String occourTime;
MainFrame()
{
    super("日历记事本");
    str=new String[10];
    occourTime=new String();
    marquee=new Marquee(this);
    dir=new File("./dailyRecord");
    dir.mkdir();                                  //创建一个文件夹用于存放日志
    calendarpad=new CalendarPad();
    clock=new Clock();
    edit=new Edit();
    picture=new ImageCanvas();
    timer=new Timer(60000,this);
    icon=new ImageIcon("11.jpg");                 //创建一个小图标
    menubar=new JMenuBar();
    btn1=new JButton("上年");
    btn2=new JButton("下年");
    btn3=new JButton("上月");
    btn4=new JButton("下月");
    tf1=new JTextField(5);
    tf2=new JTextField(5);
    saveFile=new JButton("保存日志");
    deleteFile=new JButton("删除日志");
    readFile=new JButton("读取日志");
    date=new JTextField[42];
    for(int i=0;i<date.length;i++)
    {
        date[i]=new JTextField();
        date[i].setLayout(new GridLayout(3,3));
        date[i].addMouseListener(this);
    }
    calendar=Calendar.getInstance();              //初始化日历对象
    year=calendar.get(Calendar.YEAR);             //获得现在时间:年
    month=calendar.get(Calendar.MONTH)+1;         //获得现在时间:月
    day=calendar.get(Calendar.DAY_OF_MONTH);      //获得现在时间:日
    tf1.setText(""+year);
```

```
    tf2.setText(""+month);
    calendar.set(year,month-1,1);           //将日历翻到 year,month,day 这天
     星期几=calendar.get(Calendar.DAY_OF_WEEK)-1;
    calendarpad.setShowDay(date);           //CalendarPadl 类里的方法
    calendarpad.getTime(year,month,星期几);
    edit.setMessage(year,month,day);        //Edit 类中的方法
    p1=new JPanel();
    p2=new JPanel();
    p1.add(btn1);
    p1.add(tf1);
    p1.add(btn2);
    p1.add(btn3);
    p1.add(tf2);
    p1.add(btn4);
    add(p1,BorderLayout.NORTH);
    p2.add(readFile);
    p2.add(saveFile);
    p2.add(deleteFile);
    add(p2,BorderLayout.SOUTH);
    menubar.add(marquee);
    setJMenuBar(menubar);
    JSplitPane split1=new JSplitPane(JSplitPane.VERTICAL_SPLIT,calendarpad,picture);
    //将窗口先划分为上下两部分:calendarpad 和 picture
    JSplitPane split2=new JSplitPane(JSplitPane.VERTICAL_SPLIT,edit,clock);
    //将窗口划分为上下两部分:edit 和 clock
    JSplitPane splitm=new JSplitPane(JSplitPane.HORIZONTAL_SPLIT,split1,split2);
    //将 split1 和 split2 划分为窗口左右部分
    add(splitm,BorderLayout.CENTER);
    btn1.addActionListener(this);
    btn2.addActionListener(this);
    btn3.addActionListener(this);
    btn4.addActionListener(this);
    saveFile.addActionListener(this);
    deleteFile.addActionListener(this);
    readFile.addActionListener(this);
    tf1.addActionListener(this);
    tf2.addActionListener(this);
    timer.start();
    doMark();                               //用于在日历上做标记的函数
    setVisible(true);
    setBounds(60,60,700,550);
    validate();
 }
```

```java
public void actionPerformed(ActionEvent e)
{
   if(e.getSource()==btn1)                    //按钮事件,年数增加一
   {
     year=year-1;
     tf1.setText(""+year);
     calendar.set(year,month-1,1);
     星期几=calendar.get(Calendar.DAY_OF_WEEK)-1;
     edit.setMessage(year,month,1);
     calendarpad.getTime(year,month,星期几);
     doMark();
   }
   if(e.getSource()==btn2)                    //按钮事件,年数减少一
   {
     year=year+1;
     tf1.setText(""+year);
     calendar.set(year,month-1,1);
     星期几=calendar.get(Calendar.DAY_OF_WEEK)-1;
     edit.setMessage(year,month,1);
     calendarpad.getTime(year,month,星期几);
     doMark();
   }
   if(e.getSource()==btn3)                    //按钮事件,月数增加一
   {
     month=month-1;
     if(month<=0)
     {
       month=12;
     }
     tf2.setText(""+month);
     calendar.set(year,month-1,1);
     星期几=calendar.get(Calendar.DAY_OF_WEEK)-1;
     edit.setMessage(year,month,1);
     calendarpad.getTime(year,month,星期几);
     doMark();
   }
   if(e.getSource()==btn4)                    //按钮事件,月数减少一
   {
     month=month+1;
     if(month>12)
     {
       month=1;
     }
```

```
    tf2.setText(""+month);
    calendar.set(year,month-1,1);
    星期几=calendar.get(Calendar.DAY_OF_WEEK)-1;
    edit.setMessage(year,month,1);
    calendarpad.getTime(year,month,星期几);
    doMark();
}
if(e.getSource()==tf1)                    //文本框事件,更换年份
{
    year=Integer.parseInt(tf1.getText());
    month=Integer.parseInt(tf2.getText());
    calendar.set(year,month-1,1);
    星期几=calendar.get(Calendar.DAY_OF_WEEK)-1;
    edit.setMessage(year,month,1);
    calendarpad.getTime(year,month,星期几);
    doMark();
}
if(e.getSource()==tf2)                    //文本框事件,更换月份
{
    year=Integer.parseInt(tf1.getText());
    month=Integer.parseInt(tf2.getText());
    calendar.set(year,month-1,1);
    星期几=calendar.get(Calendar.DAY_OF_WEEK)-1;
    edit.setMessage(year,month,1);
    calendarpad.getTime(year,month,星期几);
    doMark();
}
if(e.getSource()==saveFile)               //按钮事件,保存日志
{
    edit.savefile(dir,year,month,day);
    doMark();
}
if(e.getSource()==readFile)               //按钮事件,读取日志
{
    edit.readfile(dir,year,month,day);
    sstring=edit.ta.getText().trim();
    slength=sstring.length()+2;
    s= marquee.getStr(sstring,slength);
    marquee.repaint();
}
if(e.getSource()==deleteFile)             //按钮事件,删除日志
{
    edit.deletefile(dir,year,month,day);
```

```java
      doMark();
    }
    if(e.getSource()==timer)
    {
        int i=0;
        String fileName=""+year+""+month+""+day+".txt";
        if(isHaveDailyRecord(day))
        {
            try
            {
                File file=new File(dir,fileName);
                FileReader inOne=new FileReader(file);
                BufferedReader inTwo=new BufferedReader(inOne);
                String s;
                while((s=inTwo.readLine())!=null)
                {
                    StringTokenizer tokenizer=new StringTokenizer(s,"#");
                    while(tokenizer.hasMoreTokens())
                    {
                        try
                        {
                            str[i]=tokenizer.nextToken();
                            i++;
                        }
                        catch(Exception eex){}
                    }
                }
                inOne.close();
                inTwo.close();
            }
            catch(IOException ex){}
            datem=new Date();                          //获取系统时间
            String string=datem.toString();
            occourTime=string.substring(11,16);
            try{
                File musicFile=new File("LoopyMusic.wav");
                url1=musicFile.toURL();
                backgroundmusic=Applet.newAudioClip(url1);
            }
            catch(Exception ex){}
            for(i=0;i<str.length;i+=2)
            {
                try
```

```java
                {
                    if(str[i].equals(occourTime))        //日志时间到,播放.wav文件
                    {
                        backgroundmusic.play();
                    }
                }
                catch(Exception ee){}
            }
        }
    }
    public void mousePressed(MouseEvent e)               //点击鼠标事件
    {
        JTextField jtf=(JTextField)e.getSource();
        String s=jtf.getText().trim();                    //获取文本框上的内容
        day=Integer.parseInt(s);
        edit.setMessage(year,month,day);
        edit.ta.setText("");
    }
    public void mouseReleased(MouseEvent e){}
    public void mouseEntered(MouseEvent e){}
    public void mouseExited(MouseEvent e){}
    public void mouseClicked(MouseEvent e){}
/*
 * doMark()函数,如果当天有日志,就在当天日历上创建图标
 */
    public void doMark()
    {
        for(int i=0;i<date.length;i++)
        {
            date[i].removeAll();
            String s=date[i].getText().trim();
            try
            {
                int n=Integer.parseInt(s);
                if(isHaveDailyRecord(n)==true)            //若当天有日志
                {
                    JLabel mess=new JLabel(icon);
                    mess.setFont(new Font("TimesRoman",Font.PLAIN,12));
                    mess.setForeground(Color.red);
                    date[i].add(mess);
                }
```

```
        }
        catch(Exception e){}
    }
    calendarpad.repaint();
    calendarpad.validate();
}
/*
 * isHaveDailyRecord(int)函数,判断当天是否有日志(日志名都是 year+month+day)
 */
public boolean isHaveDailyRecord(int n)
{
    String key=""+year+""+month+""+n;
    String dailyFile[]=dir.list();              //用字符串形式返回目录下全部文件
    boolean b=false;
    for(int k=0;k<dailyFile.length;k++)
    {
        if(dailyFile[k].equals(key+".txt"))     //判断文件中是否有当天的日志
        {
            b=true;
            break;
        }
    }
    return b;
}
```

### 3. CalendarPad 类的设计

CalendarPad 类是 JPanel 的子类,图 7-6 标明了该类的成员变量和方法。

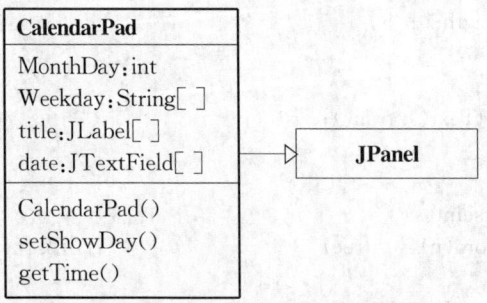

图 7-6 CalendarPad 类的成员变量和方法

(1) CalendarPad 类的成员变量

◆ MonthDay 是 int 型的,用来获取每个月的天数。

◆ Weekday 是字符串数组,用来表示星期几。

- title 是 JLabel 数组,用来显示星期几。
- date 是 JTextField 数组,用来显示当月的每一天。

(2) CalendarPad 类的方法

- CalendarPad()是构造方法,用来初始化 title、date 等成员变量。
- setShowDay(JTextField[])方法用来设置 date 数组。
- getTime(int,int,int)方法用于获取每个月的天数并在日历上显示出该月的每一天。

(3) CalendarPad 类的代码

```java
class CalendarPad extends JPanel
{
    int MonthDay;
    String[] Weekday={"SUN 日","MON 一","TUE 二","WED 三","THU 四","FRI 五","SAT 六"};
    JLabel title[];
    JTextField date[];
    CalendarPad()
    {
        setLayout(new GridLayout(7,7));
        title=new JLabel[7];
        date=new JTextField[42];
        for(int i=0;i<7;i++)
        {
            title[i]=new JLabel();
            title[i].setText(Weekday[i]);
            title[i].setBorder(BorderFactory.createRaisedBevelBorder());
            add(title[i]);
        }
        title[0].setForeground(Color.red);
        title[6].setForeground(Color.red);
        setBounds(0,0,200,200);
        setVisible(true);
        validate();
    }
    //添加日历的文本框
    public void setShowDay(JTextField[] text)
    {
        date=text;
        for(int i=0;i<42;i++)
        {
            add(date[i]);
            date[i].setFont(new Font("TimesRoman",Font.BOLD,15));
            date[i].setEditable(false);
```

```
        }
    }
    //getTime(int,int,int)函数用于获取每个月的天数,并在日历上显示出每一天
    public void getTime(int year,int month,int weekday)
    {
        if(month==1||month==3||month==5||month==7||month==8||month==10||month=
            =12)
        {
            MonthDay=31;
        }
        if(month==4||month==6||month==9||month==11)
        {
            MonthDay=30;
        }
        if(month==2)
        {
            if((year%4==0&&year%100!=0)||(year%400==0))
            {
                MonthDay=29;
            }
            else
            {
                MonthDay=28;
            }
        }
        for(int i=weekday,n=1;i<weekday+MonthDay;i++)
        {
            date[i].setText(""+n);
            n++;
        }
        for(int i=0;i<weekday;i++)
        {
            date[i].setText("");
        }
        for(int i=weekday+MonthDay;i<42;i++)
        {
            date[i].setText("");
        }
    }
}
```

### 4. Edit 类的设计

Edit 类是 JPanel 的子类,并实现了 ActionListener,MouseListener,ItemListener 接口,

该类用于日志的编写、保存、读取、删除和显示。图7-7标明该类的主要成员变量和方法。

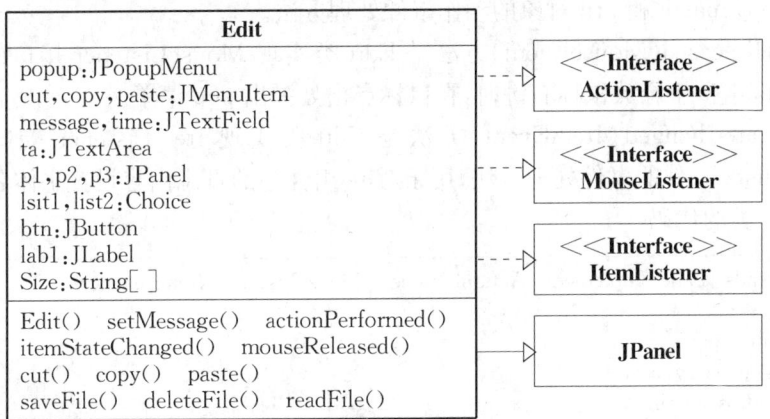

图7-7 Edit类的成员变量和方法

（1）Edit类的成员变量
- popup 是 JPopupMenu 类型的对象，用于创建弹出菜单项。
- cut,copy,paste 是 JMenuItem 类型的对象，用来对文本框内容进行剪切、复制、粘贴操作。
- message,time 是 JTextField 类型的对象，message 用来显示年、月、日，time 用来操作显示日志发生的时间。
- ta 是 JTextArea 类型的对象，是日志内容的编辑区域。
- p1,p2,p3 是 JPanel 类型的对象，用于添加按钮、标签和文本框等组件。
- list1,list2 是 Choice 对象，用于显示字体名称和字体大小。
- btn 是 JButton 类型的对象，点击后弹出选择颜色对话框。
- lbl1 是 JLabel 类型的对象，用来存放事件发生的时间。
- Size 是 String 类型的数组，用来存放字体大小。

（2）Edit类的方法
- Edit()是构造方法，用于初始化成员变量。
- setMessage(int,int,int)方法用于设置 message 对象上的显示内容。
- cut()方法用于对 ta 上的日志内容的剪切。
- copy()方法用于对 ta 上的日志内容的复制。
- paste()方法用于对 ta 上的日志内容的粘贴。
- saveFile(File,int,int,int)方法用于保存日志内容。
- readFile(File,int,int,int)方法用于读取日志内容。
- deleteFile(File,int,int,int)方法用于删除日志内容。

- actionPerformed(ActionEvent)方法是 Edit 类实现 ActionListener 接口的方法,是 cut、copy、paste 和 btn 对象的动作事件处理方法。
- mouseReleased(MouseEvent)方法是 Edit 类实现 MouseListener 接口的方法,当用户在 ta 组件中释放鼠标右键时,在鼠标点击处弹出 pop 菜单。
- ItemStateChanged(ItemEvent)方法是 Edit 类实现 ItemListener 接口的方法,是 list1、list2 组件的事件处理方法,用于对 ta 组件中的日志内容设置字体名称及大小。

(3) Edit 类的代码

```java
class Edit extends JPanel implements ActionListener ,MouseListener,ItemListener
{
  JPopupMenu popup;
  JMenuItem cut,copy,paste;
  JTextField message,time;
  JTextArea ta;
  JPanel p1,p2,p3;
  Choice list1,list2;
  JButton btn;
  JLabel lab1;
  String Size[]={"10","12","14","16","18","20","22","24","26","28","30",
             "32","34","36"};    //存放字体大小的一维数组
  Edit()
  {
    popup=new JPopupMenu();         //创建弹出菜单
    message=new JTextField();
    message.setEditable(false);
    ta=new JTextArea(5,20);
    p1=new JPanel();
    p2=new JPanel();
    p3=new JPanel();
    btn=new JButton("颜色");
    lab1=new JLabel("事件发生时间(hh:mm):");
    time=new JTextField(10);
    list1=new Choice();
    list2=new Choice();
    GraphicsEnvironment ge=GraphicsEnvironment.getLocalGraphicsEnvironment();
    String fontname[]=ge.getAvailableFontFamilyNames();     //存放字体名的一维数组
    for(int i=0;i<fontname.length;i++)               //将字体名添加到 list1 中
    {
      list1.add(fontname[i]);
    }
    for(int i=0;i<Size.length;i++)               //将字体大小添加到 list2 中
    {
      list2.add(Size[i]);
```

```
    }
    //创建快捷方式
    cut=new JMenuItem("剪切");
    cut.setAccelerator(KeyStroke.getKeyStroke(KeyEvent.VK_X,InputEvent.CTRL_MASK));
    copy=new JMenuItem("复制");
    copy.setAccelerator(KeyStroke.getKeyStroke(KeyEvent.VK_C,InputEvent.CTRL_MASK));
    paste=new JMenuItem("粘贴");
    paste.setAccelerator(KeyStroke.getKeyStroke(KeyEvent.VK_V,InputEvent.CTRL_MASK));
    popup.add(cut);
    popup.add(copy);
    popup.add(paste);
    p1.add(list1);
    p1.add(list2);
    p1.add(btn);
    p3.add(lab1);
    p3.add(time);
    setLayout(new BorderLayout());
    add(message,BorderLayout.NORTH);
    p2.setLayout(new BorderLayout());
    p2.add(new JScrollPane(ta),BorderLayout.CENTER);
    p2.add(p3,BorderLayout.SOUTH);
    add(p2,BorderLayout.CENTER);
    add(p1,BorderLayout.SOUTH);
    setBounds(0,0,600,600);
    setVisible(true);
    btn.addActionListener(this);
    list1.addItemListener(this);
    list2.addItemListener(this);
    cut.addActionListener(this);
    copy.addActionListener(this);
    paste.addActionListener(this);
    ta.addMouseListener(this);
}
//对文本框 message 的内容进行设置
public void setMessage(int year,int month,int day)
{
    message.setText(year+"年"+month+"月"+day+"日");
    message.setForeground(Color.blue);
    message.setFont(new Font("宋体",Font.BOLD,15));
}
public void actionPerformed(ActionEvent e)
{
    if(e.getSource()==cut)
    {
        cut();
```

```java
        }
        if(e.getSource()==copy)
        {
           copy();
        }
        if(e.getSource()==paste)
        {
           paste();
        }
        if(e.getSource()==btn)
        {
           Color newColor=JColorChooser.showDialog(this,"选择颜色",ta.getForeground());
           if(newColor!=null)
           {
              ta.setForeground(newColor);
           }
        }
    }
    public void itemStateChanged(ItemEvent e)
    {
        String n1=list2.getSelectedItem();
        String name=list1.getSelectedItem();
        int n2=Integer.parseInt(n1);
        Font f=new Font(name,Font.PLAIN,n2);
        ta.setFont(f);
    }
    public void mouseReleased(MouseEvent e)         //鼠标释放事件
    {
        if(e.getButton()==MouseEvent.BUTTON3)       //释放鼠标右键
        {
            popup.show(ta,e.getX(),e.getY());
        }
        if(e.getButton()==MouseEvent.BUTTON1)       //释放鼠标左键
        {
            popup.setVisible(false);
        }
    }
    public void mousePressed(MouseEvent e){}
    public void mouseEntered(MouseEvent e){}
    public void mouseExited(MouseEvent e){}
    public void mouseClicked(MouseEvent e){}
    public void cut()                //剪切函数
    {
        ta.cut();
        popup.setVisible(false);
```

```java
}
public void copy()             //复制函数
{
ta.copy();
popup.setVisible(false);
}
public void paste()            //粘贴函数
{
ta.paste();
popup.setVisible(false);
}
/*
 *日志保存函数 savefile(File,int,int,int),用于保存日志
 */
public void savefile(File dir,int year,int month,int day)
{
String dailyRecord=time.getText()+"#"+ta.getText()+"#";
String fileName=""+year+""+month+""+day+".txt";
String key=""+year+""+month+""+day;
String dialyFile[]=dir.list();
boolean b=false;
for(int i=0;i<dialyFile.length;i++)    //判断文件夹中的是否已有当天日志
{
    if(dialyFile[i].startsWith(key))
    {
      b=true;
      break;
    }
}
if(b)     //若存在日志
  {
      int n=JOptionPane.showConfirmDialog(this,""+year+"年"+month+"月"+day+"日"+"已
经有日志存在,是否添加日志?","确认对话框",JOptionPane.YES_NO_OPTION);
      if(n==JOptionPane.YES_OPTION)
      {
        try
        {
            File file=new File(dir,fileName);
            RandomAccessFile out=new RandomAccessFile(file,"rw");
            long end=out.length();         //文本文档的内容的末尾位置
            byte []bb=dailyRecord.getBytes();
            out.seek(end);                 //将光标放到末尾位置
            out.write(bb);
            out.close();
        }
```

```java
        catch(IOException e){}
        ta.setText("");
      }
      else
      {
        ta.setText("");
      }
    }
    else
    {
      try
      {
        File file=new File(dir,fileName);
        FileWriter fw=new FileWriter(file);
        BufferedWriter bw=new BufferedWriter(fw);
        bw.write(dailyRecord);
        bw.close();
        fw.close();
      }
      catch(IOException e){}
      JOptionPane.showMessageDialog(this,"添加日志成功","消息对话框",
      JOptionPane.INFORMATION_MESSAGE);
      ta.setText("");
      time.setText("");
    }
  }
  /*
   * deletefile(File ,int ,int ,int )函数,用于删除日志
   */
  public void deletefile(File dir,int year,int month,int day)
  {
    String key=""+year+""+month+""+day;
    String dialyFile[]=dir.list();
    boolean b=false;
    for(int i=0;i<dialyFile.length;i++)
    {
      if(dialyFile[i].startsWith(key))
      {
        b=true;
        break;
      }
    }
    if(b)
    {
```

```
                int n=JOptionPane. showConfirmDialog(this,"是否删除"+year+"年"+month+"月"+day+"
                日的日志?","确认对话框",JOptionPane. YES_NO_OPTION);
                if(n==JOptionPane. YES_OPTION)
                {
                    try
                    {
                        String fileName=""+year+""+month+""+day+". txt";
                        File file=new File(dir,fileName);
                        file. delete();
                    }
                    catch(Exception e){}
                    ta. setText("");
                }
            }
            else
            {
                JOptionPane. showMessageDialog(this,""+year+"年"+month+"月"+day+"日无日志!","
                消息对话框",JOptionPane. INFORMATION_MESSAGE);
            }
        }
        /*
         * readfile(File ,int ,int ,int ),用于读取日志
         */
        public void readfile(File dir,int year,int month,int day)
        {
            String fileName=""+year+""+month+""+day+". txt";
            String key=""+year+""+month+""+day;
            String dialyFile[]=dir. list();
            boolean b=false;
            for(int i=0;i<dialyFile. length;i++)
            {
                if(dialyFile[i]. startsWith(key))
                {
                    b=true;
                    break;
                }
            }
            if(b)
            {
                ta. setText("");
                time. setText("");
                try
                {
                    File file=new File(dir,fileName);
                    FileReader inOne=new FileReader(file);
```

```
            BufferedReader inTwo=new BufferedReader(inOne);
            String s;
            while((s=inTwo.readLine())!=null)
            {
               ta.append(s+"\n");
            }
            inOne.close();
            inTwo.close();
         }
         catch(IOException e){}
      }
      else
      {
         JOptionPane.showMessageDialog(this,""+year+"年"+month+"月"+day+"日无日志!","
         消息对话框",JOptionPane.INFORMATION_MESSAGE);
      }
   }
}
```

### 5. Clock 类的设计

Clock 类是 Canvas 的子类,并实现 ActionListener 接口,用来产生时钟和闹铃。图7-8 标明该类的主要成员变量和方法。

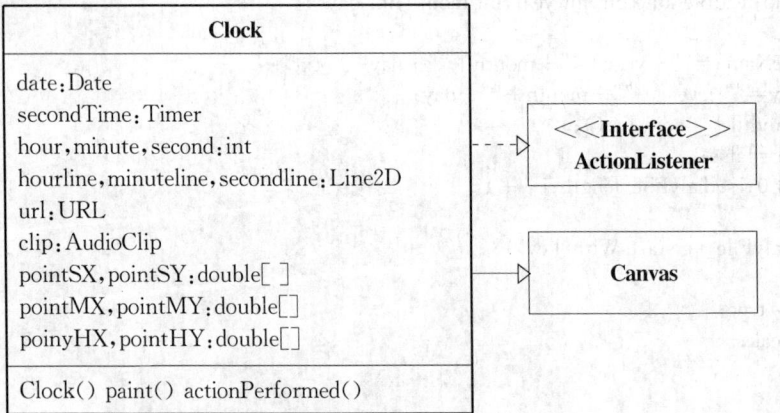

图 7-8　Clock 类的主要成员变量和方法

(1) Clock 类的主要成员变量

◆ date 是 Date 类型的对象,代表系统时间。

◆ secondTime 是 Timer 类型的对象,起到计时的作用。

◆ hour,minute,second 是 int 型数据,分别代表"小时"、"分钟"和"秒"。

◆ pointSX,pointSY 是 double 型数组,其单元值代表秒针的端点坐标。

- hourline,minuteline,secondline 是 Line2D 对象,用来绘制"时针"、"分针"和"秒针"。
- pointMX,pointMY 是 double 型数组,其单元值代表分针的端点坐标。
- pointHX,pointHY 是 double 型数组,其单元值代表时针的端点坐标。
- url 和 clip 对象用于整点时播放音乐。

(2) Clock 类的方法
- Clock()是构造方法,用来创建 Clock 对象。
- paint(Graphics)方法在画布上绘制时钟。
- actionPerformed(ActionEvent)方法结合计时器,刷新时钟的刻度值,并在整点时播放音乐。

(3) Clock 类的代码

```java
class Clock extends Canvas implements ActionListener   //刻画时钟
{
    Date date;
    Timer secondtime;
    int hour,minute,second;
    int a,b,c;
    Line2D hourline,minuteline,secondline;
    URL url;
    AudioClip clip;
    double piontSX[]=new double[60];    //用来表示秒钟端点的坐标
    double piontSY[]=new double[60];
    double piontMX[]=new double[60];    //用来表示分钟端点的坐标
    double piontMY[]=new double[60];
    double piontHX[]=new double[60];    //用来表示时钟端点的坐标
    double piontHY[]=new double[60];
    Clock()
    {
        secondtime=new Timer(1000,this);
        piontSX[0]=0;                   //12 点秒钟坐标
        piontSY[0]=-100;
        piontMX[0]=0;                   //12 点分钟坐标
        piontMY[0]=-90;
        piontHX[0]=0;                   //12 点时钟坐标
        piontHY[0]=-70;
        double angle=6*Math.PI/180;
        for(int i=0;i<59;i++)           //计算出各数组中的坐标
        {
            piontSX[i+1]=piontSX[i]*Math.cos(angle)-Math.sin(angle)*piontSY[i];
            piontSY[i+1]=piontSY[i]*Math.cos(angle)+piontSX[i]*Math.sin(angle);
            piontMX[i+1]=piontMX[i]*Math.cos(angle)-Math.sin(angle)*piontMY[i];
            piontMY[i+1]=piontMY[i]*Math.cos(angle)+piontMX[i]*Math.sin(angle);
```

```java
        piontHX[i+1]=piontHX[i]*Math.cos(angle)-Math.sin(angle)*piontHY[i];
        piontHY[i+1]=piontHY[i]*Math.cos(angle)+piontHX[i]*Math.sin(angle);
    }
    for(int i=0;i<60;i++)  //坐标平移
    {
        piontSX[i]=piontSX[i]+120;
        piontSY[i]=piontSY[i]+120;
        piontMX[i]=piontMX[i]+120;
        piontMY[i]=piontMY[i]+120;
        piontHX[i]=piontHX[i]+120;
        piontHY[i]=piontHY[i]+120;
    }
    secondline=new Line2D.Double(0,0,0,0);
    minuteline=new Line2D.Double(0,0,0,0);
    hourline=new Line2D.Double(0,0,0,0);
    secondtime.start();
}
public void paint(Graphics g)
{
    for(int i=0;i<60;i++)
    {
        int m=(int)piontSX[i];
        int n=(int)piontSY[i];
        if(i%5==0)
        {
            g.setColor(Color.red);
            g.fillOval(m-4,n-4,8,8);
        }
        else
        {
            g.setColor(Color.cyan);
            g.fillOval(m-2,n-2,4,4);
        }
    }
    g.fillOval(115,115,10,10);
    Graphics2D g_2d=(Graphics2D)g;   //刻画秒针
    g_2d.setColor(Color.red);
    g_2d.draw(secondline);
    //刻画分针
    BasicStroke bs=new BasicStroke(3f,BasicStroke.CAP_ROUND,BasicStroke.JOIN_MITER);
    g_2d.setStroke(bs);
    g_2d.setColor(Color.blue);
    g_2d.draw(minuteline);
    bs=new BasicStroke(6f,BasicStroke.CAP_ROUND,BasicStroke.JOIN_MITER);   //刻画时针
    g_2d.setStroke(bs);
```

```
            g_2d.setColor(Color.green);
            g_2d.draw(hourline);
        }
        public void actionPerformed(ActionEvent e)
        {
            if(e.getSource()==secondtime)
            {
                date=new Date();
                String s=date.toString();
                hour=Integer.parseInt(s.substring(11,13));      //获取时间中的小时
                minute=Integer.parseInt(s.substring(14,16));    //获取时间中的分
                second=Integer.parseInt(s.substring(17,19));    //获取时间中的秒
                int h=hour%12;
                a=second;
                b=minute;
                c=h*5+minute/12;
                secondline.setLine(120,120,(int)piontSX[a],(int)piontSY[a]);
                minuteline.setLine(120,120,(int)piontMX[b],(int)piontMY[b]);
                hourline.setLine(120,120,(int)piontHX[c],(int)piontHY[c]);
                repaint();
                if(minute==0&&second==0)                         //在整点报时,播放 wav 文件
                {
                    try{
                        File musicFile=new File("tada.wav");
                        url=musicFile.toURL();
                        clip=Applet.newAudioClip(url);
                        clip.play();
                    }
                    catch(Exception ex){}
                }
            }
        }
```

## 6. ImageCanvas 类的设计

ImageCanvas 类是 Canvas 的子类,用来绘制图像。图 7 - 9 标明了该类的主要成员变量和方法。

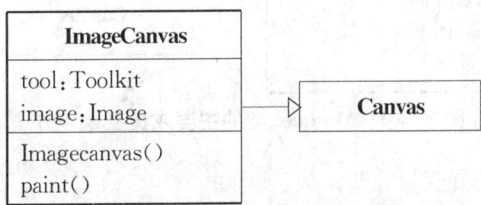

图 7 - 9  ImageCanvas 的成员变量和方法

(1) ImageCanvas 类的成员变量
- tool 是 Toolkit 类型的对象,用于获取 image 对象。
- image 表示要显示的图像。

(2) ImageCanvas 类的方法
- ImageCanvas()是构造方法,用于创建 ImageCanvas 对象,初始化成员变量。
- paint(Graphics)方法用于在画布上绘制图像。

(3) Imagecanvas 类的代码

```
class ImageCanvas extends Canvas
{
  Toolkit tool;
  Image image;
  ImageCanvas()
  {
    setSize(200,200);
    tool=getToolkit();
    image=tool.getImage("夏天.jpg");
  }
  public void paint(Graphics g)
  {
    g.drawImage(image,0,0,image.getWidth(this),image.getHeight(this),this);
  }
}
```

## 7. Marquee 类的设计

该类是 Canvas 的子类并实现 Runnable 接口,用于把日志内容在窗口上方滚动显示。图 7-10 标明了该类的主要成员变量和方法。

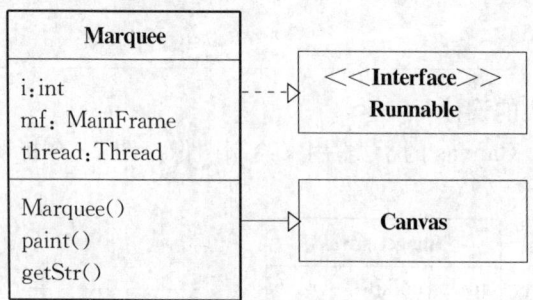

图 7-10  Marquee 类的主要成员变量和方法

(1) Marquee 类的成员变量
- i 是 int 型变量,用于计数。

- mf 是 MainFrame 类型的对象,用于将当前的 Marquee 对象与 MainFrame 对象进行关联。
- thread 是 Thread 类型的对象,用于实现线程操作。

(2) Marquee 类的方法
- Marquee()是构造方法,用于创建 Marquee 对象,初始化成员变量。
- paint(Graphics)方法用于绘制滚动字幕。
- getStr(String,int)方法用于创建字符串数组。

(3) Marquee 类的代码

```java
class Marquee extends Canvas implements Runnable
{
    int i=0;
    MainFrame mf;
    Thread thread;
    Marquee(MainFrame mf)
    {
        this.mf=mf;
        setSize(30,28);
        thread=new Thread(this);
        thread.start();
    }
    public void run()
    {
        while(true)
        {
            try
            {
                thread.sleep(500);
            }
            catch(InterruptedException e){}
            this.repaint(100);
        }
    }
    public void paint(Graphics g)
    {
        Font f=new Font("",Font.BOLD,16);
        g.setFont(f);
        g.setColor(Color.RED);
        if(mf.s == null) return;
        g.drawString(mf.s[i++],10,20);
        i%=mf.s.length;
```

```java
    }
    public static String[] getStr(String s,int length)
    {
        String newstr=s;
        String[] slist=new String[length];
        if(length>s.length())
        {
            for(int i=0;i<length-s.length();i++)
            {
                newstr+=" ";
            }
        }
        slist[0]=newstr;
        for(int i=1;i<length;i++) //将字符串依次取头一位放到末尾,存到数组中
        {
            slist[i]=slist[i-1].substring(1)+slist[i-1].charAt(0);
        }
        return slist;
    }
}
```

## 7.3.2 所需素材文件

**1. 图像文件**

准备名字为"11.jpg"和"夏天.jpg"的图像文件,分别作为出现在日历单元格内的小图标和主窗口左下方的图像。

**2. 声音文件**

准备名字为"tada.wav"和"LoopyMusic.wav"的声音文件,分别作为整点和到达日志中指定时间时所播放的音乐。

# 7.4 代码调试

将前面对各个类所定义的Java源文件和各种素材文件保存到同一文件夹中,编译Java源文件,然后运行主类,即运行CalendarNotePad类,首先显示的是当月的日历,通过该日历,可以进行日志的保存、读取、删除等操作。

若想保存日志,首先在日历中选定日期,然后在窗口右上方的文本区编写日志内容,还可以进一步指定事件发生的时间为几时几分。在编写日志的过程中,可以对文本区中的内容设置字型、字号和颜色。通过鼠标右键还可以对其中的内容进行剪切、复制、粘贴操作。日志保存成功后,日历相应的单元格中就会出现小图标作为标记。可以对同一天的多个时

刻编写日志,均保存到同一个日志文件中。日志保存后,其内容会在窗口上方滚动显示。程序在运行时如果当前时间与日志事件中的某个时间吻合,则播放音乐进行提醒。编写日志的界面如图7-11所示,日志保存成功并读取后的界面如图7-12所示。当删除某一天的日志时,将删除磁盘中对应的日志文件,并且相应日历单元格中的小图标消失。

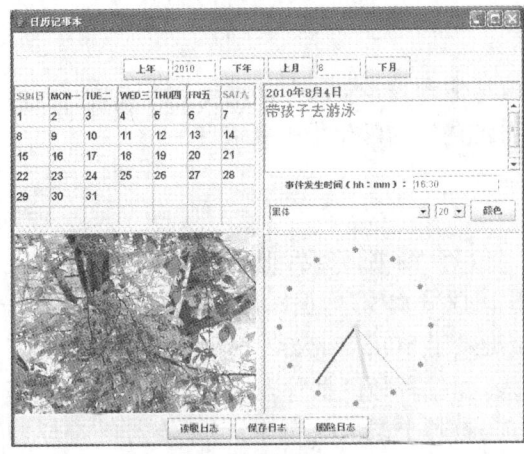

图7-11 编写日志　　　　　　图7-12 日志保存成功

## 7.5 软件发布

可以使用jar.exe命令制作JAR文件来发布程序。

(1) 用文本编辑器

如Windows自带的记事本,编写一个ManiFest文件。

MyMf.mf

　　Manifest-Version：1.0

　　Main-Class：CalendarNotePad

　　Created-By：1.5(Sun Microsystems Inc.)

将以上MyMf.mf文件保存到和应用程序所用的字节码文件相同的目录中。

(2) 生成JAR文件

Jar cfm MyCalendarNotePad.jar MyMf.mf *.class

其中参数c表示要生成一个新的JAR文件,f表示要生成的JAR文件的名字,m表示清单文件的名字。现在就可以将MyCalendarNotePad.jar文件和所需的素材文件复制到任何一个安装了Java运行环境(版本需高于1.5)的计算机上,双击该文件的图标就可以运行该程序。

# 第 8 章　其他案例

由于篇幅所限,对于课程设计大纲中列出的其他题目,本章只给出关于设计要求的描述,总体设计、详细设计、代码调试、软件发布部分的内容由学生根据要求自主完成。

## 8.1　JDBC 技术的应用

以校园卡信息管理、学生信息管理、教师信息管理、图书借阅管理、宿舍信息管理、学生会活动管理、成绩管理、教室管理等为选题,使用 JDBC-ODBC 数据库接口,完成对后台数据库的插入、删除、修改、查询等操作。数据库系统可采用 SQL Server、Access 等,要根据所实现的相应功能在数据库系统中定义合理的数据表,如在教师信息管理系统中要设计教师基本信息表、教师学习进修情况表、教师奖惩情况表、教师上课情况表等。考虑到学生在学习 Java 语言时尚不具备足够的数据库设计方面的知识,所以在数据表设计的合理性方面可适当降低要求,可从对 Access 的使用着手数据库设计的学习。

以图书借阅管理系统为例,假设该系统有三类用户:学生、教师和图书管理员。学生用户可以查询图书信息,借阅图书和归还图书。借阅期限为 1 个月,借阅数量为 4 本。还书时如果超期,则进行罚款处理,按每超期 1 天,罚款 0.1 元处理。图书管理员可以对用户和图书信息进行管理和维护。教师用户的权限和学生基本相同,只是借书期限为 3 个月,借阅数量为 8 本。

对于该系统,可设计学生信息表、教师信息表、管理员信息表、图书信息表、借阅情况表。其中教师用户借阅图书的参考界面如图 8-1 所示。

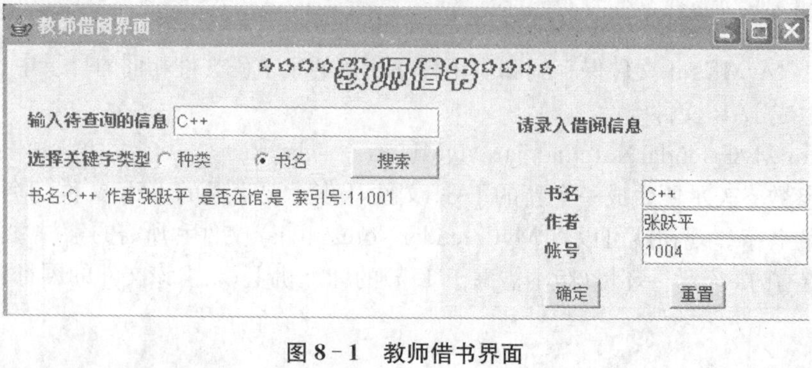

图 8-1　教师借书界面

## 8.2 文本编辑器的设计与实现

要求设计一个类似于 Windows 记事本的程序,可以打开、新建、保存一个文本文件;对选中的文本进行各种编辑操作(设置字体、字号、字型、对齐方式、背景、前景色、复制、粘贴、剪切、查找、替换等);在文本中能够插入对象。文本编辑器运行的参考界面如图8-2所示。

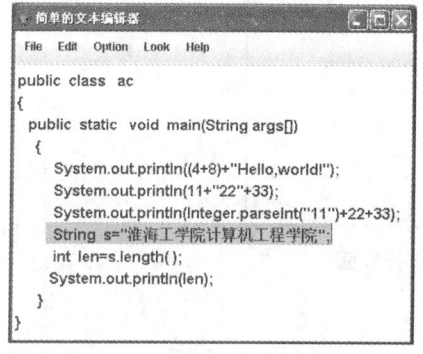

图8-2 文本编辑器的运行界面

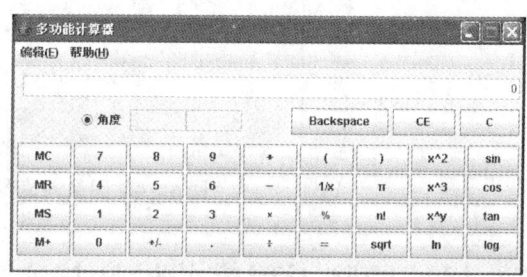

图8-3 计算器的运行界面

## 8.3 计算器的设计与实现

要求该计算器具有加、减、乘、除、取余、阶乘、倒数、平方根、乘方、指数、对数、三角函数等运算功能。支持错误提示。要求提供友好的图形化操作界面,支持混合运算及带括号优先级运算。

另外,要求具备记忆数据,取记忆,清除记忆和复制、粘贴等功能。计算器运行的参考界面如图8-3所示。

## 8.4 图像浏览器的设计与实现

设计一个能实现图像浏览与编辑功能的程序,包括如下功能:

(1) 从已有的图像文件列表中选择某一个,即可显示该图象,并可具备缩小、放大和旋转变换功能。

(2) 在画布区域可进行各种规则图形的绘制(如:线段、矩形、多边形、圆等),还可通过鼠标的拖动自由绘图并对所绘制的图形进行保存,如保存为 jpg 格式。

(3) 可以连续播放所选定文件夹下的所有图像,并可进行上下页的切换。

图像浏览器中自由绘图功能的参考界面如图8-4所示。

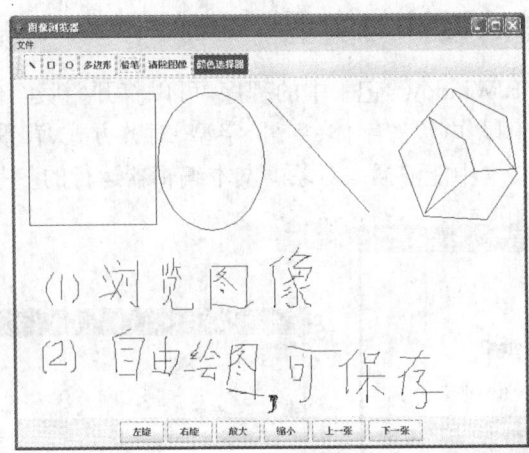

图 8-4 图像浏览器的运行界面

## 8.5 局域网聊天程序的设计与实现

该程序实现局域网内的聊天功能,分为服务器端和客户端两个部分。服务器端主要负责监听客户端的连接请求,把客户端的注册请求、登录请求通过网络发送给服务器端进行处理,服务器端保存了每个客户的信息,包括客户的帐号、IP 地址和端口号,这些信息可以被另外一个客户所访问。而客户端就是负责发送请求并处理服务器端返回的响应消息。

在线的客户相互之间可以聊天,对离线的用户发送离线消息,当该离线用户下次上线时会自动接收到消息。用户信息、在线用户信息、离线用户信息均由服务器端的数据库系统保存。

在此基础上,可适当增加难度,如实现客户端之间的文件发送,并用进度条指示文件发送进度。实现在线用户之间基本聊天功能的参考界面如图 8-5 所示。

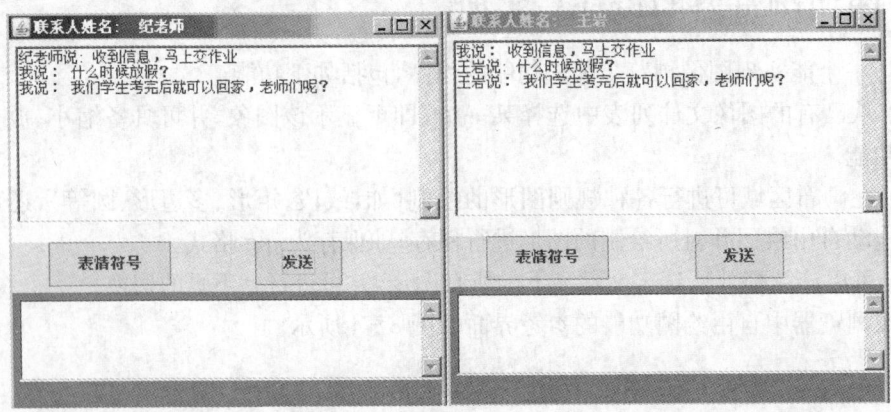

图 8-5 在线用户聊天界面

## 8.6 益智类小游戏的设计与实现

这类题目对学生的 Java 编程知识进行综合全面的考察,该选题几乎涵盖了 Java 编程所有的常用技巧和知识,包括:图形界面设计,以鼠标、键盘事件为核心的事件处理,多线程与动画设计,多媒体技术,JDBC 数据库访问技术。如果实现网络游戏,还涉及较多的网络编程知识。因此该类选题具有很大的难度。

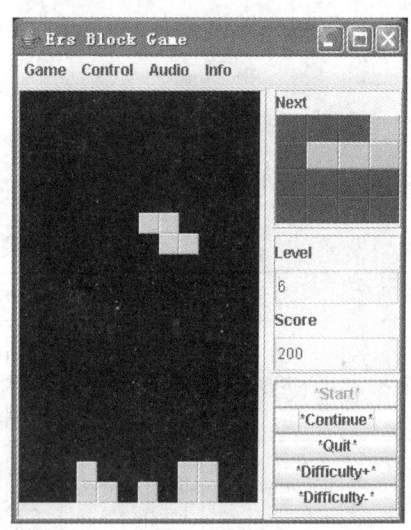

小游戏类程序一般都包含以下几个小功能模块:登记玩家信息,查看规则帮助,设置游戏类型,设置难度系数,设置快捷键,开始/暂停/继续游戏,设置音效,保存游戏结果并可对玩家的成绩进行排序等。俄罗斯方块、五子棋、连连看等游戏都属于这类应用。其中,俄罗斯方块游戏的参考运行界面如图 8-6 所示。

图 8-6 俄罗斯方块游戏的运行界面

## 8.7 基于 Web 的应用

应用 JSP 技术,创建模拟电子商务、电子政务类的简单应用系统,可以通过网页动态展示各类信息,并根据相应的业务流程进行必要的逻辑处理,系统信息可以进行后台维护。需要动态显示的信息要存放数据库中,数据库系统可以选用 SQL Server、Access,后台管理需要通过对数据库中信息进行动态维护(包括添加、删除、修改)的 JSP 页面。

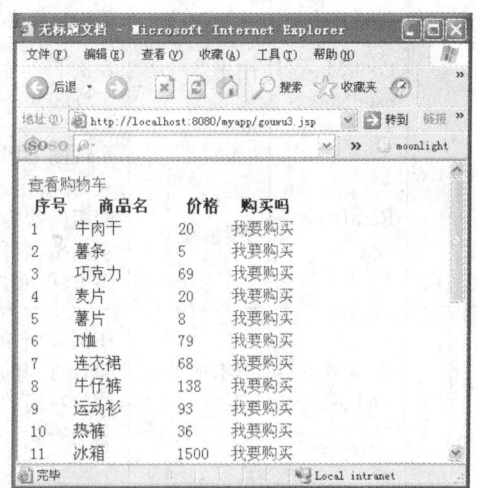

设计该类程序,要求学生具备 HTML 的知识,能正确安装配置 Tomcat Web 服务器,并通过学习掌握 JSP 动态网页设计的基础知识。同时将需要实现的功能合理地划分到各个网页,并能通过使用 Dreamweaver 等网页设计工具进行页面的合理布局。

图 8-7 查看商品信息的 JSP 页面

以网上超市为例,实现的功能包括用户注册、登录、商品的浏览、搜索和购物车等功能。其中,查看商品信息的 JSP 页面的参考运行界面如图 8-7 所示。

# 附 录

## 附录 1 例题索引

**实验例题：图书租阅管理系统**

| 例题名 | 类名 | 中文名称 | 核心功能提示 | 页码 |
|---|---|---|---|---|
| 例 2-3 | Book | 图书实体类 | 包括 1 个公共域：国际标准书号，1 个默认域：书名，3 个私有域：作者、出版社、定价，1 个构造方法、7 个供外部访问这些域的公共方法。 | P:33 |
| 例 2-4 | BookManage | 图书业务类 v1.0 | 实现图书信息添加功能和按书名查询查询功能，包括 3 个方法：addBook()、searchBook()、toString()；【用了固定长度的数组存储图书】 | P:35 |
| 例 2-5 | Reader | 读者实体类 | 包括读者编号、姓名、密码、账户余额等成员域，要求编号流水自增长（假设初始编号为 1000）；默认密码为"6666"，密码可以修改；默认姓名为空；默认余额为 0，可以为账户充值，账户余额可以查看。【用了静态初始化器、密码长度判断、充值时数额必需大于 0】 | P:37 |
| 例 2-6 | BookManageNew | 图书业务类 v2.0 | 在例 2-4 的基础上增加了图书信息修改、删除功能【用到了判断两个字符串 s1,s2 是否相等的 s1.equals(s2)方法】 | P:41 |
| 例 2-6 | RentBook | 图书租阅业务类 v1.0 | 实现图书租阅管理功能：读者租书时，规定租阅时间为 10 天，在规定租阅期限内，租阅费用为每本书 0.1 元/天，超期租阅费为每本书 0.5 元/天，损坏图书按书价 2 倍赔偿，租阅费率可以调整，但赔偿倍数不变。【用了静态变量、静态方法、实现了多种属性与方法的互相调用】 | P:42 |
| 例 3-4 | BookManageLast | 图书业务类 v3.0 | 在例 2-6 的基础上，为图书管理类增加了按书名和作者名联合查询的功能。【用了泛型链表 LinkList<RBnook>存储被租阅的图书，用泛型遍历器 Iterator<RBook>来实现遍历查找，改写了之前的信息修改、删除方法】 | P:73 |
| 例 3-5 | RBook | 被租阅图书实体类——图书类的子类 | 在 Book 类的基础上，新增一个属性"图书入库号"，以便处理一书多本的情况，并增加了对应的访问方法。 | P:77 |

(续表)

| 例题名 | 类名 | 中文名称 | 核心功能提示 | 页码 |
|---|---|---|---|---|
| 例3-6 | RentBook-New | 图书租阅业务作类v2.0 | 在例2-6的基础上,为图书租阅管理类增加了根据租书日期、还书日期自动计算租阅总天数的功能。【用了字符串截取方法s1.substring(int start,int end)分段转换为标准的日期格式,再进行相减】 | P:77 |
| | VIPReader | VIP读者实体类——读者类的子类 | 在Reader类的基础上,新增一个属性"读者身份级别",以便实现不同会员享受不同种类的优惠活动,并增加了对应的访问方法。 | P:81 |
| | RentBook-Last | 图书租阅业务类v3.0 | 增加一个接口,实现VIP读者租书费用优惠和参与自定义优惠活动的功能;增加异常处理机制:当读者账户余额不够时,提示不可租书、不可进行图书理赔。【用了1个用于计算折扣的接口、3个分别用于处理账户余额不够支付租金、赔款、租金过低或过高的异常处理】 | P:83 |
| 例4-4 | ReaderGUI | 读者管理视图类 | 用继承于窗口的图形界面提供读者类的各种操作,包括创建读者、查询读者、删除读者、列出读者、更正基本信息、修改密码、充值、支付、清空重来,实现了多个接口,界面控件用到了标签、文本框、单选钮、列表框、命令按钮,封装了一个清空界面信息的reset()方法。【用泛型链表LinkedList<VIPReader>保存读者对象;用列表框JList显示读者信息,列表框放在带滚动条的滚动面板中;用泛型向量Vector<VIPReader>作为列表框的数据源;重载itemStateChanged(ItemEvent e)方法实现了单选钮选择读者身份;重载valueChanged(ListSelectionEvent e)方法实现当点选列表框的某行时,界面上方当前读者对象信息随之改变;重载focusGained(FocusEvent e)方法实现了光标进入姓名文本框时,在其他文本框中自动显示该读者相关信息以简化输入;设计了专门用于检查文本框输入值合法性的CheckEmpty类,对空值、负值、字符都提示异常】 | P:132 |
| | BookManageGUI | 图书管理视图类 | 用继承于窗口的图形界面提供图书类的各种操作,包括创建图书、列出图书、查询、删除、修改/保存、清空信息,实现了多个接口,界面控件用到了标签、文本框、组合框、命令按钮、表格,同时封装了4个分别用于清空界面reset()、绑定数据源inputData()、显示表格数据display()和显示文本框数据outputData()的方法。【用泛型链表LinkedList<Book>存储新建的图书对象;采用表格JTable显示图书信息,先用2个字符串数组(初始化表格的列名和数据源)创建默认表格模型,再用默认表格模型DefaultTableModel创建表格对象;表格模型内部用Vector<String>逐行添加图书对象数据;重载itemStateChanged(ItemEvent e)方法实现了下拉组合框选择出版社】 | P:142 |

(续表)

| 例题名 | 类名 | 中文名称 | 核心功能提示 | 页码 |
|---|---|---|---|---|
| 例4-5 | DBReaderGUI | 支持数据库的读者管理视图类 | 在ReaderGUI.java的基础上,封装了数据库操作类DBAccess,增加了与后台数据库的交互;通过界面创建的读者息信可以写入【insert into readerInfo】数据库,通过查询【select * from readerInfo】可以从数据库中读出现有读者数据进行浏览、修改【update readerInfo set 】、删除【delete from readerInfo】。【数据库操作的三步曲:连接数据库→执行SQL命令→关闭数据库连接】 | P:153 |
| | DBBookManageGUI | 支持数据库的图书管理视图类 | 在BookManageGUI.java的基础上,增加了与后台数据库的交互:"创建新书"可以把图书信息写入数据库;"列出图书"即显示数据库中所有图书;"清空图书"则删除数据库中所有图书;"查询"提供了按书名从数据库中查找指定图书的功能【本例重点方法:reset()法、display()】 | P:160 |
| 例4-6 | DBRentBookGUI | 支持数据库的图书租阅管理视图类 | 用继承于窗口的图形界面提供一套较为完整的图书租阅管理功能,该类参考了RentBookLast.java的业务逻辑,并链接了DBReaderGUI类和DBBookManageGUI类的对象,实现了管理读者、管理图书、租书、还书、赔书、优惠活动、租阅查询、清空记录和设置费率功能。界面上有显示读者信息的列表框、图书信息的表格和租阅记录信息的表格。该类引用了之前定义的多个类:VIPReade、DBReaderGUI、RBook、DBBookManageGUI、RentBookLast、DBAccess、CheckEmpty,以及新定义的RentBooks类、CheckDate类。在读者姓名框中输入读者姓名并按回车,下方列表框中则显示读者详细信息;在图书名称框中按回车,则下方表格中显示图书详细信息,多书同名时则都显示出来。【用内部类方式设计了RentBooks类,包括租书日期、还书日期、被租书号、租阅者编号、租金、赔偿金6个私有属性,用于存储租阅信息;定义了一个专门用于判断文本框输入是否为空、是否为正数数字的CheckDate类;光标进入日期框时,自动显示当日日期以简化输入;图书租阅记录中所需要的租阅者信息和图书信息均通过光标点击自动提前;租书时在数据库中插入租书记录;还书时修改租书记录中还书日期,并可自动从租阅者账户中扣除租金;赔书时调用图书租阅业务类的赔偿方法,并修改数据库中的相关记录】 | P:165 |
| 通用类 | DecF | 数字格式控制类 | 一个控制double型数据的小数点只显示2位的通用类 | P:38 |
| | CheckEmpty | 文本框输入控制类 | 一个用于判断文本框输入是否为空、是否为正数数字的通用类 | P:148 |

(续表)

| 例题名 | 类名 | 中文名称 | 核心功能提示 | 页码 |
|---|---|---|---|---|
| 通用类 | DBAccess | 数据库操作类 | 封装了数据库连接字符串、常用 SQL 命令【Insert、Update、Delete、Select 】、连接、关闭 | P:150 |
| | CheckDate | 文本框输入控制类 | 一个用于判断文本框输入是否为空、是否长度为 8 的正整数的通用类 | P:38 |
| 特殊类 | MoneyException1 | 账户异常处理类 1 | 判断读者账户余额是否不够支付租金 | P:82 |
| | MoneyException2 | 账户异常处理类 2 | 判断读者账户余额是否不够支付赔偿金 | P:82 |
| | RentFeeException | 租费异常处理类 | 判断租费是否过低（<0.1元）、过高（高于书价） | P:83 |
| | Discount | 会员打折活动接口 | 实现租阅费优惠和其他优惠活动的接口 | P:83 |

# 附录 2　程序文件列表

| rentbook 包中文件 | userGUI 包中文件 |
|---|---|
| 名称<br>Book.java<br>BookManage.java<br>BookManageLast.java<br>BookManageNew.java<br>DecF.java<br>Discount.java<br>MoneyException1.java<br>MoneyException2.java<br>RBook.java<br>Reader.java<br>RentBook.java<br>RentBookLast.java<br>RentBookNew.java<br>RentFeeException.java<br>testExample3_4.java<br>testExample3_5.java<br>testExample3_6.java<br>VIPReader.java | BookManageGUI.java<br>CheckDate.java<br>CheckEmpty.java<br>DBAccess.java<br>DBBookManageGUI.java<br>DBReaderGUI.java<br>DBRentBookGUI.java<br>ReaderGUI.java<br>book.mdb<br>do.bat |

# 参考网络资源与文献

[1] 施珺,纪兆辉,黄霞,李存华,邢树斌等设计维护.【淮海工学院数字化网络教学平台·面向对象程序设计】
http://study.hhit.edu.cn/CourseGroup/CourseList.aspx?CourseListID=33

[2] (美)Bruce Eckel 著.陈昊鹏译.Java 编程思想(第 4 版).北京:机械工业出版社,2010

[3] (美)Cay S. Horstmann,Gary Cornell 著.程峰等译.Java2 核心技术(卷Ⅰ)基础知识.北京:机械工业出版社,2003

[4] (美)Cay S. Horstmann Gary Cornell 著.Java2 核心技术(卷Ⅱ)SWING.北京:机械工业出版社,2003

[5] (美)Cay S. Horstmann Gary Cornell 著.王建华等译.Java2 核心技术(卷Ⅱ)高级性能.北京:机械工业出版社,2003

[6] (美)Joshua Bloch.杨春花,俞黎敏译.Effective Java 中文版(第 2 版).北京:机械工业出版社,2009

[7] 印旻.Java 语言与面向对象程序设计(第 2 版).北京:清华大学出版社,2008

[8] 耿祥义,张跃平.Java2 实用教程(第 3 版).北京:清华大学出版社,2008

[9] 单兴华,邱加永,徐明华.Java 基础与案例开发详解.北京:清华大学出版社,2009

[10] (美)Grady Booch,James Rumbaugh,Ivar Jacobson 著.邵维忠等译.UML 用户指南(第 2 版).北京:人民邮电出版社,2008

[11] 耿祥义,张跃平.Java 课程设计(第 2 版).北京:清华大学出版社,2008